工程量清单计价编制快学快用系列

通风空调工程清单计价
编制快学快用

汪海滨　主编

中国建材工业出版社

图书在版编目(CIP)数据

通风空调工程清单计价编制快学快用/汪海滨主编. —北京：中国建材工业出版社，2014.9
（工程量清单计价编制快学快用系列）
ISBN 978-7-5160-0832-4

Ⅰ.①通… Ⅱ.①汪… Ⅲ.①通风设备-建筑安装工程-工程造价-基本知识②空气调节设备-建筑安装工程-工程造价-基本知识 Ⅳ.①TU723.3

中国版本图书馆 CIP 数据核字(2014)第 106827 号

通风空调工程清单计价编制快学快用
汪海滨　主编

出版发行：	中国建材工业出版社
地　　址：	北京市西城区车公庄大街 6 号
邮　　编：	100044
经　　销：	全国各地新华书店
印　　刷：	北京紫瑞利印刷有限公司
开　　本：	850mm×1168mm　1/32
印　　张：	12
字　　数：	323 千字
版　　次：	2014 年 9 月第 1 版
印　　次：	2014 年 9 月第 1 次
定　　价：	31.00 元

本社网址：www.jccbs.com.cn　**微信公众号：**zgjcgycbs
本书如出现印装质量问题，由我社营销部负责调换。电话：(010)88386906
对本书内容有任何疑问及建议，请与本书责编联系。邮箱：dayi51@sina.com

内容提要

本书根据《建设工程工程量清单计价规范》(GB 50500—2013)和《通用安装工程工程量计算规范》(GB 50856—2013),紧扣"快学快用"的理念进行编写,全面系统地介绍了通风空调工程工程量清单计价的基础理论和方式方法。全书主要内容包括通风空调工程概述、建筑安装工程造价构成与计算、工程量清单、通风空调工程工程量清单编制、工程量清单计价、合同价款约定与支付等。

本书内容丰富实用,可供通风空调工程造价编制与管理人员使用,也可供高等院校相关专业师生学习时参考。

通风空调工程清单计价编制快学快用
编 写 组

主　编：汪海滨
副主编：徐梅芳　方　芳
编　委：李建钏　王艳丽　孙邦丽　蒋林君
　　　　张　娜　贾　宁　陆海军　刘海珍
　　　　孙世兵　秦大为　崔奉卫　秦礼光
　　　　张　超　甘信忠

前　言

工程造价是工程建设的核心，也是市场运行的核心内容，建筑市场存在着许多不规范的行为，大多数与工程造价有直接联系。工程量清单计价是建设工程招标投标中，按照国家统一的工程量清单计价规范及相关工程国家计量规范，由招标人提供工程数量，投标人自主报价，经评审低价中标的工程造价计价模式。采用工程量清单计价有利于发挥企业自主报价的能力，同时也有利于规范业主在工程招标中计价行为，有效改变招标单位在招标中盲目压价的行为，从而真正体现公开、公平、公正的原则，反映市场经济规律。

2012年12月25日，住房和城乡建设部发布了《建设工程工程量清单计价规范》(GB 50500—2013)，及《房屋建筑与装饰工程工程量计算规范》(GB 50854—2013)等9本工程量计算规范。这10本规范是在《建设工程工程量清单计价规范》(GB 50500—2008)的基础上，以原建设部发布的工程基础定额、消耗量定额、预算定额以及各省、自治区、直辖市或行业建设主管部门发布的工程计价定额为参考，以工程计价相关的国家或行业的技术标准、规范、规程为依据，收集近年来新的施工技术、工艺和新材料的项目资料，经过整理，在全国广泛征求意见后编制而成的，于2013年7月1日起正式实施。

《工程量清单计价编制快学快用系列》丛书即以《建设工程工程量清单计价规范》(GB 50500—2013)和《房屋建筑与装饰工程工程量计算规范》(GB 50854—2013)、《通用安装工程工程量计算规范》(GB 50856—2013)、《市政工程工程量计算规范》(GB 50857—2013)、《园林绿化工程工程量计算规范》(GB 50858—2013)等计价计量规范为依据编写而成。本套共包含以下分册：

1.《建筑工程清单计价编制快学快用》

2.《装饰装修工程清单计价编制快学快用》
3.《水暖工程清单计价编制快学快用》
4.《建筑电气工程清单计价编制快学快用》
5.《通风空调工程清单计价编制快学快用》
6.《市政工程清单计价编制快学快用》
7.《园林绿化工程清单计价编制快学快用》
8.《公路工程清单计价编制快学快用》

本套丛书主要具有以下特色：

（1）丛书的编写严格参照 2013 版工程量清单计价规范及相关工程现行国家计量规范进行编写，对建设工程工程量清单计价方式、各相关工程的工程量计算规则及清单项目设置注意事项进行了详细阐述，并细致介绍了施工过程中工程合同价款约定、工程计量与价款支付、索赔与现场签证、工程价款调整、工程计价争议处理中应注意的各项要求。

（2）丛书内容翔实、结构清晰、编撰体例新颖，在理论与实例相结合的基础上，注重应用理解，以更大限度地满足实际工作的需要，增加了图书的适用性和使用范围，提高了使用效果。

（3）丛书直接以各工程具体应用为叙述对象，详细阐述了各工程量清单计价的实用知识，具有较高的实用价值，方便读者在工作中随时查阅学习。

丛书在编写过程中，参考或引用了有关部门、单位和个人的资料，得到了相关部门及工程造价咨询单位的大力支持与帮助，在此表示衷心感谢。限于编者的学识及专业水平和实践经验，丛书中难免有疏漏或不妥之处，恳请广大读者指正。

编 者

目 录

第一章 通风空调工程概述 (1)

第一节 通风与空调工程分类 (1)
一、通风系统的分类 (1)
二、空调系统的分类 (3)

第二节 通风与空调系统组成 (7)
一、通风系统组成 (7)
二、空调系统组成 (9)

第三节 通风与空调工程常用代号及图例 (9)
一、水、汽管道 (9)
二、风道 (14)
三、暖通空调设备 (18)
四、调控装置及仪表 (19)

第二章 建筑安装工程造价构成与计算 (22)

第一节 建筑安装工程项目费用组成 (22)
一、建筑安装工程费用项目组成(按费用构成要素划分) (22)
二、建筑安装工程费用项目组成(按工程造价形成划分) (27)

第二节 建筑安装工程费用计算方法 (30)
一、各费用构成计算方法 (30)
二、建筑安装工程计价参考公式 (33)

第三节 建筑安装工程计价程序 (35)
一、建设单位工程招标控制价计价程序 (35)
二、施工企业工程投标报价计价程序 (36)

三、竣工结算计价程序 …………………………………………(37)

第三章 工程量清单 ………………………………………(38)

第一节 工程量清单概述 ………………………………(38)
一、工程量清单的概念 …………………………………………(38)
二、实行工程量清单计价的目的和意义 ………………………(38)
三、2013版清单计价规范简介 …………………………………(41)

第二节 工程量清单编制 ………………………………(43)
一、工程量清单编制依据 ………………………………………(43)
二、工程量清单编制一般规定 …………………………………(43)
三、工程量清单编制程序 ………………………………………(44)

第三节 工程量清单编制方法 …………………………(45)
一、分部分项工程项目清单 ……………………………………(45)
二、措施项目清单 ………………………………………………(46)
三、其他项目清单 ………………………………………………(47)
四、规费项目清单 ………………………………………………(51)
五、税金项目清单 ………………………………………………(52)

第四节 工程量清单编制格式 …………………………(52)
一、工程量清单编制表格组成 …………………………………(52)
二、工程量清单表格样式及填写要点 …………………………(53)

第四章 通风空调工程工程量清单编制 ………………(68)

第一节 通风及空调设备及部件制作安装 ……………(68)
一、工程量清单编制说明 ………………………………………(68)
二、空气加热器(冷却器) ………………………………………(68)
三、除尘设备 ……………………………………………………(71)
四、空调器 ………………………………………………………(77)
五、风机盘管 ……………………………………………………(85)
六、表冷器 ………………………………………………………(88)

七、密闭门 ………………………………………… (89)

八、挡水板 ………………………………………… (91)

九、滤水器、溢水盘 ……………………………… (95)

十、金属壳体 ……………………………………… (97)

十一、过滤器 ……………………………………… (97)

十二、净化工作台 ………………………………… (102)

十三、风淋室 ……………………………………… (104)

十四、洁净室 ……………………………………… (106)

十五、除湿机 ……………………………………… (109)

十六、人防过滤吸收器 …………………………… (111)

第二节 通风管道制作安装 ………………………… (113)

一、工程量清单编制说明 ………………………… (113)

二、碳钢通风管道 ………………………………… (113)

三、净化通风管 …………………………………… (136)

四、不锈钢板通风管道 …………………………… (143)

五、铝板通风管道 ………………………………… (150)

六、塑料通风管道 ………………………………… (159)

七、玻璃钢通风管道 ……………………………… (173)

八、复合型风管 …………………………………… (178)

九、柔性软风管 …………………………………… (181)

十、弯头导流叶片 ………………………………… (183)

十一、风管检查孔 ………………………………… (186)

十二、温度、风量测定孔 ………………………… (187)

第三节 通风管道部件制作安装 …………………… (188)

一、工程量清单编制说明 ………………………… (188)

二、碳钢阀门 ……………………………………… (189)

三、柔性软风管阀门 ……………………………… (195)

四、铝蝶阀与不锈钢蝶阀 ………………………… (197)

五、塑料阀门与玻璃钢蝶阀 ……………………… (200)

六、风口、散流器、百叶窗 …………………………………… (203)
　　七、风帽 …………………………………………………………… (212)
　　八、罩类 …………………………………………………………… (215)
　　九、柔性接口 ……………………………………………………… (218)
　　十、消声器 ………………………………………………………… (219)
　　十一、静压箱 ……………………………………………………… (223)
　　十二、人防部件 …………………………………………………… (226)
 第四节　通风工程检测、调试 …………………………………… (228)
　　一、通风工程检测、调试 ………………………………………… (228)
　　二、风管漏光试验、漏风试验 …………………………………… (234)
 第五节　通风空调工程工程量清单编制示例 …………………… (236)

第五章　工程量清单计价 ……………………………………… (244)

 第一节　工程量清单计价一般规定 ……………………………… (244)
　　一、计价方式 ……………………………………………………… (244)
　　二、发包人提供材料和机械设备 ………………………………… (246)
　　三、承包人提供材料和工程设备 ………………………………… (246)
　　四、计价风险 ……………………………………………………… (247)
 第二节　通风空调工程招标与招标控制价编制 ………………… (249)
　　一、工程招标概述 ………………………………………………… (249)
　　二、招标文件的组成及内容 ……………………………………… (255)
　　三、招标控制价编制 ……………………………………………… (264)
 第三节　通风空调工程投标与投标报价编制 …………………… (268)
　　一、工程投标概述 ………………………………………………… (268)
　　二、投标报价及其前期工作 ……………………………………… (270)
　　三、投标报价编制 ………………………………………………… (272)
　　四、投标报价决策与策略 ………………………………………… (276)
 第四节　竣工结算编制 …………………………………………… (278)
　　一、工程竣工结算及其作用 ……………………………………… (278)

二、竣工结算编制一般规定………………………………(279)
　　三、竣工结算编制……………………………………………(280)
　　四、竣工结算办理的有关规定……………………………(281)
第五节　工程造价鉴定………………………………………(284)
　　一、一般规定…………………………………………………(284)
　　二、取证………………………………………………………(285)
　　三、鉴定………………………………………………………(286)
第六节　工程量清单计价格式………………………………(288)
　　一、工程计价表格的形式及填写要求……………………(288)
　　二、工程计价表格的使用范围……………………………(312)
第七节　通风空调工程投标报价编制实例…………………(313)

第六章　合同价款约定与支付……………………………(324)

第一节　合同价款约定………………………………………(324)
　　一、建设工程合同的种类…………………………………(324)
　　二、合同价款约定一般规定………………………………(325)
　　三、合同价款约定内容……………………………………(326)
第二节　工程计量……………………………………………(327)
　　一、工程计量一般规定……………………………………(327)
　　二、单价合同的计量………………………………………(328)
　　三、总价合同的计量………………………………………(329)
第三节　合同价款调整………………………………………(330)
　　一、合同价款调整一般规定………………………………(330)
　　二、合同价款调整方法……………………………………(332)
第四节　合同价款期中支付…………………………………(355)
　　一、预付款……………………………………………………(355)
　　二、安全文明施工费………………………………………(356)
　　三、进度款……………………………………………………(357)
第五节　竣工结算价款支付…………………………………(360)

一、结算款支付 …………………………………………………… (360)
  二、质量保证金 …………………………………………………… (361)
  三、最终结清 ……………………………………………………… (362)
 第六节 合同解除的价款结算与支付 ………………………………… (363)
  一、一般规定 ……………………………………………………… (363)
  二、合同价款争议的解决 ………………………………………… (364)
 第七节 工程计价资料与档案 ………………………………………… (368)
  一、工程计价资料 ………………………………………………… (368)
  二、计价档案 ……………………………………………………… (369)

参考文献 …………………………………………………………… (371)

第一章 通风空调工程概述

第一节 通风与空调工程分类

通风与空调工程可分为通风系统和空调系统两大部分。通风主要是对生活房间和生产车间中出现的余热、余湿、粉尘、蒸汽及有害气体等进行控制,从而保持一个良好的生活、生产环境。空调是空气调节的简称,是通过空气处理、空气输送和分配设备构成一个空调系统对空气加热、冷却、净化、干燥、减小噪声等进行有效的控制,使工作生活环境舒适,并改善劳动条件,满足生产工艺的要求。

一、通风系统的分类

通风系统按不同的划分方法可分为多种类型,见表1-1。

表 1-1 通风系统的分类

序号	分类方法	内容
1	按动力分类	通风系统按动力可分为自然通风和机械通风两种类型。 (1)自然通风。自然通风是利用室外冷空气与室内热空气密度的不同以及建筑物通风面和背风面风压的不同而进行换气的通风方式,如图1-1所示。自然通风可分为三种情况:一是无组织的通风,如一般建筑物没有特殊的通风装置,依靠普通门窗及其缝隙进行自然通风;二是按照空气自然流动的规律,在建筑物的墙壁、屋顶等处,设置可以自由启闭的侧窗及天窗,利用侧窗和天窗控制和调节排气的地点和数量,进行有组织的通风;三是为了充分利用风的抽力,排除室内的有害气体,可采用风帽装置或风帽与排风管道连接的方法。当某个建筑物需全面通风时,风帽按一定间距安装在屋顶上。如果是局部通风,则风帽安装在加热炉、锻造炉等设备抽气罩的排风管上。 (2)机械通风。机械通风是利用通风机产生的抽力和压力,借助通风管网进行室内外空气交换的通风方式。机械通风可以向房间或生产车间的任何地方供给适当数量新鲜的、用适当方式处理过的空气,也可以从房间或生产车间的任何地方按照要求的速度抽出一定数量的污浊空气

续表

序号	分类方法	内容
2	按作用范围分类	通风系统按作用范围可分为全面通风、局部通风和混合通风三种类型。 (1)全面通风。全面通风是在整个房间内进行全面空气交换的通风方式。当有害气体在很大范围内产生并扩散到整个房间时，就需要全面通风，排除有害气体和送入大量的新鲜空气，将有害气体浓度冲淡到容许浓度之内。 (2)局部通风。局部通风是将污浊空气或有害气体直接从产生的地方抽出，防止扩散到全室，或者将新鲜空气送到某个局部范围，改善局部范围的空气状况的通风方式。当车间的某些设备产生大量危害人体健康的有害气体时，采用全面通风不能冲淡到容许浓度，或者采用全面通风很不经济时，常采用局部通风。 局部通风包括局部送风和局部排风两种方式。局部送风一般用于高温车间内工作地点的夏季降温。送风系统送出经过处理的冷却空气，使工人操作地点保持良好的工作环境，如图1-2所示。局部排风是在局部地点或房间内将不符合卫生要求的污染空气排至室外，使其不至于污染其他区域，如图1-3所示。 (3)混合通风。混合通风是用全面送风和局部排风，或全面排风和局部送风混合起来的通风方式
3	按工艺要求分类	通风系统按施工工艺要求可分为送风系统、排风系统、除尘系统三种类型。 (1)送风系统。送风系统是用来向室内输送新鲜的或经过处理的空气。其工作流程为室外空气由可挡住室外杂物的百叶窗进入进气室；经保温阀至过滤器，由过滤器除掉空气中的灰尘；再经空气加热器将空气加热到所需的温度后被吸入通风机，经风量调节阀、风管，由送风口送入室内。 (2)排风系统。排风系统是将室内产生的污浊、高温干燥空气排到室外大气中。其主要工作流程为污浊空气由室内的排气罩被吸入风管后，再经通风机排到室外的风帽而进入大气。如果预排放的污浊空气中有害物质的排放标准超过国家制定的排放标准，则必须经中和及吸收处理，使排放浓度低于排放标准后，再排到大气。 (3)除尘系统。除尘系统通常用于生产车间，其主要作用是将车间内含大量工业粉尘和微粒的空气进行收集处理，有效降低工业粉尘和微粒的含量，以达到排放标准。其工作流程主要是通过车间内的吸尘罩将含尘空气吸入，经风管进入除尘器除尘，随后通过风机送至室外风帽而排入大气

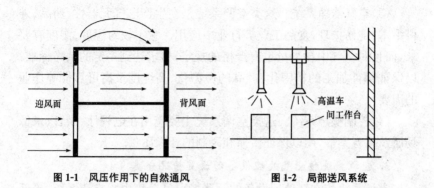

图1-1 风压作用下的自然通风　　　图1-2 局部送风系统

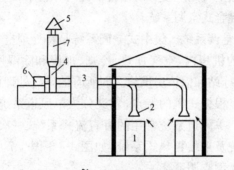

图1-3 局部排风系统
1—排风柜；2—局部排风罩；3—净化设备；4—风机、风道；
5—风帽；6—电动机；7—风管

二、空调系统的分类

1. 空调系统按使用要求分类

空气系统按使用要求可分为恒温恒湿空调系统、舒适性空调系统、空气洁净系统和控制噪声系统等。

(1)恒温恒湿空调系统。恒温恒湿空调系统主要用于电子、精密机械和仪表的生产车间。这些场所要求温度和湿度控制在一定范围内，误差很小，这样才能确保产品质量。

(2)舒适性空调系统。舒适性空调系统主要用于夏季降温除湿，使房间内温度保持在18～28℃，相对湿度在40%～70%。

(3)空气洁净系统。这类空调系统是在生产电气元器件、药品、外科手术、烧伤护理、食品工业等行业中应用。它不仅对温度、湿度有要求,而且对空气中含尘量也有严格的规定,要求达到一定的洁净标准,以保证部件加工的精密化、产品的微型化、高纯度及高可靠性等作业的需要。

(4)控制噪声系统。这类空调系统主要应用在电视厅、录音、录像场所及播音室等,用以保证演播和录制的音像质量。

2. 空调系统按空气处理设备的设置情况分类

空调系统按空气处理设备的设置情况可分集中式空调系统、局部式空调系统和混合式空调系统。

(1)集中式空调系统。集中式空调系统是将处理空气的空调器集中安装在专用的机房内,空气加热、冷却、加湿和除湿用的冷源和热源,由专用的冷冻站和锅炉房供给。即所有的空气处理设备全部集中在空调机房内。根据送风的特点,它又分为单风道系统、双风道系统及变风量系统。单风道系统常用的有直流式系统、一次回风式系统、二次回风式系统及末端再热式系统,如图1-4~图1-7所示。集中式系统多适用于大型空调系统。

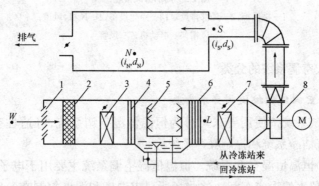

图1-4 直流式空调系统流程图

1—百叶栅;2—粗过滤器;3——次加热器;4—前挡水板;5—喷水排管及喷嘴;
6—后挡水板;7—二次风加热器;8—风机

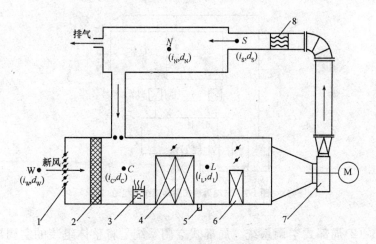

图 1-5　一次回风式空调系统流程图

1—新风口；2—过滤器；3—电极加湿器；4—表面式蒸发器；5—排水口；
6—二次加热器；7—风机；8—精加热器

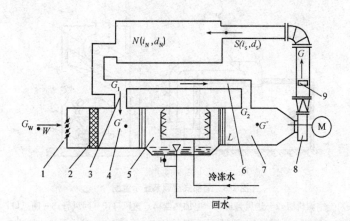

图 1-6　二次回风式空调系统流程图

1—新风口；2—过滤器；3——次回风管；4——次混合室；5—喷雾室；
6—二次回风管；7—二次混合室；8—风机；9—电加热器

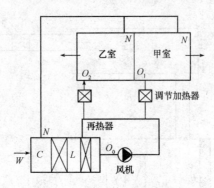

图 1-7 末端再热式空调系统流程图

(2) 局部式空调系统。局部式空调系统是将整体组装的空调器（热泵机组、带冷冻机的空调机组、不设集中新风系统的风机盘管机组等）直接放在空调房间内或放在空调房间附近，每台机组只供 1 个或几个小房间，或者 1 个房间内放几台机组，如图 1-8 所示。分散式系统多用于空调房间布局分散和小面积的空调工程。

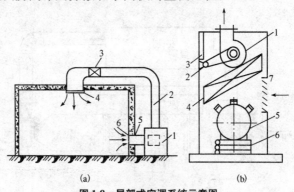

图 1-8 局部式空调系统示意图
(a) 1—空调机组；2—送风管道；3—电加热器；4—送风口；5—回风管；6—回风口；
(b) 1—风机；2—电机；3—控制盘；4—蒸发器；5—压缩机；6—冷凝器；7—回风口

(3) 混合式空调系统。混合式空调系统是由集中式和局部式空调系统组成，是集中处理部分或全部风量，然后送至各房间（或各区）再进行处理。它包括集中处理新风，经诱导器（全空气或另加冷热盘管）

送入室内或各室有风机盘管的系统(即风机盘管与下风道并用的系统),也包括分区机组系统等,如图1-9和图1-10所示。诱导式空调系统多用于建筑空间不大且装饰要求较高的旧建筑、地下建筑、舰船、客机等场所。风机盘管空调系统多用于新建的高层建筑和需要增设空调的小面积、多房间的旧建筑等。

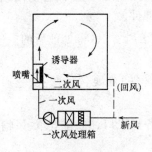

图1-9 诱导器系统原理图　　　　图1-10 风机盘管空调系统示意图

第二节 通风与空调系统组成

一、通风系统组成

1. 送风系统组成

送风系统组成如图1-11所示。

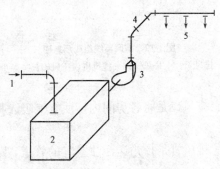

图1-11 送风系统组成示意图

1—新风口;2—空气处理设备;3—通风机;4—送风管道;5—送(出)风口

(1)新风口。新风口是新鲜空气入口。

(2)空气处理设备。空气处理设备由空气过滤、加热、加湿等部分组成。

(3)通风机。通风机是将处理好的空气送入风管的设备。

(4)送风管道。送风管道将通风机送来的新风送到各房间,管上装有调节阀、送风口、防火阀、检查孔等部件。

(5)送(出)风口。送(出)风口装于送风管上,将处理后的空气均匀送入各房间。

(6)管道配件(管件)。管道配件(管件)主要包括弯头、三通、四通、异径管、导流片、静压箱等。

(7)管道部件。管道部件主要包括各种风口、阀、排气罩、风帽、检查孔、测定孔和风管支、吊、托架等。

2. 排风系统组成

排风系统的一般形式如图 1-12 所示。

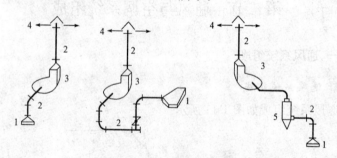

图 1-12 排风系统组成示意图
1—排风口;2—排风管;3—排风机;4—风帽;5—除尘器

(1)排风口。排风口是将各房间内污浊空气吸入排(回)风管道的入口。

(2)排风管。排风管是指输送污浊空气的管道,管上装有回风口、防火阀等部件。

(3)排风机。排风机将浊气通过机械从排风管排出。

(4)风帽。风帽是将浊气排入大气中,并防止空气、雨雪倒灌的部件。

(5)除尘器。除尘器可利用排风机的吸力将灰尘及有害物质吸入除尘器中,再集中排除。

(6)其他管件和部件。

二、空调系统组成

空调系统一般由百叶窗、保温阀、空气过滤器、一次加热器、调节阀门、喷淋室、二次加热器等设备组成。

(1)百叶窗。百叶窗用于挡住室外杂物进入。

(2)保温阀。当空调系统停止工作时,保温阀可防止室外空气进入。

(3)空气过滤器。空气过滤器用于清除空气中的灰尘。

(4)一次加热器。一次加热器是安装在喷淋室或冷却器前的加热器,用于提高空气湿度和增加吸湿能力。

(5)调节阀门。调节阀门用于调节一、二次循环风量,使室内空气循环使用,以节约冷(热)量。

(6)喷淋室。喷淋室可以根据使用需要喷淋不同温度的水,对空气进行加热、加湿、冷却、减湿等空气处理过程。

(7)二次加热器。二次加热器是安装在喷淋室或冷却器之间的加热器,用于加热喷淋室的空气,以保证送入室内的空气具有一定的温度和相对湿度。

第三节 通风与空调工程常用代号及图例

一、水、汽管道

(1)水、汽管道可用线型区分,也可用代号区分。水、汽管道代号宜按表1-2采用。

表 1-2　　水、汽管道代号

序号	代号	管道名称	备注
1	RG	采暖热水供水管	可附加1、2、3等表示一个代号、不同参数的多种管道
2	RH	采暖热水回水管	可通过实线、虚线表示供、回关系省略字母G、H
3	LG	空调冷水供水管	—
4	LH	空调冷水回水管	—
5	KRG	空调热水供水管	—
6	KRH	空调热水回水管	—
7	LRG	空调冷、热水供水管	—
8	LRH	空调冷、热水回水管	—
9	LQG	冷却水供水管	—
10	LQH	冷却水回水管	—
11	n	空调冷凝水管	—
12	PZ	膨胀水管	—
13	BS	补水管	—
14	X	循环管	—
15	LM	冷媒管	—
16	YG	乙二醇供水管	—
17	YH	乙二醇回水管	—
18	BG	冰水供水管	—
19	BH	冰水回水管	—
20	ZG	过热蒸汽管	—
21	ZB	饱和蒸汽管	可附加1、2、3等表示一个代号、不同参数的多种管道
22	Z2	二次蒸汽管	—
23	N	凝结水管	—
24	J	给水管	—
25	SR	软化水管	—
26	CY	除氧水管	—

续表

序 号	代 号	管道名称	备 注
27	GG	锅炉进水管	—
28	JY	加药管	—
29	YS	盐溶液管	—
30	XI	连续排污管	—
31	XD	定期排污管	—
32	XS	泄水管	—
33	YS	溢水(油)管	—
34	R_1G	一次热水供水管	—
35	R_1H	一次热水回水管	—
36	F	放空管	—
37	FAQ	安全阀放空管	—
38	O1	柴油供油管	—
39	O2	柴油回油管	—
40	OZ1	重油供油管	—
41	OZ2	重油回油管	—
42	OP	排油管	—

(2)自定义水、汽管道代号不应与表1-2中的规定矛盾,并应在相应图面说明。

(3)水、汽管道阀门和附件的图例宜按表1-3采用。

表1-3　　　　　　水、汽管道阀门和附件图例

序号	名　称	图　例	备　注
1	截止阀	—⋈—	
2	闸阀	—⋈—	
3	球阀	—⋈—	
4	柱塞阀	—⋈—	
5	快开阀	—⋈—	
6	蝶阀	—⫽—	—⫽—

续一

序号	名称	图例	备注
7	旋塞阀		—
8	止回阀		
9	浮球阀		—
10	三通阀		—
11	平衡阀		—
12	定流量阀		—
13	定压差阀		—
14	自动排气阀		—
15	集气罐、放气阀		—
16	节流阀		—
17	调节止回关断阀		水泵出口用
18	膨胀阀		—
19	排入大气或室外		—
20	安全阀		—
21	角阀		—
22	底阀		—
23	漏斗		—
24	地漏		—
25	明沟排水		—
26	向上弯头		—
27	向下弯头		—

续二

序号	名　称	图　例	备　注
28	法兰封头或管封		—
29	上出三通		—
30	下出三通		—
31	变径管		—
32	活接头或法兰连接		—
33	固定支架		—
34	导向支架		—
35	活动支架		—
36	金属软管		—
37	可屈挠橡胶软接头		—
38	Y形过滤器		—
39	疏水器		—
40	减压阀		左高右低
41	直通型(或反冲型)除污器		—
42	除垢仪		—
43	补偿器		—
44	矩形补偿器		—
45	套管补偿器		—
46	波纹管补偿器		—
47	弧形补偿器		—
48	球形补偿器		—
49	伴热管		—

续三

序号	名 称	图 例	备 注
50	保护套管		—
51	爆破膜		—
52	阻火器		—
53	节流孔板、减压孔板		—
54	快速接头		—
55	介质流向	→ 或 ⇒	在管道断开处时,流向符号宜标注在管道中心线上,其余可同管径标注位置
56	坡度及坡向	$i=0.003$ 或 → $i=0.003$	坡度数值不宜与管道起、止点标高同时标注。标注位置同管径标注位置

二、风道

(1) 风道代号宜按表 1-4 采用。

表 1-4　　　　　风道代号

序 号	代 号	管道名称	备 注
1	SF	送风管	—
2	HF	回风管	一、二次回风可附加 1、2 区别
3	PF	排风管	—
4	XF	新风管	—
5	PY	消防排烟风管	—
6	ZY	加压送风管	—
7	P(Y)	排风排烟兼用风管	—
8	XB	消防补风风管	—
9	S(B)	送风兼消防补风风管	—

(2)自定义风道代号不应与表 1-4 中的规定矛盾,并应在相应图面说明。

(3)风道、阀门及附件的图例宜按表 1-5 和表 1-6 采用。

表 1-5　　　　　　　风道、阀门及附件图例

序号	名　称	图　例	备　注
1	矩形风管	***×***	宽×高(mm)
2	圆形风管	φ***	φ直径(mm)
3	风管向上		—
4	风管向下		—
5	风管上升摇手弯		—
6	风管下降摇手弯		—
7	天圆地方		左接矩形风管,右接圆形风管
8	软风管		—
9	圆弧形弯头		—
10	带导流片的矩形弯头		—
11	消声器		
12	消声弯头		
13	消声静压箱		
14	风管软接头		
15	对开多叶调节风阀		

续表

序号	名称	图例	备注
16	蝶阀		—
17	插板阀		—
18	止回风阀		—
19	余压阀	DPV DPV	—
20	三通调节阀		—
21	防烟、防火阀	*** ***	***表示防烟、防火阀名称代号
22	方形风口		—
23	条缝形风口		—
24	矩形风口		—
25	圆形风口		—
26	侧面风口		—
27	防雨百叶		—
28	检修门	J J	—
29	气流方向		左为通用表示法，中表示送风，右表示回风
30	远程手控盒	B	防排烟用
31	防雨罩		—

第一章 通风空调工程概述

表1-6　　　　　风口和附件代号

序号	代号	图例	备注
1	AV	单层格栅风口,叶片垂直	—
2	AH	单层格栅风口,叶片水平	—
3	BV	双层格栅风口,前组叶片垂直	—
4	BH	双层格栅风口,前组叶片水平	—
5	C*	矩形散流器,*为出风面数量	—
6	DF	圆形平面散流器	—
7	DS	圆形凸面散流器	—
8	DP	圆盘形散流器	—
9	DX*	圆形斜片散流器,*为出风面数量	—
10	DH	圆环形散流器	—
11	E*	条缝形风口,*为条缝数	—
12	F*	细叶形斜出风散流器,*为出风面数量	—
13	FH	门铰形细叶回风口	—
14	G	扁叶形直出风散流器	—
15	H	百叶回风口	—
16	HH	门铰形百叶回风口	—
17	J	喷口	—
18	SD	旋流风口	—
19	K	蛋格形风口	—
20	KH	门铰形蛋格式回风口	—
21	L	花板回风口	—
22	CB	自垂百叶	—
23	N	防结露送风口	冠于所用类型风口代号前
24	T	低温送风口	冠于所用类型风口代号前
25	W	防雨百叶	—

续表

序号	代号	图例	备注
26	B	带风口风箱	—
27	D	带风阀	—
28	F	带过滤网	—

三、暖通空调设备

暖通空调设备的图例宜按表 1-7 采用。

表 1-7　　　　　暖通空调设备图例

序号	名称	图例	备注
1	散热器及手动放气阀	15　　15　　15	左为平面图画法,中为剖面图画法,右为系统图(Y轴侧)画法
2	散热器及温控阀	15　　15	—
3	轴流风机		
4	轴(混)流式管道风机		—
5	离心式管道风机		
6	吊顶式排气扇		
7	水泵		
8	手摇泵		
9	变风量末端		
10	空调机组加热、冷却盘管		从左到右分别为加热、冷却及双功能盘管

续表

序号	名 称	图 例	备 注
11	空气过滤器		从左至右分别为粗效、中效及高效
12	挡水板		—
13	加湿器		—
14	电加热器		—
15	板式换热器		—
16	立式明装风机盘管		—
17	立式暗装风机盘管		—
18	卧式明装风机盘管		—
19	卧式暗装风机盘管		—
20	窗式空调器		—
21	分体空调器	室内机　室外机	—
22	射流诱导风机		—
23	减振器		左为平面图画法，右为剖面图画法

四、调控装置及仪表

调控装置及仪表的图例宜按表 1-8 采用。

表 1-8　　　　　　　　　调控装置及仪表图例

序号	名称	图例
1	温度传感器	T
2	湿度传感器	H
3	压力传感器	P
4	压差传感器	ΔP
5	流量传感器	F
6	烟感器	S
7	流量开关	FS
8	控制器	C
9	吸顶式温度感应器	
10	温度计	
11	压力表	
12	流量计	F.M
13	能量计	E.M
14	弹簧执行机构	
15	重力执行机构	
16	记录仪	

续表

序号	名称	图例
17	电磁(双位)执行机构	⊠
18	电动(双位)执行机构	□
19	电动(调节)执行机构	○
20	气动执行机构	⊤
21	浮力执行机构	○—
22	数字输入量	DI
23	数字输出量	DO
24	模拟输入量	AI
25	模拟输出量	AO

注:各种执行机构可与风阀、水阀组合表示相应功能的控制阀门。

第二章 建筑安装工程造价构成与计算

第一节 建筑安装工程项目费用组成

一、建筑安装工程费用项目组成(按费用构成要素划分)

建筑安装工程费按照费用构成要素划分:由人工费、材料(包含工程设备,下同)费、施工机具使用费、企业管理费、利润、规费和税金组成。其中人工费、材料费、施工机具使用费、企业管理费和利润包含在分部分项工程费、措施项目费、其他项目费中,如图 2-1 所示。

1. 人工费

人工费是指按工资总额构成规定,支付给从事建筑安装工程施工的生产工人和附属生产单位工人的各项费用。内容包括:

(1)计时工资或计件工资。指按计时工资标准和工作时间或对已做工作按计件单价支付给个人的劳动报酬。

(2)奖金。指对超额劳动和增收节支支付给个人的劳动报酬,如节约奖、劳动竞赛奖等。

(3)津贴补贴。指为了补偿职工特殊或额外的劳动消耗和因其他特殊原因支付给个人的津贴,以及为了保证职工工资水平不受物价影响支付给个人的物价补贴。如流动施工津贴、特殊地区施工津贴、高温(寒)作业临时津贴、高空津贴等。

(4)加班加点工资。指按规定支付的在法定节假日工作的加班工资和在法定日工作时间外延时工作的加点工资。

(5)特殊情况下支付的工资。指根据国家法律、法规和政策规定,因病、工伤、产假、计划生育假、婚丧假、事假、探亲假、定期休假、停工学习、执行国家或社会义务等原因按计时工资标准或计时工资标准的一定比例支付的工资。

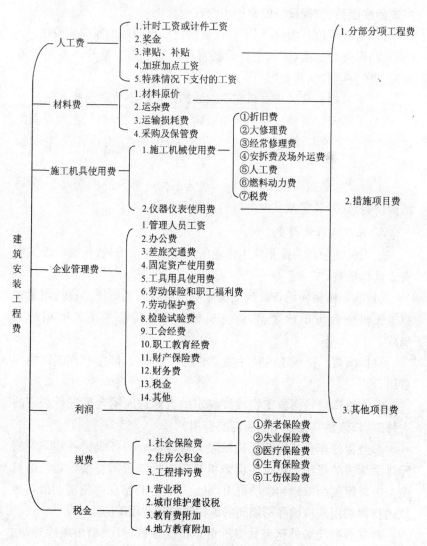

图 2-1 建筑安装工程费按照费用构成要素划分

2. 材料费

材料费是指施工过程中耗费的原材料、辅助材料、构配件、零件、半成品或成品、工程设备的费用。内容包括：

(1) 材料原价。指材料、工程设备的出厂价格或商家供应价格。

(2) 运杂费。指材料、工程设备自来源地运至工地仓库或指定堆放地点所发生的全部费用。

(3) 运输损耗费。指材料在运输装卸过程中不可避免的损耗。

(4) 采购及保管费。指为组织采购、供应和保管材料、工程设备的过程中所需要的各项费用。包括采购费、仓储费、工地保管费、仓储损耗。

工程设备是指构成或计划构成永久工程一部分的机电设备、金属结构设备、仪器装置及其他类似的设备和装置。

3. 施工机具使用费

施工机具使用费是指施工作业所发生的施工机械、仪器仪表使用费或其租赁费。

(1) 施工机械使用费。施工机械使用费以施工机械台班耗用量乘以施工机械台班单价表示，施工机械台班单价应由下列七项费用组成：

1) 折旧费。指施工机械在规定的使用年限内，陆续收回其原值的费用。

2) 大修理费。指施工机械按规定的大修理间隔台班进行必要的大修理，以恢复其正常功能所需的费用。

3) 经常修理费。指施工机械除大修理以外的各级保养和临时故障排除所需的费用。包括为保障机械正常运转所需替换设备与随机配备工具附具的摊销和维护费用，机械运转中日常保养所需润滑与擦拭的材料费用及机械停滞期间的维护和保养费用等。

4) 安拆费及场外运费。安拆费是指施工机械(大型机械除外)在现场进行安装与拆卸所需的人工、材料、机械和试运转费用以及机械辅助设施的折旧、搭设、拆除等费用；场外运费是指施工机械整体或分体自停放地点运至施工现场或由一施工地点运至另一施工地点的运输、装卸、辅助材料及架线等费用。

5）人工费。指机上司机（司炉）和其他操作人员的人工费。

6）燃料动力费。指施工机械在运转作业中所消耗的各种燃料及水、电等。

7）税费。指施工机械按照国家规定应缴纳的车船使用税、保险费及年检费等。

（2）仪器仪表使用费。仪器仪表使用费是指工程施工所需使用的仪器仪表的摊销及维修费用。

4. 企业管理费

企业管理费是指建筑安装企业组织施工生产和经营管理所需的费用。内容包括：

（1）管理人员工资。指按规定支付给管理人员的计时工资、奖金、津贴补贴、加班加点工资及特殊情况下支付的工资等。

（2）办公费。指企业管理办公用的文具、纸张、账表、印刷、邮电、书报、办公软件、现场监控、会议、水电、烧水和集体取暖降温（包括现场临时宿舍取暖降温）等费用。

（3）差旅交通费。指职工因公出差、调动工作的差旅费、住勤补助费、市内交通费和误餐补助费、职工探亲路费、劳动力招募费、职工退休、退职一次性路费、工伤人员就医路费、工地转移费以及管理部门使用的交通工具的油料、燃料等费用。

（4）固定资产使用费。指管理和试验部门及附属生产单位使用的属于固定资产的房屋、设备、仪器等的折旧、大修、维修或租赁费。

（5）工具用具使用费。指企业施工生产和管理使用的不属于固定资产的工具、器具、家具、交通工具和检验、试验、测绘、消防用具等的购置、维修和摊销费。

（6）劳动保险和职工福利费。指由企业支付的职工退职金、按规定支付给离休干部的经费、集体福利费、夏季防暑降温、冬季取暖补贴、上下班交通补贴等。

(7)劳动保护费。企业按规定发放的劳动保护用品的支出。如工作服、手套、防暑降温饮料以及在有碍身体健康的环境中施工的保健费用等。

(8)检验试验费。指施工企业按照有关标准规定,对建筑以及材料、构件和建筑安装物进行一般鉴定、检查所发生的费用,包括自设试验室进行试验所耗用的材料等费用。不包括新结构、新材料的试验费,对构件做破坏性试验及其他特殊要求检验试验的费用和建设单位委托检测机构进行检测的费用,对此类检测发生的费用,由建设单位在工程建设其他费用中列支。但对施工企业提供的具有合格证明的材料进行检测不合格的,该检测费用由施工企业支付。

(9)工会经费。指企业按《工会法》规定的全部职工工资总额比例计提的工会经费。

(10)职工教育经费。指按职工工资总额的规定比例计提,企业为职工进行专业技术和职业技能培训,专业技术人员继续教育、职工职业技能鉴定、职业资格认定以及根据需要对职工进行各类文化教育所发生的费用。

(11)财产保险费。指施工管理用财产、车辆等的保险费用。

(12)财务费。指企业为施工生产筹集资金或提供预付款担保、履约担保、职工工资支付担保等所发生的各种费用。

(13)税金。指企业按规定缴纳的房产税、车船使用税、土地使用税、印花税等。

(14)其他。包括技术转让费、技术开发费、投标费、业务招待费、绿化费、广告费、公证费、法律顾问费、审计费、咨询费、保险费等。

5. 利润

利润是指施工企业完成所承包工程获得的盈利。

6. 规费

规费是指按国家法律、法规规定,由省级政府和省级有关权力部门规定必须缴纳或计取的费用。包括:

(1)社会保险费。

1)养老保险费。指企业按照规定标准为职工缴纳的基本养老保险费。

2)失业保险费。指企业按照规定标准为职工缴纳的失业保险费。

3)医疗保险费。指企业按照规定标准为职工缴纳的基本医疗保险费。

4)生育保险费。指企业按照规定标准为职工缴纳的生育保险费。

5)工伤保险费。指企业按照规定标准为职工缴纳的工伤保险费。

(2)住房公积金。指企业按规定标准为职工缴纳的住房公积金。

(3)工程排污费。指按规定缴纳的施工现场工程排污费。

其他应列而未列入的规费，按实际发生计取。

7. 税金

税金是指国家税法规定的应计入建筑安装工程造价内的营业税、城市维护建设税、教育费附加以及地方教育附加。

二、建筑安装工程费用项目组成(按工程造价形成划分)

建筑安装工程费按照工程造价形成划分：由分部分项工程费、措施项目费、其他项目费、规费、税金组成，分部分项工程费、措施项目费、其他项目费包含人工费、材料费、施工机具使用费、企业管理费和利润，如图 2-2 所示。

1. 分部分项工程费

分部分项工程费是指各专业工程的分部分项工程应予列支的各项费用。

(1)专业工程。指按现行国家计量规范划分的房屋建筑与装饰工程、仿古建筑工程、通用安装工程、市政工程、园林绿化工程、矿山工程、构筑物工程、城市轨道交通工程、爆破工程等各类工程。

(2)分部分项工程。指按现行国家计量规范对各专业工程划分的项目。如房屋建筑与装饰工程划分的土石方工程、地基处理与桩基工程、砌筑工程、钢筋及钢筋混凝土工程等。

各类专业工程的分部分项工程划分见现行国家或行业计量规范。

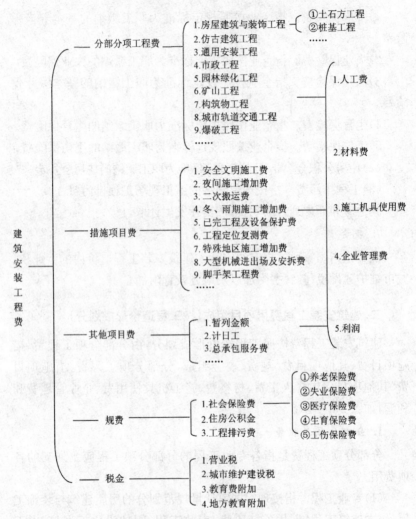

图 2-2 建筑安装工程费按照工程造价形成

2. 措施项目费

措施项目费是指为完成建设工程施工,发生于该工程施工前和施工过程中的技术、生活、安全、环境保护等方面的费用。内容包括:

(1)安全文明施工费。

1)环境保护费。指施工现场为达到环保部门要求所需要的各项费用。

2)文明施工费。指施工现场文明施工所需要的各项费用。

3)安全施工费。指施工现场安全施工所需要的各项费用。

4)临时设施费。指施工企业为进行建设工程施工所必须搭设的生活和生产用的临时建筑物、构筑物和其他临时设施费用。包括临时设施的搭设、维修、拆除、清理费或摊销费等。

(2)夜间施工增加费。指因夜间施工所发生的夜班补助费、夜间施工降效、夜间施工照明设备摊销及照明用电等费用。

(3)二次搬运费。指因施工场地条件限制而发生的材料、构配件、半成品等一次运输不能到达堆放地点,必须进行二次或多次搬运所发生的费用。

(4)冬、雨期施工增加费。指在冬期或雨期施工需增加的临时设施、防滑、排除雨雪,人工及施工机械效率降低等费用。

(5)已完工程及设备保护费。指竣工验收前,对已完工程及设备采取的必要保护措施所发生的费用。

(6)工程定位复测费。指工程施工过程中进行全部施工测量放线和复测工作的费用。

(7)特殊地区施工增加费。指工程在沙漠或其边缘地区、高海拔、高寒、原始森林等特殊地区施工增加的费用。

(8)大型机械设备进出场及安拆费。指机械整体或分体自停放场地运至施工现场或由一个施工地点运至另一个施工地点,所发生的机械进出场运输及转移费用及机械在施工现场进行安装、拆卸所需的人工费、材料费、机械费、试运转费和安装所需的辅助设施的费用。

(9)脚手架工程费。指施工需要的各种脚手架搭、拆、运输费用以及脚手架购置费的摊销(或租赁)费用。

措施项目及其包含的内容详见各类专业工程的现行国家或行业计量规范。

3. 其他项目费

(1)暂列金额。指建设单位在工程量清单中暂定并包括在工程合同价款中的一笔款项。用于施工合同签订时尚未确定或者不可预见的所需材料、工程设备、服务的采购，施工中可能发生的工程变更、合同约定调整因素出现时的工程价款调整以及发生的索赔、现场签证确认等的费用。

(2)计日工。指在施工过程中，施工企业完成建设单位提出的施工图纸以外的零星项目或工作所需的费用。

(3)总承包服务费。指总承包人为配合、协调建设单位进行的专业工程发包，对建设单位自行采购的材料、工程设备等进行保管以及施工现场管理、竣工资料汇总整理等服务所需的费用。

4. 规费

规费。定义同本节"一、6."。

5. 税金

税金。定义同本节"一、7."。

第二节 建筑安装工程费用计算方法

一、各费用构成计算方法

1. 人工费

$$人工费 = \Sigma(工日消耗量 \times 日工资单价) \quad (2-1)$$

$$日工资单价 = \frac{生产工人平均月工资(计时计件)}{年平均每月法定工作日} +$$

$$\frac{平均月(奖金+津贴补贴+特殊情况下支付的工资)}{年平均每月法定工作日}$$

$$(2-2)$$

注：式(2-1)主要适用于施工企业投标报价时自主确定人工费，也是工程造价管理机构编制计价定额确定定额人工单价或发布人工成本信息的参考依据。

$$人工费 = \sum(工程工日消耗量 \times 日工资单价) \quad (2-3)$$

注:式(2-3)适用于工程造价管理机构编制计价定额时确定定额人工费,是施工企业投标报价的参考依据。

式(2-3)中日工资单价是指施工企业平均技术熟练程度的生产工人在每工作日(国家法定工作时间内)按规定从事施工作业应得的日工资总额。

工程造价管理机构确定日工资单价应通过市场调查、根据工程项目的技术要求,参考实物工程量人工单价综合分析确定,最低日工资单价不得低于工程所在地人力资源和社会保障部门所发布的最低工资标准的:普工1.3倍、一般技工2倍、高级技工3倍。

工程计价定额不可只列一个综合工日单价,应根据工程项目技术要求和工种差别适当划分多种日人工单价,确保各分部工程人工费的合理构成。

2. 材料费

(1)材料费。

$$材料费 = \sum(材料消耗量 \times 材料单价) \quad (2-4)$$

$$材料单价 = [(材料原价 + 运杂费) \times [1 + 运输损耗率(\%)]] \times [1 + 采购保管费率(\%)] \quad (2-5)$$

(2)工程设备费。

$$工程设备费 = \sum(工程设备量 \times 工程设备单价) \quad (2-6)$$

$$工程设备单价 = (设备原价 + 运杂费) \times [1 + 采购保管费率(\%)] \quad (2-7)$$

3. 施工机具使用费

(1)施工机械使用费。

$$施工机械使用费 = \sum(施工机械台班消耗量 \times 机械台班单价) \quad (2-8)$$

$$机械台班单价 = 台班折旧费 + 台班大修费 + 台班经常修理费 + 台班安拆费及场外运费 + 台班人工费 + 台班燃料动力费 + 台班车船税费 \quad (2-9)$$

注：工程造价管理机构在确定计价定额中的施工机械使用费时，应根据《建筑施工机械台班费用计算规则》结合市场调查编制施工机械台班单价。施工企业可以参考工程造价管理机构发布的台班单价，自主确定施工机械使用费的报价，如租赁施工机械，公式为：施工机械使用费＝∑(施工机械台班消耗量×机械台班租赁单价)

(2)仪器仪表使用费。

仪器仪表使用费＝工程使用的仪器仪表摊销费＋维修费 (2-10)

4. 企业管理费费率

(1)以分部分项工程费为计算基础。

$$\text{企业管理费费率(\%)} = \frac{\text{生产工人年平均管理费}}{\text{年有效施工天数} \times \text{人工单价}} \times \text{人工费占分部分项工程费比例(\%)} \quad (2\text{-}11)$$

(2)以人工费和机械费合计为计算基础。

$$\text{企业管理费费率(\%)} = \frac{\text{生产工人年平均管理费}}{\text{年有效施工天数} \times (\text{人工单价}+\text{每一工日机械使用费})} \times 100\% \quad (2\text{-}12)$$

(3)以人工费为计算基础。

$$\text{企业管理费费率(\%)} = \frac{\text{生产工人年平均管理费}}{\text{年有效施工天数} \times \text{人工单价}} \times 100\% \quad (2\text{-}13)$$

注：上述公式适用于施工企业投标报价时自主确定管理费，是工程造价管理机构编制计价定额确定企业管理费的参考依据。

工程造价管理机构在确定计价定额中企业管理费时，应以定额人工费或(定额人工费＋定额机械费)作为计算基数，其费率根据历年工程造价积累的资料，辅以调查数据确定，列入分部分项工程和措施项目中。

5. 利润

(1)施工企业根据企业自身需求并结合建筑市场实际自主确定，列入报价中。

(2)工程造价管理机构在确定计价定额中利润时，应以定额人工费或(定额人工费＋定额机械费)作为计算基数，其费率根据历年工程造价积累的资料,并结合建筑市场实际确定,以单位(单项)工程测算,利润在税前建筑安装工程费的比重可按不低于5%且不高于7%的费率计算。利润应列入分部分项工程和措施项目中。

6. 规费

(1)社会保险费和住房公积金。社会保险费和住房公积金应以定额人工费为计算基础,根据工程所在地省、自治区、直辖市或行业建设主管部门规定费率计算。

$$社会保险费和住房公积金=\Sigma(工程定额人工费\times 社会保险费和住房公积金费率) \quad (2-14)$$

式(2-14)中,社会保险费和住房公积金费率可以每万元发承包价的生产工人人工费和管理人员工资含量与工程所在地规定的缴纳标准综合分析取定。

(2)工程排污费。工程排污费等其他应列而未列入的规费应按工程所在地环境保护等部门规定的标准缴纳,按实计取列入。

7. 税金

$$税金=税前造价\times 综合税率(\%) \quad (2-15)$$

其中,综合税率的计算方法如下:

(1)纳税地点在市区的企业。

$$综合税率(\%)=\frac{1}{1-3\%-3\%\times 7\%-3\%\times 3\%-3\%\times 2\%}-1 \quad (2-16)$$

(2)纳税地点在县城、镇的企业。

$$综合税率(\%)=\frac{1}{1-3\%-3\%\times 5\%-3\%\times 3\%-3\%\times 2\%}-1 \quad (2-17)$$

(3)纳税地点不在市区、县城、镇的企业。

$$综合税率(\%)=\frac{1}{1-3\%-3\%\times 1\%-3\%\times 3\%-3\%\times 2\%}-1 \quad (2-18)$$

(4)实行营业税改增值税的,按纳税地点现行税率计算。

二、建筑安装工程计价参考公式

建筑安装工程计价参考公式如下:

1. 分部分项工程费

分部分项工程费＝∑(分部分项工程量×综合单价)　(2-19)

式(2-19)中综合单价包括人工费、材料费、施工机具使用费、企业管理费和利润以及一定范围的风险费用(下同)。

2. 措施项目费

(1)国家计量规范规定应予计量的措施项目,其计算公式为:

措施项目费＝∑(措施项目工程量×综合单价)　(2-20)

(2)国家计量规范规定不宜计量的措施项目计算方法如下:

1)安全文明施工费。

安全文明施工费＝计算基数×安全文明施工费费率(％)　(2-21)

计算基数应为定额基价(定额分部分项工程费＋定额中可以计量的措施项目费)、定额人工费或(定额人工费＋定额机械费),其费率由工程造价管理机构根据各专业工程的特点综合确定。

2)夜间施工增加费。

夜间施工增加费＝计算基数×夜间施工增加费费率(％)　(2-22)

3)二次搬运费。

二次搬运费＝计算基数×二次搬运费费率(％)　(2-23)

4)冬、雨期施工增加费。

冬、雨期施工增加费＝计算基数×冬、雨期施工增加费费率(％)

(2-24)

5)已完工程及设备保护费。

已完工程及设备保护费＝计算基数×已完工程及设备保护费费率(％)　(2-25)

上述2)～5)项措施项目的计费基数应为定额人工费或(定额人工费＋定额机械费),其费率由工程造价管理机构根据各专业工程特点和调查资料综合分析后确定。

3. 其他项目费

(1)暂列金额由建设单位根据工程特点,按有关计价规定估算,施工过程中由建设单位掌握使用、扣除合同价款调整后如有余额,归建设单位。

(2)计日工由建设单位和施工企业按施工过程中的签证计价。

(3)总承包服务费由建设单位在招标控制价中根据总包服务范围和有关计价规定编制,施工企业投标时自主报价,施工过程中按签约合同价执行。

4. 规费和税金

建设单位和施工企业均应按照省、自治区、直辖市或行业建设主管部门发布标准计算规费和税金,不得作为竞争性费用。

第三节 建筑安装工程计价程序

一、建设单位工程招标控制价计价程序

建设单位工程招标控制价计价程序见表2-1。

表2-1　　　　　建设单位工程招标控制价计价程序

工程名称：　　　　　　　　　　标段：

序号	内容	计算方法	金额(元)
1	分部分项工程费	按计价规定计算	
1.1			
1.2			
1.3			
1.4			
1.5			
2	措施项目费	按计价规定计算	
2.1	其中：安全文明施工费	按规定标准计算	
3	其他项目费		
3.1	其中：暂列金额	按计价规定估算	
3.2	其中：专业工程暂估价	按计价规定估算	
3.3	其中：计日工	按计价规定估算	

续表

序号	内 容	计算方法	金额(元)
3.4	其中:总承包服务费	按计价规定估算	
4	规费	按规定标准计算	
5	税金(扣除不列入计税范围的工程设备金额)	(1+2+3+4)×规定税率	
招标控制价合计=1+2+3+4+5			

二、施工企业工程投标报价计价程序

施工企业工程投标报价计价程序见表 2-2。

表 2-2　　　　　施工企业工程投标报价计价程序

工程名称：　　　　　　　　　　　　标段：

序号	内　容	计算方法	金额(元)
1	分部分项工程费	自主报价	
1.1			
1.2			
1.3			
1.4			
1.5			
2	措施项目费	自主报价	
2.1	其中:安全文明施工费	按规定标准计算	
3	其他项目费		
3.1	其中:暂列金额	按招标文件提供金额计列	
3.2	其中:专业工程暂估价	按招标文件提供金额计列	
3.3	其中:计日工	自主报价	
3.4	其中:总承包服务费	自主报价	
4	规费	按规定标准计算	
5	税金(扣除不列入计税范围的工程设备金额)(1+2+3+4)×规定税率		
投标报价合计=1+2+3+4+5			

三、竣工结算计价程序

竣工结算计价程序见表2-3。

表 2-3　　　　　　　　　　竣工结算计价程序

工程名称：　　　　　　　　　　　　标段：

序号	汇总内容	计算方法	金额(元)
1	分部分项工程费	按合同约定计算	
1.1			
1.2			
1.3			
1.4			
1.5			
2	措施项目	按合同约定计算	
2.1	其中:安全文明施工费	按规定标准计算	
3	其他项目		
3.1	其中:专业工程结算价	按合同约定计算	
3.2	其中:计日工	按计日工签证计算	
3.3	其中:总承包服务费	按合同约定计算	
3.4	索赔与现场签证	按发承包双方确认数额计算	
4	规费	按规定标准计算	
5	税金(扣除不列入计税范围的工程设备金额)	(1+2+3+4)×规定税率	
竣工结算总价合计=1+2+3+4+5			

第三章 工程量清单

第一节 工程量清单概述

一、工程量清单的概念

工程量清单是载明建设工程分部分项工程项目、措施项目、其他项目的名称和相应数量以及规费、税金项目等内容的明细清单。

(1)招标工程量清单。招标工程量清单是招标人依据国家标准、招标文件、设计文件以及施工现场实际情况编制的供投标报价的工程量清单。

(2)已标价工程量清单。已标价工程量清单是构成合同文件组成部分的投标文件中已标明价格,经算术性错误修正(如有)且承包人已确认的工程量清单,包括其说明和表格。

工程量清单是招标投标活动中对招标人和投标人都具有约束力的重要文件,体现了招标人要求投标人完成的工程项目及相应的工程数量,全面反映了投标报价要求,是编制工程招标控制价和投标报价的依据,是支付工程进度款和办理工程结算、调整工程量及进行工程索赔的依据。

二、实行工程量清单计价的目的和意义

(1)推行工程量清单计价是深化工程造价管理改革,推进建设市场化的重要途径。长期以来,工程预算定额是我国承发包计价、定价的主要依据。现预算定额中规定的消耗量和有关施工措施性费用是按社会平均水平编制的,以此为依据形成的工程造价基本上也属于社会平均价格。这种平均价格可作为市场竞争的参考价格,但不能反映参与竞争企业的实际消耗和技术管理水平,在一定程度上限制了企业的公平竞争。

20世纪90年代国家提出了"控制量、指导价、竞争费"的改革措施,将工程预算定额中的人工、材料、机械消耗量和相应的量价分离,国家控制量以保证质量,价格逐步走向市场化,这一措施走出了向传统工程预算定额改革的第一步。但是,这种做法难以改变工程预算定额中国家指令性内容较多的状况,难以满足招标投标竞争定价和经评审的合理低价中标的要求。因为国家定额的控制量是社会平均消耗量,不能反映企业的实际消耗量,不能全面体现企业的技术装备水平、管理水平和劳动生产率,不能体现公平竞争的原则,社会平均水平不能代表社会先进水平,改变以往的工程预算定额的计价模式,适应招标投标的需要,推行工程量清单计价办法是十分必要的。

工程量清单计价是建设工程招标投标中,按照国家统一的工程量清单计价规范,由招标人提供工程数量,投标人自主报价,经评审低价中标的工程造价计价模式。采用工程量清单计价能反映工程个别成本,有利于企业自主报价和公平竞争。

(2)在建设工程招标投标中实行工程量清单计价是规范建筑市场秩序的治本措施之一,适应社会主义市场经济的需要。工程造价是工程建设的核心,也是市场运行的核心内容,建筑市场存在着许多不规范的行为,大多数与工程造价有直接联系。建筑产品是商品,具有商品的共性,它受价值规律、货币流通规律和供求规律的支配。但是,建筑产品与一般的工业产品价格构成不一样,建筑产品具有某些特殊性:

1)建设工程竣工后建筑产品一般不在空间发生物理运动,可以直接移交用户,立即进入生产消费或生活消费,因而,价格中不含商品使用价值运动发生的流通费用,即因生产过程在流通领域内继续进行而支付的商品包装运输费、保管费。

2)建筑产品是固定在某地方的。

3)由于施工人员和施工机具围绕着建设工程流动,因而,有的建设工程构成还包括施工企业远离基地的费用,甚至包括成建制转移到新的工地所增加的费用等。

建筑产品价格随建设时间和地点而变化,相同结构的建筑物在同一地段建造,施工的时间不同造价就不一样;同一时间、不同地段造价也不一样;即使时间和地段相同,施工方法、施工手段、管理水平不同工程造价也有所差别。因此,建筑产品的价格,既有它的同一性,又有其特殊性。

为了推动社会主义市场经济的发展,国家颁发了相应的有关法律,如《中华人民共和国价格法》第三条规定:我国实行并逐步完善宏观经济调控下主要由市场形成价格的机制。价格的制定应当符合价格规律,对多数商品和服务价格实行市场调节价,极少数商品和服务价格实行政府指导价或政府定价。市场调节价,是指由经营者自主定价,通过市场竞争形成价格。中华人民共和国住房和城乡建设部令第16号《建筑工程施工发包与承包计价管理办法》第十条规定:投标报价应当依据工程量清单、工程计价有关规定、企业定额和市场价格信息等编制。建筑产品市场形成价格是社会主义市场经济的需要。过去工程预算定额在调节承发包双方利益和反映市场价格、需求方面存在着不相适应的地方,特别是公开、公正、公平竞争方面,还缺乏合理的机制,甚至出现了一些漏洞,高估冒算,相互串通,从中回扣。发挥市场规律"竞争"和"价格"的作用是治本之策。尽快建立和完善市场形成工程造价的机制,是当前规范建筑市场的需要。通过推行工程量清单计价有利于发挥企业自主报价的能力,同时,也有利于规范业主在工程招标中计价行为,有效改变招标单位在招标中盲目压价的行为,从而真正体现公开、公平、公正的原则,反映市场经济规律。

(3)实行工程量清单计价,是促进建设市场有序竞争和企业健康发展的需要。工程量清单是招标文件的重要组成部分,由招标单位编制或委托有资质的工程造价咨询单位编制,工程量清单编制的准确、详尽、完整,有利于提高招标单位的管理水平,减少索赔事件的发生。由于工程量清单是公开的,有利于防止招标工程中弄虚作假、暗箱操作等不规范行为。投标单位通过对单位工程成本、利润进行分析,统筹考虑,精心选择施工方案,根据企业的定额合理确定人工、材料、机械等要素投入量的合理配置,优化组合,合理控制现场经费和施工技术措施费,在满足招标文件需要的前提下,合理确定自己的报价,让企业有自主报价权。改变了过去依赖建设行政主管部门发布的定额和规定的取费标准进行计价的模式,有利于提高劳动生产率,促进企业技术进步,节约投资和规范建设市场。采用工程量清单计价后,将使招标活动的透明度增加,在充分竞争的基础上降低了造价,提高了投资效益,且便于操作和推行,业主和承包商将都会接受这种计价模式。

(4)实行工程量清单计价,有利于我国工程造价政府职能的转变。按照政府部门真正履行起"经济调节、市场监督、社会管理和公共服务"的职能要求,政府对工程造价管理的模式要进行相应的改变,将推行政府宏观调控、企业自主报价、市场形成价格、社会全面监督的工程造价管理思路。实行工程量清单计价,将会有利于我国工程造价政府职能的转变,由过去的政府控制的指令性定额转变为制定适应市场经济规律需要的工程量清单计价方法,由过去的行政干预转变为对工程造价进行依法监管,有效地强化政府对工程造价的宏观调控。

三、2013版清单计价规范简介

2012年12月25日,住房和城乡建设部发布了《建设工程工程量清单计价规范》(GB 50500—2013)(以下简称"13计价规范")和《房屋建筑与装饰工程工程量计算规范》(GB 50854—2013)、《仿古建筑工程工程量计算规范》(GB 50855—2013)、《通用安装工程工程量计算规范》(GB 50856—2013)、《市政工程工程量计算规范》(GB 50857—2013)、《园林绿化工程工程量计算规范》(GB 50858—2013)、《矿山工程工程量计算规范》(GB 50859—2013)、《构筑物工程工程量计算规范》(GB 50860—2013)、《城市轨道交通工程工程量计算规范》(GB 50861—2013)、《爆破工程工程量计算规范》(GB 50862—2013)等9本计量规范(以下简称"13工程计量规范"),全部10本规范于2013年

7月1日起实施。

"13计价规范"及"13工程计量规范"是在《建设工程工程量清单计价规范》(GB 50500—2008)(以下简称"08计价规范")基础上,以原建设部发布的工程基础定额、消耗量定额、预算定额以及各省、自治区、直辖市或行业建设主管部门发布的工程计价定额为参考,以工程计价相关的国家或行业的技术标准、规范、规程为依据,收集近年来新的施工技术、工艺和新材料的项目资料,经过整理,在全国广泛征求意见后编制而成。

"13计价规范"共设置16章、54节、329条,各章名称为:总则、术语、一般规定、工程量清单编制、招标控制价、投标报价、合同价款约定、工程计量、合同价款调整、合同价款期中支付、竣工结算与支付、合同解除的价款结算与支付、合同价款争议的解决、工程造价鉴定、工程计价资料与档案和工程计价表格。相比"08计价规范"而言,分别增加了11章、37节、192条。

"13计价规范"适用于建设工程发承包及实施阶段的招标工程量清单、招标控制价、投标报价的编制,工程合同价款的约定,竣工结算的办理以及施工过程中的工程计量、合同价款支付、施工索赔与现场签证、合同价款调整和合同价款争议的解决等计价活动。相对于"08计价规范","13计价规范"将"建设工程工程量清单计价活动"修改为"建设工程发承包及实施阶段的计价活动",从而对清单计价规范的适用范围进一步进行了明确,表明了不分何种计价方式,建设工程发承包及实施阶段的计价活动必须执行"13计价规范"。之所以规定"建设工程发承包及实施阶段的计价活动",主要是因为工程建设具有周期长、金额大、不确定因素多的特点,从而决定了建设工程计价具有分阶段计价的特点,建设工程决策阶段、设计阶段的计价要求与发承包及实施阶段人计价要求是有区别的,这就避免了因理解上的歧义而发生纠纷。

"13计价规范"规定:"建设工程发承包及实施阶段的工程造价应由分部分项工程费、措施项目费、其他项目费、规费和税金组成。"这说明了不论采用什么计价方式,建设工程发承包及实施阶段的工程造价均由这五部分组成,这五部分也称之为建筑安装工程费。

根据原人事部、原建设部《关于印发〈造价工程师执业资格制度暂行规定〉的通知》(人发[1996]77号)、《注册造价工程师管理办法》(建设部令第150号)以及《全国建设工程造价员管理办法》(中价协[2011]021号)的有关规定,"13计价规范"规定:"招标工程量清单、招标控制价、投标报价、工程计量、合同价款调整、合同价款结算与支付以及工程造价鉴定等工程造价文件的编制与核对,应由具有专业资格的工程造价人员承担。""承担工程造价文件的编制与核对的工程造价人员及其所在单位,应对工程造价文件的质量负责。"

另外,由于建设工程造价计价活动不仅要客观反映工程建设的投资,更应体现工程建设交易活动的公正、公平的原则,因此"13计价规范"规定,工程建设双方,包括受其委托的工程造价咨询方,在建设工程发承包及实施阶段从事计价活动均应遵循客观、公正、公平的原则。

第二节 工程量清单编制

一、工程量清单编制依据

(1)"13计价规范"和相关专业工程的国家计量规范。
(2)国家或省级、行业建设主管部门颁发的计价定额和办法。
(3)建设工程设计文件及相关资料。
(4)与建设工程有关的标准、规范、技术资料。
(5)拟定的招标文件。
(6)施工现场情况、地勘水文资料、工程特点及常规施工方案。
(7)其他相关资料。

二、工程量清单编制一般规定

(1)招标工程量清单应由招标人负责编制,若招标人不具有编制工程量清单的能力,则可根据《工程造价咨询企业管理办法》(建设部第 149 号令)的规定,委托具有工程造价咨询性质的工程造价咨询人编制。

(2)招标工程量清单必须作为招标文件的组成部分,其准确性(数量不算错)和完整性(不缺项漏项)应由招标人负责。招标人应将工程量清单连同招标文件一起发(售)给投标人。投标人依据工程量清单进行投标报价时,对工程量清单不负有核实的义务,更不具有修改和调整的权力。如招标人委托工程造价咨询人编制工程量清单,其责任仍由招标人负责。

(3)招标工程量清单是工程量清单计价的基础,应作为编制招标控制价、投标报价计算或调整工程量以及工程索赔等的依据之一。

(4)招标工程量清单应以单位(项)工程为单位编制,应由分部分项工程项目清单、措施项目清单、其他项目清单、规费和税金项目清单组成。

三、工程量清单编制程序

(1)熟悉图纸和招标文件。

(2)了解施工现场的有关情况。

(3)划分项目,确定分部分项工程项目清单和单价措施项目清单的项目名称、项目编码。

(4)确定分部分项项目清单和单价措施项目清单的项目特征。

(5)计算分部分项工程项目清单和单价措施项目的工程量。

(6)编制清单(分部分项工程项目清单、措施项目清单、其他项目清单)。

(7)复核、编写总说明、扉页、封面。

(8)装订。

第三节 工程量清单编制方法

一、分部分项工程项目清单

(1)分部分项工程项目清单必须载明项目编码、项目名称、项目特征、计量单位和工程量。这是构成一个分部分项工程项目清单的五个要件,在分部分项工程项目清单的组成中缺一不可。

(2)分部分项工程项目清单应根据"13 计价规范"和相关专业工程国家计量规范附录中规定的项目编码、项目名称、项目特征、计量单位和工程量计算规则进行编制。

分部分项工程项目清单项目编码栏应根据相关国家工程量计算规范项目编码栏内规定的 9 位数字另加 3 位顺序码共 12 位阿拉伯数字填写。各位数字的含义为:一、二位为专业工程代码,房屋建筑与装饰工程为 01,仿古建筑为 02,通用安装工程为 03,市政工程为 04,园林绿化工程为 05,矿山工程为 06,构筑物工程为 07,城市轨道交通工程为 08,爆破工程为 09;三、四位为专业工程附录分类顺序码;五、六位为分部工程顺序码;七、八、九位为分项工程项目名称顺序码;十至十二位为清单项目名称顺序码。

在编制工程量清单时应注意对项目编码的设置不得有重码,特别是当同一标段(或合同段)的一份工程量清单中含有多个单项或单位工程且工程量清单是以单项或单位工程为编制对象时,应注意项目编码中的十至十二位的设置不得重码。例如一个标段(或合同段)的工程量清单中含有三个单项或单位工程,每一单项或单位工程中都有项目特征相同的除尘设备,在工程量清单中又需反映三个不同单项或单位工程的除尘设备工程量时,此时工程量清单应以单项或单位工程为编制对象,第一个单项或单位工程的除尘设备的项目编码为 030701002001,第二个单项或单位工程的除尘设备的项目编码为 030701002002,第三个单项或单位工程的除尘设备的项目编码为

030701002003，并分别列出各单项或单位工程除尘设备的工程量。

分部分项工程量清单项目名称栏应按相关工程国家工程量计算规范的规定，根据拟建工程实际填写。在实际填写过程中，"项目名称"有两种填写方法：一是完全保持相关工程国家工程量计算规范的项目名称不变；二是根据工程实际在工程量计算规范项目名称下另行确定详细名称。

分部分项工程量清单项目特征栏应按相关工程国家工程量计算规范的规定，根据拟建工程实际进行描述。

分部分项工程量清单的计量单位应按相关工程国家工程量计算规范规定的计量单位填写。有些项目工程量计算规范中有两个或两个以上计量单位，应根据拟建工程项目的实际，选择最适宜表现该项目特征并方便计量的单位。如泥浆护壁成孔灌注桩项目，工程量计算规范以 m^3、m 和根三个计量单位表示，此时就应根据工程项目的特点，选择其中一个即可。

"工程量"应按相关工程国家工程量计算规范规定的工程量计算规则计算填写。

工程量的有效位数应遵守下列规定：

1）以"t"为单位，应保留小数点后三位小数，第四位小数四舍五入；

2）以"m"、"m^2"、"m^3"、"kg"为单位，应保留小数点后两位小数，第三位小数四舍五入；

3）以"台"、"个"、"件"、"套"、"根"、"组"、"系统"为单位，应取整数。

(3) 项目安装高度若超过基本高度时，应在"项目特征"中描述。《通用安装工程工程量计算规范》(GB 50856－2013) 规定通风空调工程的基本安装高度为 6m。

二、措施项目清单

措施项目清单是指为完成工程项目施工，发生于该工程施工准备和施工过程中的技术、生活、安全、环境保护等方面的项目。"13 工程计量规范"中有关措施项目的规定和具体条文比较少,投标人可根据施工组织设计中采取的措施增加项目。

措施项目清单的设置,首先要参考拟建工程的施工组织设计,以确定安全文明施工、材料的二次搬运等项目;其次参阅施工技术方案,以确定夜间施工增加费、大型机械进出场及安拆费、脚手架工程费等项目;参阅相关的工程施工规范及工程验收规范,可以确定施工技术方案没有表达的,但是为了实现施工规范及工程验收规范要求而必须发生的技术措施。

(1)措施项目清单应根据拟建工程的实际情况列项。

(2)措施项目中可以计算工程量的项目清单宜采用分部分项工程项目清单的方式编制,列出项目编码、项目名称、项目特征、计量单位和工程量;不能计算工程量的项目清单,以"项"为计量单位。

(3)"13 工程计量规范"将实体性项目划分为分部分项工程项目,非实体性项目划分为措施项目。所谓非实体性项目,一般来说,其费用的发生和金额的大小与使用时间、施工方法或者两个以上工序相关,与实际完成的实体工程量的多少关系不大,典型的是大中型施工机械、文明施工和安全防护、临时设施等。但有的非实体性项目,则是可以计算工程量的项目,典型的建筑工程是混凝土浇筑的模板工程,用分部分项工程项目清单的方式采用综合单价,更有利于措施费的确定和调整,更有利于合同管理。

三、其他项目清单

其他项目清单是指分部分项工程量清单、措施项目清单所包含的内容以外,因招标人的特殊要求而发生的与拟建工程有关的其他费用项目和相应数量的清单。工程建设标准的高低、工程的复杂程度、工程的工期长短、工程的组成内容、发包人对工程管理要求等都直接影响其他项目清单的具体内容。其他项目清单包括暂列金额、暂估价(包括材料暂估单价、工程设备暂估单价、专业工程暂估价)、计日工、总承包服务费。

(1) 其他项目清单宜按照下列内容列项：

1) 暂列金额。暂列金额是招标人在工程量清单中暂定并包括在合同价款中的一笔款项。清单计价规范中明确规定暂列金额用于施工合同签订时尚未确定或者不可预见的所需材料、设备、服务的采购，施工中可能发生的工程变更、合同约定调整因素出现时的工程价款调整以及发生的索赔、现场签证确认等的费用。

不管采用何种合同形式，工程造价理想的标准是，一份合同的价格就是其最终的竣工结算价格，或者至少两者应尽可能接近。我国规定对政府投资工程实行概算管理，经项目审批部门批复的设计概算是工程投资控制的刚性指标，即使商业性开发项目也有成本的预先控制问题，否则，无法相对准确预测投资的收益和科学合理地进行投资控制。但工程建设自身的特性决定了工程的设计需要根据工程进展不断地进行优化和调整，业主需求可能会随工程建设进展出现变化，工程建设过程还会存在一些不能预见、不能确定的因素。消化这些因素必然会影响合同价格的调整，暂列金额正是为这类不可避免的价格调整而设立，以便达到合理确定和有效控制工程造价的目标。

另外，暂列金额列入合同价格不等于就属于承包人所有了，即使是总价包干合同，也不等于列入合同价格的所有金额就属于承包人，是否属于承包人应得金额取决于具体的合同约定，只有按照合同约定程序实际发生后，才能成为承包人的应得金额，纳入合同结算价款中。扣除实际发生金额后的暂列金额余额仍属于发包人所有。设立暂列金额并不能保证合同结算价格就不会再出现超过合同价格的情况，是否超出合同价格完全取决于工程量清单编制人暂列金额预测的准确性，以及工程建设过程是否出现了其他事先未预测到的事件。

例：某工程量清单中给出的暂列金额及拟用项目见表 3-1。投标人只需要直接将工程量清单中所列的暂列金额纳入投标总价，并且不需要在工程量清单中所列的暂列金额以外再考虑任何其他费用。

第三章 工程量清单

表 3-1 暂列金额明细表

工程名称：××工程　　　　　　　标段：　　　　　　　第 页共 页

序号	项目名称	计量单位	暂定金额(元)	备注
1	图纸中已经标明可能位置，但未最终确定是否需要的主入口处的钢结构雨篷工程的安装工作	项	500000.00	此部分的设计图纸有待进一步完善
2	其他	项	60000.00	
3				
	合　计			—

2)暂估价。暂估价是指招标阶段直至签订合同协议时，招标人在招标文件中提供的用于支付必然发生但暂时不能确定价格的材料以及专业工程的金额。暂估价包括材料暂估单价、工程设备暂估单价和专业工程暂估价。暂估价类似于 FIDIC 合同条款中的 Prime Cost Items，在招标阶段预见肯定要发生，只是因为标准不明确或者需要由专业承包人完成，暂时无法确定价格。暂估价数量和拟用项目应当结合工程量清单中的"暂估价表"予以补充说明。

为方便合同管理，需要纳入分部分项工程项目清单综合单价中的暂估价应只是材料费、工程设备费，以方便投标人组价。

专业工程的暂估价一般应是综合暂估价，应当包括除规费和税金以外的管理费、利润等取费。总承包招标时，专业工程设计深度往往是不够的，一般需要交由专业设计人设计，国际上，出于提高可建造性考虑，一般由专业承包人负责设计，以发挥其专业技能和专业施工经验的优势。这类专业工程交由专业分包人完成是国际工程的良好实践，目前在我国工程建设领域也已经比较普遍。公开透明地合理确定这类暂估价的实际开支金额的最佳途径，就是通过施工总承包人与工程建设项目招标人共同组织的招标。

3)计日工。计日工是为解决现场发生的零星工作的计价而设立的，其为额外工作和变更的计价提供了一个方便快捷的途径。计日工适用的所谓零星工作一般是指合同约定之外的或者因变更而产生的、工程量清单中没有相应项目的额外工作,尤其是那些时间不允许事先商定价格的额外工作。计日工以完成零星工作所消耗的人工工时、材料数量、机械台班进行计量,并按照计日工表中填报的适用项目的单价进行计价支付。

国际上常见的标准合同条款中,大多数都设立了计日工(Day-work)计价机制。但在我国以往的工程量清单计价实践中,由于计日工项目的单价水平一般要高于工程量清单项目的单价水平,因而经常被忽略。从理论上讲,由于计日工往往是用于一些突发性的额外工作,缺少计划性,承包人在调动施工生产资源方面难免不影响已经计划好的工作,生产资源的使用效率也有一定的降低,客观上造成超出常规的额外投入。另外,其他项目清单中计日工往往是一个暂定的数量,其无法纳入有效的竞争。所以,合理的计日工单价水平一定是要高于工程量清单的价格水平的。为获得合理的计日工单价,发包人在其他项目清单中对计日工一定要给出暂定数量,并需要根据经验尽可能估算一个较接近实际的数量。

4)总承包服务费。总承包服务费是为了解决招标人在法律、法规允许的条件下进行专业工程发包,以及自行供应材料、设备,并需要总承包人对发包的专业工程提供协调和配合服务,对供应的材料、设备提供收、发和保管服务以及进行施工现场管理时发生,并向总承包人支付的费用。招标人应预计该项费用并按投标人的投标报价向投标人支付该项费用。

(2)为保证工程施工建设的顺利实施,投标人在编制招标工程量清单时应对施工过程中可能出现的各种不确定因素对工程造价的影响进行估算,列出一笔暂列金额。暂列金额可根据工程的复杂程度、设计深度、工程环境条件(包括地质、水文、气候条件等)进行估算,一般可按分部分项工程费的10%~15%作为参考。

(3)暂估价中的材料、工程设备暂估单价应根据工程造价信息或参照市场价格估算,列出明细表;专业工程暂估价应分不同专业,按有关计价规定估算,列出明细表。

(4)计日工应列出项目名称、计量单位和暂估数量。

(5)总承包服务费应列出服务项目及其内容等。

(6)出现未列的项目,应根据工程实际情况补充。如办理竣工结算时就需将索赔及现场鉴证列入其他项目中。

四、规费项目清单

规费是根据省级政府或省级有关权力部门规定必须缴纳的,应计入建筑安装工程造价的费用。根据住房和城乡建设部、财政部"关于印发《建筑安装工程费用项目组成》的通知"(建标[2013]44号)的规定,规费主要包括社会保险费、住房公积金、工程排污费,其中社会保险费包括养老保险费、医疗保险费、失业保险费、工伤保险费和生育保险费。规费作为政府和有关权力部门规定必须缴纳的费用,政府和有关权力部门可根据形势发展的需要,对规费项目进行调整,因此,清单编制人对《建筑安装工程费用项目组成》中未包括的规费项目,在编制规费项目清单时应根据省级政府或省级有关权力部门的规定列项。

规费项目清单应按照下列内容列项:

(1)社会保险费:包括养老保险费、失业保险费、医疗保险费、工伤保险费、生育保险费。

(2)住房公积金。

(3)工程排污费。

相对于"08计价规范","13计价规范"对规费项目清单进行了以下调整:

(1)根据《中华人民共和国社会保险法》的规定,将"08计价规范"使用的"社会保障费"更名为"社会保险费",将"工伤保险费、生育保险费"列入社会保险费。

(2)根据十一届全国人大常委会第20次会议将《中华人民共和国建筑法》第四十八条由"建筑施工企业必须为从事危险作业的职工办理意外伤害保险,支付保险费"修改为"建筑施工企业应当依法为职工参加工伤保险缴纳工伤保险费。鼓励企业为从事危险作业的职工办理意外伤害保险,支付保险费"。由于建筑法将意外伤害保险由强制改为鼓励,因此,"13计价规范"中规费项目增加了工伤保险费,删除了意外伤害保险,将其列入企业管理费中列支。

(3)根据《财政部、国家发展改革委关于公布取消和停止征收100项行政事业性收费项目的通知》(财综[2008]78号)的规定,工程定额测定费从2009年1月1日起取消,停止征收。因此,"13计价规范"中规费项目取消了工程定额测定费。

五、税金项目清单

根据住房和城乡建设部、财政部"关于印发《建筑安装工程费用项目组成》的通知"(建标[2013]44号)的规定,目前我国税法规定应计入建筑安装工程造价的税种包括营业税、城市建设维护税、教育费附加和地方教育附加。如国家税法发生变化,税务部门依据职权增加了税种,应对税金项目清单进行补充。

税金项目清单应按下列内容列项:
(1)营业税。
(2)城市维护建设税。
(3)教育费附加。
(4)地方教育附加。

根据《财政部关于统一地方教育政策有关内容的通知》(财综[2011]98号)的有关规定,"13计价规范"相对于"08计价规范",在税金项目增列了地方教育附加项目。

第四节 工程量清单编制格式

一、工程量清单编制表格组成

工程量清单编制使用的表格包括:招标工程量清单封面(封-1),招标工程量清单扉页(扉-1),工程计价总说明表(表-01),分部分项工程和单价措施项目清单与计价表(表-08),总价措施项目清单与计价表(表-11),其他项目清单与计价汇总表(表-12)[暂列金额明细表(表-12-1),材料(工程设备)暂估单价及调整表(表-12-2),专业工程暂估价及结算价表(表-12-3),计日工表(表-12-4),总承包服务费计价表(表-12-5)],规费、税金项目计价表(表-13),发包人提供材料和工程设备一览表(表-20),承包人提供主要材料和工程设备一览表(适用于造价信息差额调整法)(表-21)或承包人提供主要材料和工程设备一览表(适用于价格指数差额调整法)(表-22)。

二、工程量清单表格样式及填写要点

1. 招标工程量清单封面

招标工程量清单封面(封-1)上应填写招标工程项目的具体名称,招标人应盖单位公章,如委托工程造价咨询人编制,还应加盖工程造价咨询人所在单位公章。

招标工程量清单封面的样式见表 3-2。

表 3-2　　　　　　　招标工程量清单封面

_____工程

招标工程量清单

招　标　人：_____

（单位盖章）

造价咨询人：_____

（单位盖章）

年　月　日

封-1

2. 招标工程量清单扉页

招标工程量清单扉页(扉-1)由招标人或招标人委托的工程造价咨询人编制招标工程量清单时填写。

招标人自行编制工程量清单的,编制人员必须是在招标人单位注册的造价人员,由招标人盖单位公章,法定代表人或其授权人签字或盖章;当编制人是注册造价工程师时,由其签字盖执业专用章;当编制人是造价员时,由其在编制人栏签字盖专用章,并应由注册造价工程师复核,在复核人栏签字盖执业专用章。

招标人委托工程造价咨询人编制工程量清单的,编制人必须是在工程造价咨询人单位注册的造价人员,由工程造价咨询人盖单位资质专用章,法定代表人或其授权人签字或盖章;当编制人是注册造价工程师时,由其签字盖执业专用章;当编制人是造价员时,由其在编制人栏签字盖专用章,并应由注册造价师复核,在复核人栏签字盖执业专用章。

招标工程量清单扉页的样式见表 3-3。

表 3-3　　　　　　　招标工程量清单扉页

_____工程

招标工程量清单

招 标 人:_____　　造价咨询人:_____
　　　(单位盖章)　　　　　　　　(单位资质专用章)

法定代表人　　　　　　　　法定代表人
或其授权人:_____　或其授权人:_____
　　　(签字或盖章)　　　　　　　(签字或盖章)

编 制 人:_____　　复 核 人:_____
　　(造价人员签字盖专用章)　　(造价工程师签字盖专用章)

编制时间: 　年　月　日　　复核时间: 　年　月　日

扉-1

第三章 工程量清单

3. 总说明

工程计价总说明表（表－01）适用于工程计价的各个阶段。对工程计价的不同阶段，总说明表中说明的内容是有差别的，要求也有所不同。

（1）工程量清单编制阶段。工程量清单中总说明应包括的内容有：①工程概况：如建设地址、建设规模、工程特征、交通状况、环保要求等；②工程招标和专业工程发包范围；③工程量清单编制依据；④工程质量、材料、施工等的特殊要求；⑤其他需要说明的问题。

（2）招标控制价编制阶段。招标控制价中总说明应包括的内容有：①采用的计价依据；②采用的施工组织设计；③采用的材料价格来源；④综合单价中风险因素、风险范围（幅度）；⑤其他等。

（3）投标报价编制阶段。投标报价总说明应包括的内容有：①采用的计价依据；②采用的施工组织设计；③综合单价中包含的风险因素，风险范围（幅度）；④措施项目的依据；⑤其他有关内容的说明等。

（4）竣工结算编制阶段。竣工结算中总说明应包括的内容有：①工程概况；②编制依据；③工程变更；④工程价款调整；⑤索赔；⑥其他等。

（5）工程造价鉴定阶段。工程造价鉴定书总说明应包括的内容有：①鉴定项目委托人名称、委托鉴定的内容；②委托鉴定的证据材料；③鉴定的依据及使用的专业技术手段；④对鉴定过程的说明；⑤明确的鉴定结论；⑥其他需说明的事宜等。

工程计价总说明的样式见表3-4。

表3-4　　　　　　　　　总　说　明

工程名称：　　　　　　　　　　　　　　　第　页共　页

表－01

4. 分部分项工程和单价措施项目清单与计价表

分部分项工程和单价措施项目清单与计价表(表－08)是依据"08 计价规范"中《分部分项工程量清单与计价表》和《措施项目清单与计价表(二)》合并而来。单价措施项目和分部分项工程项目清单编制与计价均使用本表。

分部分项工程和单价措施项目清单与计价表不只是编制招标工程量清单的表式,也是编制招标控制价、投标报价和竣工结算的最基本用表。在编制工程量清单时,在"工程名称"栏应填写详细具体的工程称谓,对于房屋建筑而言,习惯上并无标段划分,可不填写"标段"栏,但相对于管道敷设、道路施工,则往往以标段划分,此时,应填写"标段"栏,其他各表涉及此类设置,道理相同。

由于各省、自治区、直辖市以及行业建设主管部门对规费计取基础的不同设置,为了计取规费等的使用,使用分部分项工程和单价措施项目清单与计价表可在表中增设其中:"定额人工费"。编制招标控制价时,使用"综合单价"、"合计"以及"其中:暂估价"按"13 计价规范"的规定填写。编写投标报价时,投标人对表中的"项目编码"、"项目名称"、"项目特征描述"、"计量单位"、"工程量"均不应进行改动。"综合单价"、"合价"自主决定填写,对其中的"暂估价"栏,投标人应将招标文件中提供了暂估材料单价的暂估价计入综合单价,并应计算出暂估单价的材料在"综合单价"及其"合价"中的具体数额,因此,为更详细反应暂估价情况,也可在表中增设一栏"综合单价"其中的"暂估价"。

编制竣工结算时,使用分部分项工程和单价措施项目清单与计价表可取消"暂估价"。

分部分项工程和单价措施项目清单与计价表的样式见表 3-5。

表 3-5　　　　　分部分项工程和单价措施项目清单与计价表

工程名称：　　　　　　　标段：　　　　　　　第　页共　页

序号	项目编号	项目名称	项目特征描述	计量单位	工程量	金　　额(元)		
						综合单价	合计	其中暂估价
			本页小计					
			合　　计					

注：为计取规费等使用，可在表中增设"其中：定额人工费"。

表—08

5. 总价措施项目清单与计价表

在编制招标工程量清单时，总价措施项目清单与计价表（表—11）中的项目可根据工程实际情况进行增减。在编制招标控制价时，计费基础、费率应按省级或行业建设主管部门的规定计取。编制投标报价时，除"安全文明施工费"必须按"13 计价规范"的强制性规定，按省级、行业建设主管部门的规定计取外，其他措施项目均可根据投标施工组织设计自主报价。

总价措施项目清单与计价表见表 3-6。

表 3-6　　　　　　　总价措施项目清单与计价表

工程名称：　　　　　　　　标段：　　　　　　　　　　第　页共　页

序号	项目编码	项目名称	计算基础	费率(%)	金额(元)	调整费率(%)	调整后金额(元)	备注
		安全文明施工费						
		夜间施工增加费						
		二次搬运费						
		冬雨季施工增加费						
		已完工程及设备保护费						
		合　计						

编制人(造价人员)：　　　　　　　　　　　复核人(造价工程师)：

注：1. "计算基础"中安全文明施工费可为"定额基价"、"定额人工费"或"定额人工费＋定额机械费"，其他项目可为"定额人工费"或"定额人工费＋定额机械费"。

　　2. 按施工方案计算的措施费，若无"计算基础"和"费率"的数值，也可只填"金额"数值，但应在备注栏说明施工方案出处或计算方法。

表－11

6. 其他项目清单与计价汇总表

编制招标工程量清单，应汇总"暂列金额"和"专业工程暂估价"，以提供给投标人报价。

编制招标控制价，应按有关计价规定估算"计日工"和"总承包服务费"。如招标工程量清单中未列"暂列金额"，应按有关规定编列。编制投标报价，应按招标文件工程量提供的"暂列金额"和"专业工程暂估价"填写金额，不得变动。"计日工"、"总承包服务费"自主确定报价。编制或核对竣工结算，"专业工程暂估价"按实际分包结算价填写,"计日工"、"总承包服务费"按双方认可的费用填写,如发生"索赔"或"现场签证"费用,按双方认可的金额计入其他项目清单与计价汇总表(表-12)。

其他项目清单与计价汇总表的样式见表 3-7。

表 3-7 其他项目清单与计价汇总表

工程名称: 标段: 第 页共 页

序号	项目名称	金额(元)	结算金额(元)	备注
1	暂列金额			明细详见表-12-1
2	暂估价			
2.1	材料(工程设备)暂估价/结算价	—		明细详见表-12-2
2.2	专业工程暂估价/结算价			明细详见表-12-3
3	计日工			明细详见表-12-4
4	总承包服务费			明细详见表-12-5
5	索赔与现场签证	—		明细详见表-12-6
	合 计		—	

注:材料(工程设备)暂估单价计入清单项目综合单价,此处不汇总。

表-12

7. 暂列金额明细表

暂列金额在实际履约过程中可能发生,也可能不发生。暂列金额明细表(表-12-1)要求招标人能将暂列金额与拟用项目列出明细,但如确实不能详列也可只列暂定金额总额,投标人应将上述暂列金额计入投标总价中。

暂列金额明细表的样式见表 3-8。

表 3-8　　　　　　　　　暂列金额明细表

工程名称：　　　　　　　标段：　　　　　　　　　第　页共　页

序号	项目名称	计量单位	暂定金额(元)	备注
1				
2				
3				
4				
5				
6				
7				
8				
9				
10				
11				
	合　计			—

注：此表由招标人填写，如不能详列，也可只列暂定金额总额，投标人应将上述暂列金额计入投标总价中。

表－12－1

8. 材料(工程设备)暂估单价及调整表

暂估价是在招标阶段预见肯定要发生，只是因为标准不明确或者需要由专业承包人完成，暂时无法确定材料、工程设备的具体价格而采用的一种临时性计价方式。暂估价的材料、工程设备数量应在材料(工程设备)暂估单价及调整表(表－12－2)内填写，拟用项目应在备注栏给予补充说明。

"13 计价规范"要求招标人针对每一类暂估价给出相应的拟用项目，即按照材料、工程设备的名称分别给出，这样的材料、工程设备暂估价能够纳入到清单项目的综合单价中。

材料(工程设备)暂估单价及调整表的样式见表3-9。

表 3-9　　　　　　　　材料(工程设备)暂估单价及调整表

工程名称：　　　　　　　　　　标段：　　　　　　　　　　第　页共　页

序号	材料(工程设备)名称、规格、型号	计量单位	数量		暂估(元)		确认(元)		差额±(元)		备注
			暂估	确认	单价	合价	单价	合价	单价	合价	
合　计											

注：此表由招标人填写"暂估单价"，并在备注栏说明暂估单价的材料、工程设备拟用在哪些清单项目上，投标人应将上述材料、工程设备暂估单价计入工程量清单综合单价报价中。

表—12—2

9. 专业工程暂估价及结算价表

专业工程暂估价表(表—12—3)内应填写工程名称、工程内容、暂估金额，投标人应将上述金额计入投标总价中。专业工程暂估价项目及其表中列明的专业工程暂估价，是指分包人实施专业工程的含税金后的完整价，除了合同约定的发包人应承担的总包管理、协调、配合和服务责任所对应的总承包服务费以外，承包人为履行其总包管理、配合、协调和服务所需产生的费用应该包括在投标报价中。

专业工程暂估价表的样式见表 3-10。

表 3-10　　　　　　　专业工程暂估价及结算价表

工程名称：　　　　　　　标段：　　　　　　　第　页共　页

序号	工程名称	工程内容	暂估金额（元）	结算金额（元）	差额±（元）	备注
	合　计					

注：此表"暂估金额"由招标人填写，招标人应将"暂估金额"计入投标总价中。结算时按合同约定结算金额填写。

表－12－3

10. 计日工表

编制工程量清单时，计日工表（表－12－4）中"项目名称"、"单位"、"暂定数量"由招标人填写。编制招标控制价时，人工、材料、机械台班单价由招标人按有关计价规定填写并计算合价。编制投标报价时，人工、材料、机械台班单价由投标人自主确定，按已给暂估数量计算合计计入投标总价中。

计日工表的样式见表 3-11。

表 3-11　　　　　　　　　　计日工表

工程名称：　　　　　　　　标段：　　　　　　　　第　页共　页

编号	项目名称	单位	暂定数量	实际数量	综合单价（元）	合价(元)	
						暂定	实际
一	人工						
1							
2							
3							
4							
	人工小计						
二	材料						
1							
2							
3							
4							
5							
	材料小计						
三	施工机械						
1							
2							
3							
4							
	施工机械小计						
四、企业管理费和利润							
总　　计							

注：此表项目名称、暂定数量由招标人填写，编制招标控制价时，单价由招标人按有关规定确定；投标时，单价由投标人自主确定，按暂定数量计算合价计入投标总价中；结算时，按发承包双方确定的实际数量计算合价。

表—12—4

11. 总承包服务费计价表

编制招标工程量清单时,招标人应将拟定进行专业分包的专业工程、自行采购的材料设备等决定清楚,填写项目名称、服务内容,以便投标人决定报价。编制招标控制价时,招标人按有关计价规定计价。编制投标报价时,由投标人根据工程量清单中的总承包服务内容,自主决定报价。办理竣工结算时,发承包双方应按承包人已标价工程量清单中的报价计算,如发承包双方确定调整的,按调整后的金额计算。

总承包服务费计价表的样式见表3-12。

表 3-12　　　　　　　　总承包服务费计价表

工程名称：　　　　　　　标段：　　　　　　　　第 页共 页

序号	项目名称	项目价值(元)	服务内容	计算基础	费率(%)	金额(元)
1	发包人发包专业工程					
2	发包人提供材料					
	合　计		—	—		—

注:此表项目名称、服务内容由招标人填写,编制招标控制价时,费率及金额由招标人按有关计价规定确定;投标时,费率及金额由投标人自主报价,计入投标总价中。

表—12—5

12. 规费、税金项目计价表

规费、税金项目计价表(表—13)应按住房和城乡建设部、财政部印发的《建筑安装工程费用项目组成》(建标[2013]44号)列举的规费项目列项,在施工实践中,有的规费项目,如工程排污费,并非每个工程所在地都要征收,实践中可作为按实计算的费用处理。

规费、税金项目计价表的样式见表 3-13。

表 3-13　　　　　　　规费、税金项目计价表

工程名称：　　　　　　　标段：　　　　　　　第　页共　页

序号	项目名称	计算基础	计算基数	计算费率(%)	金额(元)
1	规费	定额人工费			
1.1	社会保险费	定额人工费			
(1)	养老保险费	定额人工费			
(2)	失业保险费	定额人工费			
(3)	医疗保险费	定额人工费			
(4)	工伤保险费	定额人工费			
(5)	生育保险费	定额人工费			
1.2	住房公积金	定额人工费			
1.3	工程排污费	按工程所在地环境保护部门收取标准,按实计入			
2	税金	分部分项工程费+措施项目费+其他项目费+规费-按规定不计税的工程设备金额			
	合　计				

编制人(造价人员)：　　　　　复核人(造价工程师)：

表—13

13. 发包人提供主要材料和工程设备一览表

发包人提供材料和工程设备一览表(表—20)的样式见表 3-14。

表 3-14　　　　　　发包人提供材料和工程设备一览表

工程名称：　　　　　　　标段：　　　　　　　　　　　第　页共　页

序号	材料(工程设备)名称、规格、型号	单位	数量	单价(元)	交货方式	送达地点	备注

注：此表由招标人填写，供投标人在投标标价、确定总承包服务费时参考。　　表—20

14. 承包人提供主要材料和工程设备一览表(适用于造价信息差额调整法)

承包人提供主要材料和工程设备一览表(适用于造价信息差额调整法)(表—21)的样式见表 3-15。

表 3-15　　　　　　承包人提供主要材料和工程设备一览表
　　　　　　　　　　　　(适用于造价信息差额调整法)

工程名称：　　　　　　　标段：　　　　　　　　　　　第　页共　页

序号	名称、规格、型号	单位	数量	风险系数(%)	基准单价(元)	投标单价(元)	发承包人确认单价(元)	备注

表—21

注：1. 此表由招标人填写除"投标单价"栏的内容，投标人在投标时自主确定投标单价。
　　2. 招标人应优先采用工程造价管理机构发布的单价作为基准单价，未发布的，通过市场调查确定其基准单价。

15. 承包人提供主要材料和工程设备一览表(适用于价格指数差额调整法)

承包人提供主要材料和工程设备一览表(适用于价格指数差额调整法)的样式见表 3-16。

表 3-16　　　承包人提供主要材料和工程设备一览表
（适用于价格指数差额调整法）

工程名称：　　　　　　　　标段：　　　　　　　第　页共　页

序号	名称、规格、型号	变值权重 B	基本价格指数 F_0	现行价格指数 F_t	备注
	定值权重 A		—	—	
	合　计	1	—	—	

注：1. "名称、规格、型号"、"基本价格指数"栏由招标人填写，基本价格指数应首先采用工程造价管理机构发布的价格指数，没有时，可采用发布的价格代替。如人工、机械费也采用本法调整，由招标人在名称"名称"栏填写。
2. "变值权重"栏由投标人根据该项人工、机械费和材料、工程设备价值在投标总报价中所占比例填写，1减去其比例为定值权重。
3. "现行价格指数"按约定付款证书相关周期最后一天的前42天的各项价格指数填写，该指数应首先采用工程造价管理机构发布的价格指数，没有时，可采用发布的价格代替。

表—22

第四章 通风空调工程工程量清单编制

第一节 通风及空调设备及部件制作安装

一、工程量清单编制说明

通风及空调设备及部件制作安装包括空气加热器(冷却器)、除尘设备、空调器、风机盘管、表冷器、密闭门、挡水板、滤水器、溢水盘、金属壳体、过滤器、净化工作台、风淋室、洁净室、除湿机、人防过滤吸收器等清单项目。

(1)冷冻机组站内的设备安装、通风机安装及人防两用通风机安装，应按《通用安装工程工程量计算规范》(GB 50856—2013)附录 A 机械设备安装工程相关项目编码列项。冷冻机组站内的管道安装应按《通用安装工程工程量计算规范》(GB 50856—2013)附录 H 工业管道工程相关项目编码列项。冷冻站外墙皮以外通往通风空调设备的供热、供冷、供水等管道，按《通用安装工程工程量计算规范》(GB 50856—2013)附录 K 给排水、采暖、燃气工程相应项目编码列项。

(2)设备和支架的除锈、刷漆、保温及保护层安装，应按《通用安装工程工程量计算规范》(GB 50856—2013)附录 M 刷油、防腐蚀、绝热工程相关项目编码列项。

(3)通风空调设备安装的地脚螺栓按设备自带考虑。

二、空气加热器(冷却器)

(一)工程量清单项目设置

空气加热器(冷却器)工程量清单项目设置见表 4-1。

表 4-1　　　　空气加热器(冷却器)工程量清单项目设置

项目编码	项目名称	项目特征	计量单位	工作内容
030701001	空气加热器(冷却器)	1. 名称 2. 型号 3. 规格 4. 质量 5. 安装形式 6. 支架形式、材质	台	1. 本体安装、调试 2. 设备支架制作、安装 3. 补刷(喷)油漆

(二)工程量清单项目说明

1. 空气加热器的分类

空气加热器主要是对气体流进行加热的电加热设备。加热器内腔设有多个折流板(导流板),引导气体流向,延长气体在内腔的滞留时间,从而使气体充分、均匀地加热,提高热交换效率。空气加热器的加热元件——不锈钢加热管,是在无缝钢管内装入电热丝,空隙部分填满具有良好导热性和绝缘性的氧化镁粉后缩管而成。当电流通过高温电阻丝时,产生的热通过结晶氧化镁粉向加热管表面扩散,再传递到被加热空气中去,以达到加热的目的。

空气加热器是由金属制成的,分为光管式和肋片管式两大类。

(1)光管式空气加热器。光管式空气加热器由联箱(较粗的管子)和焊接在联箱间的钢管组成,一般在现场按标准图加工制作。这种加热器的特点是加热面积小,金属消耗多,但表面光滑,易于清灰,不易堵塞,空气阻力小,易于加工,适用于灰尘较大的场合。

(2)肋片管式空气加热器。肋片管式空气加热器根据外肋片加工的方法不同而分为套片式、绕片式、镶片式和轧片式。其结构材料有钢管钢片、钢管铝片和铜管铜片等。

2. 空气加热器的安装

(1)空气加热器一般安装在通风室内。安装前应配合土建留好预埋角钢,并安装好加热器底座。底座可用角钢焊成或用砖砌成,在安装配合土建砌筑时,应注意要便于蒸汽和回水管的安装。

(2)安装时,用螺栓把加热器和预先加工好的角钢框连接起来,中间垫以 3mm 厚的石棉板,以保持严密,然后把加热器连同角钢框一起放在支架上,再用电焊把角钢框焊在墙上的预埋角钢上。角钢框与混凝土之间的缝隙用砂浆填塞、抹平。

(3)安装后,应用水平尺校正找平,包括框架均应平整、牢固。如果表面式热交换器用于冷却空气时,应按设计要求,在下部设置滴水盘和排水管。并联安装时,各加热器之间的缝隙,应用薄钢板加石棉板用螺栓连接。表面式热交换器与围护结构的缝隙,以及表面式热交换器之间的缝隙,应用耐热材料堵严。

(三)工程量计算

空气加热器(冷却器)工程量按设计图示数量计算。

【例 4-1】 图 4-1 所示为空气加热器(冷却器)安装示意图,试计算其工程量。

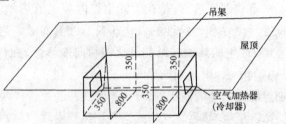

图 4-1 空气加热器(冷却器)安装示意图

【解】

空气加热器(冷却器)　　单位:台　　数量:1

工程量计算结果见表 4-2。

表 4-2　　　　　　　　工程量计算表

项目编码	项目名称	项目特征描述	计量单位	工程量
030701001001	空气加热器(冷却器)	B型空气加热器	台	1

三、除尘设备

(一)工程量清单项目设置

除尘设备工程量清单项目设置见表 4-3。

表 4-3　　　　　　除尘设备工程量清单项目设置

项目编码	项目名称	项目特征	计量单位	工作内容
030701002	除尘设备	1. 名称 2. 型号 3. 规格 4. 质量 5. 安装形式 6. 支架形式、材质	台	1. 本体安装、调试 2. 设备支架制作、安装 3. 补刷(喷)油漆

(二)工程量清单项目说明

1. 除尘设备的分类

除尘设备是净化空气的一种器具。除尘设备是一种定型设备,一般由专业工厂制造,有时安装单位也有制造。用于通风空调系统中的除尘设备有以下几种:

(1)旋风除尘器。旋风除尘器(图 4-2)是利用含尘气流进入除尘器后所形成的离心力作用而达到净化空气的目的,其适用于采矿、冶金、建材、机械、铸造、化工等工业中所产生的不同温度的中等粒度或粗精度的粉尘,对于 $0.01 \sim 500 \text{g/m}^2$

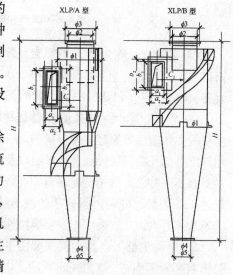

图 4-2　XLP型旋风除尘器

的含尘气流都可以捕集分离。

(2)湿式除尘器。湿式除尘器(图 4-3)是利用水与含尘空气接触的过程,通过洗涤使尘粒凝聚而达到空气净化的目的。其适用于化学、建筑、矿山和纺织等工业以及空气含尘浓度较大,不溶于水的粉尘和回收贵金属粉尘的场所。

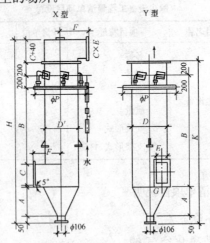

图 4-3 CLS 型水膜除尘器

(3)多管旋风除尘器。多管旋风除尘器(图 4-4)由多个轴流旋风筒组成。旋风筒有直径 150mm 和 250mm 两种,适用于净化工业排气设备,供净化空气和烟气中的干燥而细小的灰尘作中等净化之用。

(4)袋式除尘器。袋式除尘器是利用过滤材料对尘粒的拦截或与尘粒的惯性碰撞等原理实现分离的,是一种高效过滤式除尘设备。滤料用纤维有棉纤维、毛纤维、合成纤维以及玻璃纤维等,不同纤维制成的滤料具有不同性能。常用的滤料有 208 或 901 涤轮绒布,使用温度一般不超过 120℃;经过硅硐树脂处理的玻璃纤维滤袋,使用温度一般不超过 250℃;棉毛织物一般适用于没有腐蚀性,温度在 90℃以下的含尘气体。

(5)电除尘器。电除尘器主要由电晕级、集尘极、气流分布极和振打清灰装置等组成,如图 4-5 所示。电除尘器广泛用于燃煤电站、冶金、城市环卫等行业烟气净化处理,亦可回收有用物料。

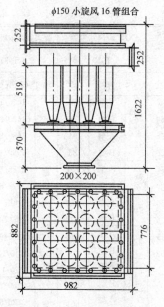

图 4-4 φ150 小旋风 16 管除尘器

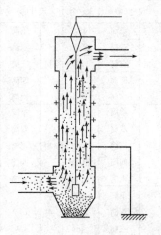

图 4-5 管电式电除尘器

2. 除尘器的性能参数

常用的几种除尘器的性能参数见表 4-4。

表 4-4 常用的几种除尘器的性能参数

名称	GI、G 多管除尘器		CLS 水膜除尘器		CLT/A 旋风式除尘器				
图号	T501		T503		T505				
序号	型号	kg/个	尺寸(φ)	kg/个	尺寸(φ)		kg/个	尺寸(φ)	kg/个
1	9 管	300	315	83	300	单筒	106	三筒	927
2	12 管	400	443	110		双筒	216	430 四筒	1053
3	16 管	500	570	190		单筒	132	六筒	1749
4	—	—	634	227	350	双筒	280	单筒	276
5	—	—	730	288		三筒	540	双筒	584
6	—	—	793	337		四筒	615	500 三筒	1160
7	—	—	888	398		单筒	175	四筒	1320
8	—	—				双筒	358	六筒	2154
9	—	—			400	三筒	688	单筒	339
10	—	—				四筒	805	双筒	718
11	—	—				六筒	1428	550 三筒	1334
12	—	—			450	单筒	213	四筒	1603
13	—	—				双筒	449	六筒	2672

续一

名称	CLT/T 旋风式除尘器					XLP 旋风除尘器		卧式旋风水膜除尘器	
图号	T505					T513		CT531	
序号	尺寸(φ)	kg/个	尺寸(φ)	kg/个	尺寸(φ)		kg/个	尺寸(L)/型号	kg/个
1		单筒 432		单筒 645	300	A型	52	1420/1	193
2		双筒 887		双筒 1436		B型	46	1430/2	231
3	600	三筒 1706	750	三筒 2708	420	A型	94	1680/3	310
4		四筒 2059		四筒 3626		B型	83	1980/4	405
5		六筒 3524		六筒 5577	540	A型	151	2285/5	503
6		单筒 500		单筒 878		B型	134	2620/6	621
7		双筒 1062		双筒 1915	700	A型	252	3140/7	969
8	650	三筒 2050	800	三筒 3356		B型	222	3850/8	1224
9		四筒 2609		四筒 4411	820	A型	346	4155/9	1604
10		六筒 4156		六筒 6462		B型	309	4740/10	2481
11	700	单筒 564	—	—	940	A型	450	5320/11	2926
12		双筒 1244				B型	397	3150/7	893
13		三筒 2400			1060	A型	601	3820/8	1125
14		四筒 3189				B型	498	4235/9	1504
15		六筒 4883						4760/10	2264
16		—						5200/11	2636

名称	CLK 扩散式除尘器		CCJ/A 机组式除尘器		MC 脉冲袋式除尘器	
图号	CT533		CT534		CT536	
序号	尺寸(D)	kg/个	型号	kg/个	型号	kg/个
1	150	31	CCJ/A-5	791	24-I	904
2	200	49	CCJ/A-7	956	36-I	1172
3	250	71	CCJ/A-10	1196	48-I	1328
4	300	98	CCJ/A-14	2426	60-I	1633
5	350	136	CCJ/A-20	3277	72-I	1850
6	400	214	CCJ/A-30	3954	84-I	2106
7	450	266	CCJ/A-40	4989	96-I	2264
8	500	330	CCJ/A-60	6764	120-I	2702
9	600	583	—			
10	700	780	—			

续二

名称	XCX型旋风除尘器		XNX型旋风式除尘器		XP型旋风除尘器	
图号	CT537		CT538		T501	
序号	尺寸(ϕ)	kg/个	尺寸(ϕ)	kg/个	尺寸(ϕ)	kg/个
1	200	20	400	62	200	20
2	300	36	500	95	300	39
3	400	63	600	135	400	66
4	500	97	700	180	500	102
5	600	139	800	230	600	141
名称	XCX型旋风除尘器		XNX型旋风式除尘器		XP型旋风除尘器	
图号	CT537		CT538		T501	
序号	尺寸(ϕ)	kg/个	尺寸(ϕ)	kg/个	尺寸(ϕ)	kg/个
6	700	184	900	288	700	193
7	800	234	1000	456	800	250
8	900	292	1100	546	900	307
9	1000	464	1200	646	1000	379
10	1100	555	—	—	—	—
11	1200	653	—	—	—	—
12	1300	761	—	—	—	—

注：1. 除尘器均不包括支架质量。

2. 除尘器中分X型、Y型或Ⅰ型、Ⅱ型者，其质量按同一型号计算，不再细分。

3. 除尘器的制作要求

(1)除尘器筒体外径或矩形外边尺寸的偏差不应大于5‰，其内外表面应平整光滑，弧度均匀。

(2)除尘器的进出口应平直，筒体排出管与锥体下口应同轴，其偏心不得大于2mm。

(3)除尘器壳体的拼接应平整，拼缝应错开，焊缝表面不应有砂眼、气孔、夹渣裂纹等缺陷。焊后应将焊渣及飞溅的残留物清除干净。角焊缝的焊角高度不应低于角侧母材的厚度。法兰连接处及设有检视门的部位应严密。

(4)旋风除尘器的进口短管应与筒体内壁成切线方向；螺旋导流板应垂直于筒体，螺距应均匀一致。

(5)扩散式旋风除尘器的反射屏与外筒体的间隙应一致,反射屏上口与排气管中心偏差不应大于 2mm。

(6)双级蜗旋除尘器的叶片间距应准确,不得反向;旁路分离室的泄灰口应光滑,不得有毛刺,以免粉尘阻塞。

(7)水膜除尘器的喷嘴应同向等距排列,喷嘴与水管的连接应严密。旋筒式水膜除尘器的外筒体内壁不得有突出的横向接缝。

(8)自激式除尘机组的导流叶片角度应准确,水池应坡向排水点,控制水位的装置应可靠。

(9)干式除尘器排灰装置的转动部分应灵活,卸灰活板与落灰口应贴合严密。

4. 除尘器的安装规定

(1)除尘器在工厂制作应有产品合格证。除尘器运往安装现场后应按图纸查对型号、规格;检查除尘器本体和配套件是否齐全、完整;并对外观进行检查,确认并填写"设备开箱检查记录"后方可安装。如有损坏应修复合格,如果损坏严重应更换。

(2)除尘器安装前,应对照图纸验收基础。对于大型除尘器的安装,其钢筋混凝土基础和支柱,应先进行耐压试验,在验收合格之后,方可进行设备安装。

(3)除尘器安装时,要确定进、出口方向,因除尘器有的设计在风机负压端,有时在正压端,不能装反。除尘器涡旋方向要与风机涡旋方向配套一致,即右旋除尘器配用右旋引风机,左旋除尘器配用左旋引风机。

(4)安装连接各部法兰时,密闭垫应加在螺栓内侧,以保证密封。进行焊接操作时,宜先段焊后满焊,以避免通焊后产生有害变形,进而影响焊接强度。

(5)除尘器安装时,按说明书的安装方式进行安装、找平找正。除尘器安装的位置应当正确,牢固平稳,误差应在允许的误差范围之内,垂直度允许偏差为 2/1000,总偏差不应大于 10mm。

(6)除尘器的活动或转动部件的动作应灵活、可靠,符合设计要求;进出口方向也应符合设计要求。

(7)除尘器成型后应外刷防锈漆两遍,再刷灰色调和漆一遍。

(8)除尘器的排灰阀、卸料阀、排泥阀的安装必须严密,并便于操作和维修。

(三)工程量计算

除尘设备工程量按设计图示数量计算。

【例 4-2】 安装如图 4-2 所示 XLP/A 型除尘器 3 台,试计算其工程量。

【解】型号为 XLP/A 型的旋风除尘器 3 台。

工程量计算结果见表 4-5。

表 4-5 工程量计算表

项目编码	项目名称	项目特征描述	计量单位	工程量
030701002001	除尘设备	旋风除尘器,XLP/A 型	台	3

四、空调器

(一)工程量清单项目设置

空调器工程量清单项目设置见表 4-6。

表 4-6 空调器工程量清单项目设置

项目编码	项目名称	项目特征	计量单位	工作内容
030701003	空调器	1. 名称 2. 型号 3. 规格 4. 安装形式 5. 质量 6. 隔振垫(器)、支架形式、材质	台(组)	1. 本体安装或组装、调试 2. 设备支架制作、安装 3. 补刷(喷)油漆

(二)工程量清单项目说明

1. 空调器的种类及组成

空调器是空调系统的核心设备,对空气进行加热、冷却、加湿、去湿、净化以及输送。根据空气调节系统的规模大小或空气的处理方式,可分为装配式空调器、整体式空调机组及组合式空调机组三大类。装配式空调器不包括冷热源设备,而空调机组有冷热源及全套自动调节装置。

空调器的结构,一般由以下四部分组成:

(1)制冷系统:是空调器制冷降温部分,由制冷压缩机、冷凝器、毛细管、蒸发器、电磁换向阀、过滤器和制冷剂等组成一个密封的制冷循环。

(2)风路系统:是空调器内促使房间空气加快热交换部分,由离心风机、轴流风机等设备组成。

(3)电气系统:是空调器内促使压缩机、风机安全运行和温度控制部分,由电动机、温控器、继电器、电容器和加热器等组成。

(4)箱体与面板:是空调器的框架、各组成部件的支承座和气流的导向部分,由箱体、面板和百叶栅等组成。

2. 空调器的性能参数

(1)39F型系列空调器性能参数见表4-7。

表4-7　　　　　39F型系列空调器性能

型号	39F-220	39F-230	39F-330	39F-340	39F-350
风量(m^3/h)	1360～2720	2369～5738	4046～8120	5623～11246	7488～14976
外形尺寸:宽×高(mm)	680×680	995×680	995×995	1310×995	1625×995
混合段(mm)	680	680	680	680	680
初效过滤段(mm)	365	365	365	365	365
中效过滤段(mm)	680 995	680 995	680 995	680 995	680 995
表冷段(mm)	680	680	680	680	680
加热段 1～5排(mm) 　　　 6～8排(mm)	365 680	365 680	365 680	365 680	365 680

第四章 通风空调工程工程量清单编制

续一

型 号		39F-220	39F-230	39F-330	39F-340	39F-350
风机段	短(mm)	995	995	995	1310	1310
	长(mm)	1310	1310	1310	1625	1625
功率(kW)		0.55~2.2	1.1~3.0	1.5~5.5	2.2~7.5	3.0~11.0
型 号		39F-440	39F-360	39F-450	39F-460	39F-550
风量(m³/h)		7963~15926	9050~18100	10605~21210	12823~25646	13730~27460
外形尺寸:宽×高(mm)		1310×1310	1940×995	1625×1310	1940×1310	1625×1625
混合段(mm)		680	680	680	680	995
初效过滤段(mm)		365	365	365	365	365
中效过滤段(mm)		680	680	680	680	680
		995	995	995	995	995
表冷段(mm)		680	680	680	680	680
加热段	1~5排(mm)	365	365	365	365	365
	6~5排(mm)	680	680	680	680	680
风机段	短(mm)	1310	1310	1652	1652	1652
	长(mm)	1625	1625	1940	1940	1940
功率(kW)		3.0~11.0	3.0~11.0	4.0~15.0	5.5~18.5	5.5~18.5
型 号		39F-470	39F-560	39F-570	39F-660	39F-580
风量(m³/h)		15271~30542	16596~33192	19757~39514	20369~40738	22932~45864
外形尺寸:宽×高(mm)		2255×1310	1940×1625	2255×1625	1940×1940	2570×1625
混合段(mm)		680	995	995	995	995
初效过滤段(mm)		365	365	365	365	365
中效过滤段(mm)		680	680	680	680	680
		995	995	995	995	995
表冷段(mm)		680	680	680	680	680
加热段	1~5排(mm)	365	365	365	365	365
	6~8排(mm)	680	680	680	680	680
风机段	短(mm)	1625	1940	1940	2255	1940
	长(mm)	1940	2255	2255	2570	2255
功率(kW)		5.5~18.5	5.5~22.0	7.5~30.0	7.5~30.0	11.0~37.0
型 号		39F-670	39F-680	39F-770	39F-780	39F-7100
风量(m³/h)		24257~48514	28138~56276	28750~57510	33350~66710	42574~85148
外形尺寸:宽×高(mm)		2255×1940	2570×1940	2255×2255	2570×2255	3200×2255
混合段(mm)		995	995	1310	1310	1310
初效过滤段(mm)		365	365	365	365	365

续二

型号	39F-670	39F-680	39F-770	39F-780	39F-7100
中效过滤段(mm)	680 / 995	680 / 995	680 / 995	680 / 995	680 / 995
表冷段(mm)	680	680	680	680	680
加热段 1~5排(mm) / 6~8排(mm)	365 / 680	365 / 680	365 / 680	365 / 680	365 / 680
风机段 短(mm) / 长(mm)	2255 / 2570	2255 / 2570	2255 / 2570	2570 / 2885	2750 / 2885
功率(kW)	11.0~37.0	11.0~37.0	11.0~37.0	11.0~45.0	15.0~55.0

(2) YZ 型系列卧式组装空调器性能见表 4-8。

表 4-8　　　YZ 型系列卧式组装空调器性能

型号			YZ1	YZ2	YZ3	YZ4	YZ6	YZ6A
风量 (m³/h)	淋水室		10000~14000	15000~23000	24000~40000	40000~53000	54000~80000	54000~80000
	铜管绕片表冷器	设挡水板	6000~10000	10000~20000	20000~30000	30000~40000	40000~60000	40000~60000
	铝轧管表冷器	设挡水板	6000~10000	10000~20000	20000~30000	30000~40000	40000~60000	40000~60000
外形尺寸:宽×高(mm)			1100×1500	1860×1500	1860×2300	2360×2300	2360×3400	3560×2300
混合段(mm)			630	630	630	630	930	930
初效过滤段(mm)			630	630	630	630	630	630
中效过滤段(mm)								
中间段(mm)			630	630	630	630	630	630
表冷段 (mm)	钢管铝片(6排)		930	930	930	930	930	930
	铜管铝片(6排)		930	930	930	930	930	930
加热段 (mm)	钢管铝片(2排)		330	330	330	330	330	330
	铜管铝片(2排)		330	330	330	330	330	330
淋水段 (mm)	二排		2130	2130	2130	2130	2130	2130
	三排		2730	2730	2730	2730	2730	2730

续一

型　号		YZ1	YZ2	YZ3	YZ4	YZ6	YZ6A
干蒸汽加湿段(mm)		630	630	630	630	630	630
二次回风段(mm)		630	630	630	630	930	930
出风段(mm)		630	630	630	630	930	930
新回风调节段(mm)		630	630	630	630	930	930
消声段	短(mm)	930	930	930	930	930	930
	中(mm)	1530	1530	1530	1530	1530	1530
	长(mm)	2130	2130	2130	2130	2130	2130
拐弯段(mm)		1350	2110	2110	2610	2610	—
风机段	内置电机转速(r/min)	1830	2130	2330	2930	3330	3330
	外置电机转速(r/min)	1530	1830	2330	2530	3030	3030
	功率(kW)	1.1～7.5	2.2～15	4～18	5.5～30	7.5～45	7.5～45

型　号			YZ8	YZ9	YZ12	YZ12A	YZ16	YZ20
风量(m³/h)	淋水室		80000～100000	90000～120000	120000～160000	120000～160000	160000～210000	2000000～260000
	铜管绕片表冷器	设挡水板	60000～80000	60000～90000	90000～120000	90000～120000	120000～160000	160000～200000
	铝轧管表冷器	设挡水板	60000～80000	60000～90000	90000～120000	90000～120000	120000～160000	160000～200000
外形尺寸:宽×高(mm)			4560×2300	3560×3400	3560×4500	4560×3400	4560×4500	4560×5600
混合段(mm)			930	930	930	930	930	1230
初效过渡段(mm)			630	630	630	630	630	630
中效过渡段(mm)			630	630	630	630	630	630
中间段(mm)			630	630	630	630	630	630
表冷段(mm)	钢管铝片(6排)		930	930	930	930	930	930
	铜管铝片(6排)		930	930	930	930	930	930

续二

型号		YZ8	YZ9	YZ12	YZ12A	YZ16	YZ20
加热段 (mm)	钢管铝片(2排)	330	330	330	330	330	330
	铜管铝片(2排)	330	330	330	330	330	330
淋水段 (mm)	二排	2130	2130	2130	2130	2130	2130
	三排	2730	2730	2730	2730	2730	2730
干蒸汽加湿段(mm)		630	630	630	630	630	630
二次回风段(mm)		930	930	930	930	930	1230
出风段(mm)		930	930	930	930	930	1230
新回风调节段(mm)		930	930	930	930	930	1230
消声段	短(mm)	930	930	930	930	930	930
	中(mm)	1530	1530	1530	1530	1530	1530
	长(mm)	2130	2130	2130	2130	2130	2130
拐弯段(mm)		—	—	—	—	—	—
风机段	内置电机转速(r/min)	3730	3730	4430	4430	5130	6030
	外置电机转速(r/min)	3330	3330	3930	3930	4830	5930
	功率(kW)	11~55	11~55	15~90	15~90	18.5~125	—

(3) JW 型系列卧式组装空调器性能见表 4-9。

表 4-9　JW 型系列卧式组装空调器性能

型号	JW10	JW20	JW30	JW40	JW60	JW80	JW100	JW120	JW160
风量(m^3/h)	10000	20000	30000	40000	60000	80000	100000	120000	160000
外形尺寸：宽×高(mm)	880×1368	1640×1368	1640×1868	2150×1868	2404×2618	2904×2618	3785×2630	4035×2880	5047×2890
混合段(mm)	640	640	640	640	640	640	640	640	640
初效过滤段(mm)	640	640	640	640	640	640	640	640	640
中间段(mm)	640	640	640	640	640	640	640	640	640
表冷段(mm)	450	450	450	450	450	450	450	450	450
加热段 (mm)	钢管绕铝片	250	250	250	250	250	250	250	250	250
	光管	250	250	250	250	250	250	250	250	250

续表

型号		JW10	JW20	JW30	JW40	JW60	JW80	JW100	JW120	JW160
淋水段 (mm)	单级二排	1900	1900	1900	1900	1900	1900	1900	1900	1900
	单级三排	2525	2525	2525	2525	2525	2525	2525	2525	2525
	双级四排	5720	5720	5720	5720	5720	5720	5720	5720	5720
拐弯段(mm)		967	1727	1727	2237	2491	2991	3872	4122	5134

(4)BWK 型系列玻璃钢卧式组装空调器性能见表 4-10。

表 4-10　　BWK 型系列玻璃钢卧式组装空调器性能

型号		BWK-10	BWK-15	BWK-20	BWK-30	BWK-40
风量(m³/h)		8000~12000	12000~20000	18000~24000	24000~34000	34000~44000
外形尺寸:宽×高(mm)		1050×1500	1550×1500	1550×2000	1550×2500	2070×2500
初效过渡段(mm)		1500	1500	1500	1500	1500
中间段(mm)		620	620	620	620	620
加热段(mm)		1000	1000	1000	1000	1000
淋水段 (mm)	二排	1550	1550	1650	1650	1650
	三排	2150	2150	2250	2250	2250

(5)JS 型系列卧式组装空调器性能见表 4-11。

表 4-11　　JS 型系列卧式组装空调器性能

型号		JS-2	JS-3	JS-4	JS-6	JS-8	JS-10
风量(m³/h)		20000	30000	40000	60000	80000	100000
外形尺寸:宽×高(mm)		1828×1809	2078×2057	2328×2559	3078×2559	3078×3559	4078×3559
混合段(mm)		500	1000	1000	1000	1500	1500
初效过滤段(mm)		1000 500	1000 500	1000 500	1000 500	500	500
中效过滤段(mm)		500	500	500	500	500	500
中间段(mm)		500	500	500	500	500	500
表冷段(mm)	铝轧管	500	500	500	500	500	500
加热段(mm)	铝轧管	500	500	500	500	500	500

续表

型　号		JS-2	JS-3	JS-4	JS-6	JS-8	JS-10
淋水段 (mm)	单排	1500	1500	1500	1500	2000	2000
	双排	1500	1500	1500	1500	2000	2000
干蒸汽加湿段(mm)		500	500	500	500	500	500
二次回风段(mm)		500	500	1000	1000	1000	1000
消声段(mm)		1000	1000	1000	1000	1000	1000
风机段	送风机段(mm)	2500	2500	2500	3000	3500	4000
	回风机段(mm)	2000	2000	2500	2500	3500	4000
	功率(kW)	5.5~15	11~22	15~30	22~45	30~55	40~75

3. 空调器的工作原理

空调器制冷降温，是把一个完整的制冷系统安装在空调器中，再配上风机和一些控制器来实现的。制冷的基本原理按照制冷循环系统的组成部件及其作用，分别由以下四个过程来实现：

(1)压缩过程：从压缩机开始，制冷剂气体在低温低压状态下进入压缩机，在压缩机中被压缩，提高气体的压力和温度后，排入冷凝器中。

(2)冷凝过程：从压缩机中排出来的高温高压气体，进入冷凝器中，将热量传递给外界空气或冷却水后，凝结成液体制冷剂，流向节流装置。

(3)节流过程：又称膨胀过程，冷凝器中流出来的制冷剂液体在高压下流向节流装置，进行节流减压。

(4)蒸发过程：从节流装置流出来的低压制冷剂液体流向蒸发器中，吸收外界(空气或水)的热量而蒸发成为气体，从而使外界(空气或水)的温度降低，蒸发后的低温低压气体又被压缩机吸回，进行再压缩、冷凝、节流、蒸发，依次不断地循环和制冷。单冷型空调器结构简单，主要由压缩机、冷凝器、干燥过滤器、毛细管以及蒸发器等组成。单冷型空调器环境温度适用范围为18~43℃。

(三)工程量计算

空调器的工程量按设计图示数量计算。

第四章 通风空调工程工程量清单编制

【例 4-3】 如图 4-6 所示为渐缩管示意图,试计算其中空调器的工程量。

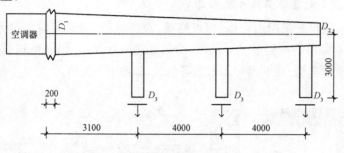

图 4-6 渐缩管示意图

【解】

空调器 1 台

工程量计算结果见表 4-12。

表 4-12　　　　　　　工程量计算表

项目编码	项目名称	项目特征描述	计量单位	工程量
030701003001	空调器	YZ3 型卧式组装空调器	台	1

五、风机盘管

(一)工程量清单项目设置

风机盘管工程量清单项目设置见表 4-13。

表 4-13　　　　风机盘管工程量清单项目设置

项目编码	项目名称	项目特征	计量单位	工作内容
030701004	风机盘管	1. 名称 2. 型号 3. 规格 4. 安装形式 5. 减振器、支架形式、材质 6. 试压要求	台	1. 本体安装、调试 2. 支架制作、安装 3. 试压 4. 补刷(喷)油漆

(二)工程量清单项目说明

1. 风机盘管的组成及形式

风机盘管机组由箱体、出风格栅、吸声材料、循环风口及过滤器、前向多翼离心风机或轴流风机,冷却加热两用换热盘管、单相电容调速低噪声电机、控制器和凝水盘等组成,如图4-7所示。

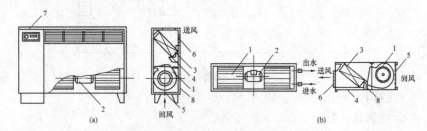

图4-7 FPS型风机盘管机组构造示意图
(a)立式明装;(b)卧式暗装(控制器装在机组外)
1—离心式风机;2—电动机;3—盘管;4—凝水盘;5—空气过滤器;
6—出风格栅;7—控制器(电动阀);8—箱体

机组一般分为立式和卧式两种形式,可按要求在接地面上立装或悬吊安装,同时根据室内装修的需要可以明装和暗装。通过自耦变压器调节电机输入电压,以改变风机转速变换成高、中、低三挡风量。

2. 风机盘管机组的安装

(1)安装前,应首先阅读生产厂家提供的产品样本及安装使用说明书,详细了解其结构特点和安装要点。

(2)因该种机组吊装于楼板上,故应确认楼板的混凝土强度是否合格,承重能力是否满足要求。

(3)确定吊装方案。在一般情况下,如机组风量和质量均不过大,而机组的振动又较小的情况下,吊杆顶部采用膨胀螺栓与屋顶连接,吊杆底部采用螺扣加装橡胶减振垫与吊装孔连接的办法。如果是大风量吊装式新风机组,质量较大,则应采用一定的保证措施。

(4)合理选择吊杆直径的大小,保证吊挂安全。

(5)合理考虑机组的振动,采取适当的减振措施,一般情况下,新风机组空调器内部的送风机与箱体底架之间已加装了减振装置。如果是小规格的机组,可直接将吊杆与机组吊装孔采用螺扣加垫圈连接,如果进行试运转机组本身振动较大,则应考虑加装减振装置。或在吊装孔下部粘贴橡胶垫使吊杆与机组之间减振,或在吊杆中间加装减振弹簧。

(6)在机组安装时,应特别注意机组的进出风方向、进出水方向、过滤器的抽出方向是否正确等,以避免失误。

(7)安装时,应特别注意保护好进出水管、冷凝水管的连接丝扣,缠好密封材料,防止管路连接处漏水,同时,应保护好机组凝结水盘的保温材料,不要使凝结水盘有裸露情况。

(8)机组安装后应进行调节,以保持机组的水平。

(9)在连接机组的冷凝水管时应有一定的坡度,以使冷凝水顺利排出。

(10)机组安装完毕后应检查送风机运转的平衡性、风机运转方向,同时冷热交换器应无渗漏。

(11)机组的送风口与送风管道连接时应采用帆布软管连接形式。

(12)机组安装完毕进行通水试压时,应通过冷热交换器上部的放气阀将空气排放干净,以保证系统压力和水系统的通畅。

(三)工程量计算

风机盘管工程量按设计图示数量计算。

【例 4-4】 若安装图 4-7(a)所示风机盘管 1 组,试计算其工程量。

【解】 型号为 FP5S 的立式明装风机盘管 1 台。

工程量计算结果见表 4-14。

表 4-14 工程量计算表

项目编码	项目名称	项目特征描述	计量单位	工程量
030701004001	风机盘管	立式明装 FP5S 风机盘管	台	1

【例 4-5】 安装如图 4-8 所示吊顶式风机盘管,试计算其工程量。

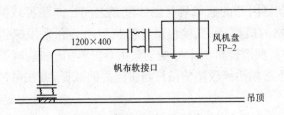

图 4-8 风机盘管安装示意图

【解】吊顶式风机盘管 1 台。

工程量计算结果见表 4-15。

表 4-15　　　　　　　　工程量计算表

项目编码	项目名称	项目特征描述	计量单位	工程量
030701004002	风机盘管	吊顶式风机盘管	台	1

六、表冷器

(一)工程量清单项目设置

表冷器工程量清单项目设置见表 4-16。

表 4-16　　　　　　表冷器工程量清单项目设置

项目编码	项目名称	项目特征	计量单位	工作内容
030701005	表冷器	1. 名称 2. 型号 3. 规格	台	1. 本体安装 2. 型钢制作、安装 3. 过滤器安装 4. 挡水板安装 5. 调试及运转 6. 补刷(喷)油漆

(二)工程量清单项目说明

表冷器是风机盘管的换热器,其性能决定了风机盘管输送冷(热)

量的能力和对风量的影响。表冷器的作用是使制冷剂散热。其把压缩机压缩排出高温高压的气体冷却到低温高压的气体。

空调里的表冷器铝翅片采用二次翻边百叶窗形,保证进行空气热交换的扰动性,使其处于紊流状态下,较大地提高了换热效率。表冷器的铝翅片在工厂内经过严格的三道清洗程序——金属清洗剂、超声波清洗、清水漂洗,保证翅片上无任何残留物,使空气更加顺畅地流通,从根本上保障了换热的可靠性。

空气处理机组的风机盘管表冷器,通过里面流动的空调冷冻水(冷媒水)把流经管外换热翅片的空气冷却,风机将降温后的冷空气送到使用场所供冷,冷媒水从表冷器的回水管道将所吸收的热量带回到制冷机组,放出热量、降温后再被送回表冷器吸热、冷却流经的空气,不断循环。

表冷器为铜管套铝翅片的形式,铝翅片片形选用目前国内最先进、换热效果最好的正弦波片形($\phi 16$)管。排距有 38×33、片距 2～5 可任意调整,$\phi 9.52$ 管表冷器片形为双轿开窗片形,管、排距为 25.4×19.05 和 25.4×22,片距 1.2～4.0 可任意调整。$\phi 7$ 管表冷器片形为双轿开窗片形,管、排距为 21×12.7,片距 1.2～1.8 可任意调整。表冷器汇管材料可以是镀锌管,也可以是铜管或不锈钢管;表冷器翅片或可以是普通铝箔,也可以是亲水铝箔;表冷器端护板可以是镀锌板,也可以是不锈钢板。该三大系列的表冷器是目前同行业片形排列最合理换热效果最好,再经过严密的机械涨管,确保铝翅片孔壁和铜管的紧密接触而不受热涨冷缩影响,从而稳定了表冷器的高效换热。

(三)工程量计算

表冷器工程量按设计图示数量计算。

七、密闭门

(一)工程量清单项目设置

密闭门工程量清单项目设置见表 4-17。

表 4-17　　　　　　　密闭门工程量清单项目设置

项目编码	项目名称	项目特征	计量单位	工作内容
030701006	密闭门	1. 名称 2. 型号 3. 规格 4. 形式 5. 支架形式、材质	个	1. 本体制作 2. 本体安装 3. 支架制作、安装

(二)工程量清单项目说明

密闭门是指用来关闭空调室入孔的门。密闭门可分为喷雾室密闭门和钢板密闭门。

密闭门安装时首先检查密闭门与图纸要求的规格型号尺寸是否符合。安装时密闭门支架与空调器的门洞周边预埋扁钢焊接。门框与门外平板的铆钉孔应配合钻孔；喷雾室密闭门观察玻璃窗的玻璃周围要用油灰嵌严。

密闭门在制作时，应设凝结水的引流槽或引流管，密封要粘结牢固，使门关紧时能吻合，不致漏水，压紧螺栓与柄应开关灵活。应注意检视孔的接合部分，不使检视玻璃或有机玻璃碎掉，而又要保证密闭，不漏水。

安装时，除了设置引流管或槽外，还应将水通向室外的排水沟或排水管处。否则，易造成喷淋段有大量积水。

安装完毕，密闭门内外刷两道红丹防锈漆后，再刷灰色厚漆两道。

为了调节经过空气加热器送入室内的空气温度，一般设有旁通阀，如图 4-9 所示。旁通阀由阀框、阀板及调节手柄等组成。阀框可用螺栓固定在钢框上并与加热器贴平，与加热器之间的缝隙应用薄钢板加石棉螺栓连接，不应漏风。

第四章 通风空调工程工程量清单编制

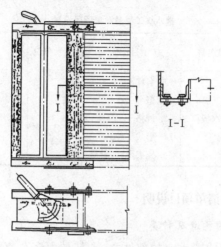

图4-9 空气加热器旁通阀

(三)工程量计算

密闭门工程量按设计图示数量计算。

【例4-6】 某空调系统中有6个钢制密闭门,尺寸为800mm×500mm,试计算密闭门的工程量。

【解】钢制密闭门尺寸为800mm×500mm,安装6个。

工程量计算结果见表4-18。

表4-18 工程量计算表

项目编码	项目名称	项目特征描述	计量单位	工程量
030701006001	密闭门	钢制密闭门,800mm×500mm	个	6

八、挡水板

(一)工程量清单项目设置

挡水板工程量清单项目设置见表4-19。

表 4-19　　挡水板工程量清单项目设置

项目编码	项目名称	项目特征	计量单位	工作内容
030701007	挡水板	1. 名称 2. 型号 3. 规格 4. 形式 5. 支架形式、材质	个	1. 本体制作 2. 本体安装 3. 支架制作、安装

(二)工程量清单项目说明

1. 挡水板的构造及种类

挡水板是组成喷水室的部件之一,其是由多个直立的折板(呈锯齿形)组成的,如图 4-10 所示。

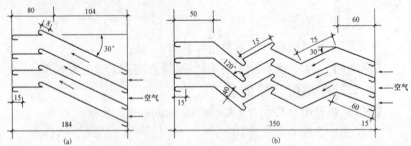

图 4-10　挡水板构造示意图

挡水板是中央空调末端装置的一个重要部件,其与中央空调相配套,具有水气分离功能。

(1)LMDS 型挡水板是空调室的关键部件,在高低风速下均可使用。可采用玻璃钢材料或 PVC 材料,具有阻力小、质量小、强度高、耐腐蚀、耐老化、水气分离效果好、清洗方便、经久耐用等特点。

(2)JS 波型挡水板是以 PVC 树脂为主要材料的挡水板,保持挡水板适宜的刚性、抗冲击性、抗老化、耐腐蚀、防火等优点,连续挤塑成形,保持了必要的密度和精确的几何尺寸,可任意确定挡水板的长度。

PVC挡水板可在25～90℃的环境中连续正常工作。

(3)ABS、玻璃钢、铝合金、不锈钢挡水板,专供高温(100℃以上)环境中的中央空调使用。

2. 挡水板的制作、安装

挡水板安装在空调机喷淋室的两端,顺气流方向,前挡水板除了能挡住喷水过程中可能飞溅起来的水滴外,还能使空气均匀地流过喷淋室整个断面,所以挡水板也称为分风板或导风板。

(1)挡水板一般用镀锌钢板或玻璃板制作,前挡水板为2～3折,总宽度150～200mm;后挡水板为4～6折,总宽度250～500mm。折板间距25～50mm,折角90°～120°。

(2)安装前应配合土建在喷淋室的侧壁上预埋好铁件。安装时先把挡水板的槽钢支座、连接支撑角钢的短角钢和侧壁上的边框角钢焊在侧壁的预埋铁件上。再把靠侧壁的两块挡水板用螺钉固定在角钢边框上,将一边的支撑角钢用螺栓与焊在侧壁上的短角钢连接起来,然后把挡水板放在槽钢支座上,并把另一边的支撑角钢用螺栓与侧壁上的短角钢连接,最后,用梳形板把挡水板压住,并用螺栓将梳形板固定在支撑角钢上,如图4-11所示。

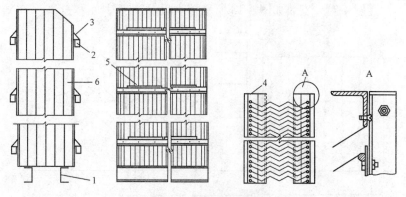

图4-11 钢板挡水板的安装
1—槽钢支座;2—短角钢;3—支撑角钢;4—边框角钢;5—连接板;6—挡水板

(3)金属挡水板应按制作图用机械成型。挡水板的折角应符合设计要求。长度和宽度的允许偏差不得大于2mm,片距应均匀,挡水板与梳形固定板的结合松紧适当。挡水板与喷淋段的壁板交接处在迎风侧应设泛水。

(4)挡水板的固定件应做防腐处理。挡水板和喷淋水池的水面如有缝隙,将使挡水板分离的水滴吹过,增大过水量,因此挡水板不允许露出水面,挡水板与水面接触处应设伸入水中的挡板。分层组装的挡水板分离的水滴容易被空气带走,因此每层应设排水装置,使分离的水滴沿挡水板流入水池。其排水装置如图4-12所示。

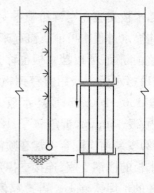

图 4-12 分层组装挡水板排水装置

(三)工程量计算

挡水板工程量按设计图示数量计算。

【例 4-7】 安装如图 4-13 所示挡水板,试计算其工程量。

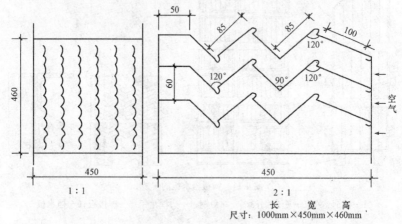

图 4-13 挡水板示意图

【解】 挡风板尺寸为 1000mm×450mm×460mm：3 个。

工程量计算结果见表 4-20。

表 4-20　　　　　　　　　工程量计算表

项目编码	项目名称	项目特征描述	计量单位	工程量
030701007001	挡水板	六折曲板，片距 60mm，尺寸为 1000mm×450mm×460mm	个	3

九、滤水器、溢水盘

(一)工程量清单项目设置

滤水器、溢水盘工程量清单项目设置见表 4-21。

表 4-21　　　　滤水器、溢水盘工程量清单项目设置

项目编码	项目名称	项目特征	计量单位	工作内容
030701008	滤水器、溢水盘	1. 名称 2. 型号 3. 规格 4. 形式 5. 支架形式、材质	个	1. 本体制作 2. 本体安装 3. 支架制作、安装

(二)工程量清单项目说明

滤水器是当使用循环水时，为了防止杂质堵塞喷嘴孔口，在循环水管入口处装设的圆筒形装置，内有滤网，滤网一般用黄铜丝网或尼龙丝网做成，其网眼的大小可以根据喷嘴孔径而定。滤水器分手动滤水器和电动滤水器两种。其结构由转动轴系、进出水口、支架壳体、网芯系、电动减速机、排污口、电器柜等组成。工业滤水器具有如下优点：

(1)外形尺寸小，便于现场的布置和安装。

(2)滤水器进出水口结构为上下分体式，不仅避免水压直接冲击

滤网,也改变了传统滤网过滤时因杂物远离排污口,排污时需对几个过滤室逐一清洗,所造成的卡堵现象。

(3)网板材质及结构最大限度提高水流的过流面积,有效减少滤网水阻,保证运行可靠,不发生卡、堵、塞现象,大大延长了滤网使用寿命。

(4)网板采用 2～8mm 不锈钢板整体冲压成形,网芯能承受 150kPa 的差压而不变形、不损坏,具有工作寿命长、耐腐蚀、不生锈、表面光洁、不结垢的特性。

(5)电动装置速度慢,运行平稳,可进行正、反转通过差压控制器,定时自动启动减速机可进行正反转冲洗,具有清污效果强,排污耗水量少等特点。

溢水盘是盘管的重要组成部分。在夏季空气的冷却干燥过程中,由于空气中水蒸气的凝结,以及喷水系统中不断加入冷冻水,池底水位将不断上升,为保持一定的水位,必须设溢水盘。

常用滤水器及溢水盘的规格和质量见表 4-22。

表 4-22　　　　　　　滤水器及溢水盘规格和质量

名称	滤水器及溢水盘	
图号	T704-11	
序号	尺　寸(mm)	质量(kg/个)
1	滤水器　70Ⅰ类	11.11
2	滤水器　100Ⅱ类	13.68
3	滤水器　150Ⅲ类	17.56
4	溢水盘　150Ⅰ类	14.76
5	溢水盘　200Ⅱ类	21.69
6	溢水盘　250Ⅲ类	26.79

(三)工程量计算

滤水器、溢水盘工程量按设计图示数量计算。

【例 4-8】　某空调系统需安装尺寸为 $DN70$ Ⅰ 型的滤水器 6 个, $DN200$ Ⅱ 型的溢水盘 6 个,试计算滤水器及溢水盘的工程量。

【解】

(1) $DN70$ Ⅰ型滤水器:6个。

(2) $DN200$ Ⅱ型溢水盘:6个。

工程量计算结果见表4-23。

表4-23　　　　　　　　　工程量计算表

序号	项目编码	项目名称	项目特征描述	计量单位	工程量
1	030701008001	滤水器	滤水器,Ⅰ型,尺寸$DN70$	个	6
2	030701008002	溢水盘	溢水盘,Ⅱ型,尺寸$DN200$	个	6

十、金属壳体

(一)工程量清单项目设置

金属壳体工程量清单项目设置见表4-24。

表4-24　　　　　　金属壳体工程量清单项目设置

项目编码	项目名称	项目特征	计量单位	工作内容
030701009	金属壳体	1. 名称 2. 型号 3. 规格 4. 形式 5. 支架形式、材质	个	1. 本体制作 2. 本体安装 3. 支架制作、安装

(二)工程量清单项目说明

金属壳体是用金属材质制成的罩体部分,主要为空调设备起围护作用。

(三)工程量计算

金属壳体工程量按设计图示数量计算。

十一、过滤器

(一)工程量清单项目设置

过滤器工程量清单项目设置见表4-25。

表 4-25　　　　　过滤器工程量清单项目设置

项目编码	项目名称	项目特征	计量单位	工作内容
030701010	过滤器	1. 名称 2. 型号 3. 规格 4. 类型 5. 框架形式、材质	1. 台 2. m^2	1. 本体安装 2. 框架制作、安装 3. 补刷(喷)油漆

(二)工程量清单项目说明

1. 空气过滤器的分类

空气过滤器是空调系统和空气洁净系统的重要组成部分。空气过滤器是将含尘量较小的室外空气,经过滤净化后送入室内,使室内环境达到洁净要求。

空气过滤器根据空气过滤效率可分为粗效过滤器、中效过滤器、高中效过滤器、亚高效过滤器及高效过滤器五种,按洁净室的洁净度选用。

根据净化效率的不同,通风空调工程中常用的空气过滤器的分类及性能见表 4-26。

表 4-26　　　　　空气过滤器的分类及性能

过滤器形式		过滤功效		阻力 (Pa)	容尘量 (g/m^2)	备 注
		粒径(μm)	效率(%)			
一般通风用过滤器	粗效过滤器	$\geqslant 5.0$	20~80	$\leqslant 50$	500~2000	过滤速度以 m/s 计,通常小于 2m/s
	中效过滤器	$\geqslant 1.0$	20~70	$\leqslant 80$	300~800	滤料实际面积与迎风面积之比在 10~20以上,滤速以 dm/s 计
	高中效过滤器	$\geqslant 1.0$	70~99	$\leqslant 100$		
	亚高效过滤器	$\geqslant 0.5$	95~99.9	$\leqslant 120$	70~250	滤料实际面积与迎风面积之比在 20~40以上,滤速以 cm/s 计

续表

过滤器形式	过滤功效		阻力(Pa)	容尘量(g/m²)	备注
	粒径(μm)	效率(%)			
高效过滤器	0.3	>99.97	200~250	50~70	滤料实际面积与迎风面积之比在50~60以上,滤速以cm/s计,通常<2cm/s

2. 粗、中过滤器的安装

粗效过滤器按使用滤料的不同有聚氨酯泡沫塑料过滤器、无纺布过滤器、金属网格浸油过滤器、自动浸油过滤器等。安装应考虑便于拆卸和更换滤料,并使过滤器与框架、框架与空调器之间保持严密。

金属网格浸油过滤器用于一般通风空调系统,常采用 LWP 型过滤器。安装前,应用热碱水将过滤器表面黏附物清洗干净,晾干后再浸以 12 号或 20 号机油。安装时,应将空调器内外清扫干净,并注意过滤器的方向,将大孔径金属网格朝向迎风面,以提高过滤效率。

自动浸油过滤器只用于一般通风空调系统,不能在空气洁净系统中采用,以防止将油雾(即灰尘)带入系统中。安装时,应清除过滤器表面黏附物,并注意装配的转动方向,使传动机构灵活。

过滤器与框架或并列安装的过滤器之间应进行封闭,防止从缝隙中将污染的空气带入系统中,形成空气短路现象,从而降低过滤效果。

自动卷绕式过滤器是用化纤卷材为过滤滤料,以过滤器前后压差为传感信号进行自动控制更换滤料的空气过滤设备,常用于空调和空气洁净系统。安装前应检查框架是否平整,过滤器支架上所有接触滤材表面处不能有破角、毛边、破口等。滤料应松紧适当,上下箱应平行,保证滤料可靠的运行。滤料安装要规整,防止自动运行时偏离轨道。多台并列安装的过滤器共用一套控制设备时,压差信号来自过滤器前后的平均压差值,这就要求过滤器的高度、卷材轴直径以及所用的滤料规格等有关技术条件一致,以保证过滤器的同步运行。特别注意的是电路开关必须调整到相同的位置,避免其中一台过早的报警,而使其他过滤器的滤料也中途更换。

中效过滤器的安装方法与粗过滤器相同,它一般安装在空调器内或特制的过滤器箱内。安装时应严密,并便于拆卸和更换。

3. 高效过滤器的安装

高效过滤器是空气洁净系统的关键设备。图 4-14 所示为高效过滤器示意图。目前,国内采用的滤料为超细玻璃棉纤维纸或超细石棉纤维纸,用以过滤粗、中效过滤器不能过滤的而且含量最多 $1\mu m$ 以下的亚微米级微粒,保持房间的洁净要求,为保证过滤器的过滤效率和洁净系统的洁净效果,高效过滤器安装必须遵守施工验收规范和设计图纸的要求。

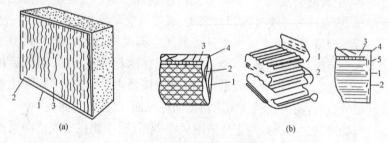

图 4-14　高效过滤器示意图
(a)高效过滤器外形图;(b)高效过滤器构造原理图
1—滤纸;2—隔片;3—密封板;4—木外框;5—滤纸护条

高效过滤器的安装应符合下列规定:

(1)按出厂标志竖向搬运和存放,防止剧烈震动和碰撞。

(2)安装前必须检查过滤器的质量,确认无损坏,方能安装。

(3)安装时,发现安装用的过滤器框架尺寸不对或不平整,为了保证连接严密,只能修改框架,使其符合安装要求,不得修改过滤器,更不能发生因为框架不平整而强行连接,致使过滤器的木框损裂。

(4)过滤器的框架之间必须做密封处理,一般采用闭孔海绵橡胶板或氯丁橡胶板密封垫,也有的不用密封垫,而用硅橡胶涂抹密封。密封垫料厚度为 6~8mm,定位粘贴在过滤器边框上,安装后的压缩率应大于50%。密封垫的拼接方法采用榫形或梯形。若用硅橡胶密封时,涂抹前应先清除过滤器和框架上的粉尘,再饱满均匀地涂抹硅橡胶。

另外,高效过滤器的保护网(扩散板)在安装前应擦拭干净。

(5)高效过滤器的安装条件:洁净空调系统必须全部安装完毕,调试合格,并运转一段时间,吹净系统内的浮尘。洁净室房间还需全面清扫后,方能安装。

(6)对空气洁净度有严格要求的空调系统,在送风口前常用高效过滤器来消除空气中的微尘。为了延长使用寿命,高效过滤器一般都与低效和中效(中效过滤器是一种填充纤维滤料的过滤器,其滤料一般为直径≤18μm 的玻璃纤维)过滤器串联使用。

(7)高效过滤器的密封垫漏风,是造成过滤总效率下降的主要原因之一。密封效果的好坏与密封垫材料的种类、表面状况、断面大小、拼接方式、安装的好坏、框架端面加工精度和光洁度等都有密切关系。实验资料证明,带有表皮的海绵密封垫的泄漏量比无表皮的海绵密封垫泄漏量要大很多。

(三)工程量计算

(1)以台计量,过滤器工程量按设计图示数量计算。

(2)以面积计量,过滤器工程量按设计图示尺寸以过滤面积计算。

【例 4-9】 如图 4-15 所示为某工厂车间安装的空气过滤器,型号为 LWP 型初效,安装 3 台,试计算其工程量。

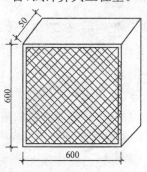

图 4-15 过滤器尺寸示意图

【解】

(1)按设计图示数量计算,LWP 型初效空气过滤器工程量:3 台。

(2)按设计图示尺寸以过滤面积计算,工程量=0.6×0.6×3=10.8m²。

工程量计算结果见表 4-25。

表 5-31 工程量计算表

项目编码	项目名称	项目特征描述	计量单位	工程量
030701010001	过滤器	空气过滤器,LWP 型初效	台/m²	3/10.8

十二、净化工作台

(一)工程量清单项目设置

净化工作台工程量清单项目设置见表 4-28。

表 4-28 净化工作台工程量清单项目设置

项目编码	项目名称	项目特征	计量单位	工作内容
030701011	净化工作台	1. 名称 2. 型号 3. 规格 4. 类型	台	1. 本体安装 2. 补刷(喷)油漆

(二)工程量清单项目说明

净化工作台是使局部空间形成无尘无菌的操作台,以提高操作环境的洁净要求。净化工作台是造成局部洁净空气区域的设备。

1. 净化工作台分类

净化工作台一般按气流组织和排风方式来分类。

(1)按气流组织,工作台可分为垂直单向流和水平单向流两大类。水平单向流净化工作台根据气流的特点,对于小物件操作较为理想;而垂直单向流洁净工作台则适合操作较大物件。

(2)按排风方式,工作台可分为无排风的全循环式、全排风的直流式、台面前部排风至室外式、台面上排风至室外式等。无排风的全循环式洁净工作台,适用于工艺不产生或极少产生污染的场合;全排风的直流式洁净工作台,是采用全新风,适用于工艺产生较多污染的场合;台面前部排风至室外式,其特点为排风量大于等于送风量,台面前部约100mm的范围内设有排风孔眼,吸入台内排出的有害气体,不使有害气体外逸;台面上排风至室外式,其特点是排风量小于送风量,台面上全排风。

2. 净化工作台的构造及技术性能

净化工作台的构造如图4-16所示。

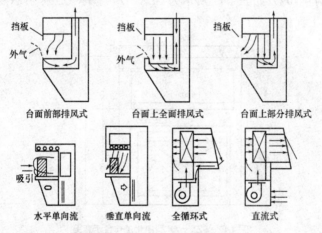

图4-16 净化工作台构造示意图

洁净工作台技术性能如下:

(1)洁净度级别。空态10级、100级,不允许有≥5粒子。

(2)操作区截面平均风速。初始为0.405m/s,经常应≥0.2m/s且≤0.6m/s,有空气幕时可允许略小。

(3)空气幕风速。1.52m/s。

(4)风速均匀度。平均风速的±20%之内。

(5)噪声。65dB(A)以下。

(6)台面振动。5m以下(均指X、Y、Z三个方向)。

(7)照度。200LX以上,避免眩光。

(8)运行。使用前空运行 15min 以上。

3. 净化工作台安装要求

净化工作台安装时,应轻运轻放,不能有激烈的振动,以保护工作台内高效过滤器的完整性。净化工作台的安放位置应尽量远离振源和声源,以避免环境振动和噪声对它的影响。使用过程中应定期检查风机、电机,定期更换高效过滤器,以保证运行正常。

(三)工程量计算

净化工作台工程量按设计图示数量计算。

【**例 4-10**】 如图 4-17 所示为 SZX-ZP 型净化工作台示意图,试计算其工程量。

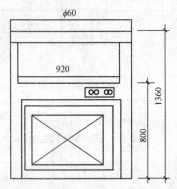

图 4-17 SZX-ZP 型净化工作台示意图

【**解**】型号为 SZX-ZP 型的净化工作台:1 台。
工程量计算结果见表 4-29。

表 4-29　　　　　　工程量计算表

项目编码	项目名称	项目特征描述	计量单位	工程量
030701011001	净化工作台	净化工作台,SZX-ZP 型	台	1

十三、风淋室

(一)工程量清单项目设置

风淋室工程量清单项目设置见表 4-30。

第四章 通风空调工程工程量清单编制

表 4-30　　　　　风淋室工程量清单项目设置

项目编码	项目名称	项目特征	计量单位	工作内容
030701012	风淋室	1. 名称 2. 型号 3. 规格 4. 类型 5. 质量	台	1. 本体安装 2. 补刷(喷)油漆

(二)工程量清单项目说明

1. 风淋室的构造

风淋室是人身净化设备。风淋室安装在洁净室的入口处，还起到气闸作用，防止污染的空气进入洁净室。风淋室是由顶箱、内外门、侧箱、底座、风机、电加热器、高效过滤器、喷头、回风口、预滤器及电器控制元件等组成，如图 4-18 所示。

2. 风淋室的安装

风淋室的安装应根据设备说明书进行，一般应注意下列事项：

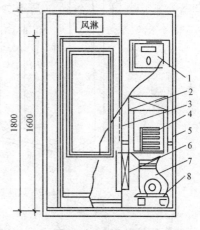

图 4-18　风淋室结构图

1—电器箱；2—高效过滤器；3—喷头；
4—电加热器；5—整体钢框架；6—中效过滤器；
7—通风机；8—减振器

(1)根据设计的坐标位置或土建施工预留的位置进行就位。

(2)设备的地面应水平、平整，并在设备的底部与地面接触的平面，应根据设计要求垫隔振层，使设备保持纵向垂直、横向水平。

(3)设备与围护结构连接的接缝，应配合土建施工做好密封处理。

(4)设备的机械、电气连锁装置，应处于正常状态，即风机与电加热、内外门及内门与外门的连锁等。

(5)风淋室内的喷嘴的角度,应按要求的角度调整好。

(三)工程量计算

风淋室工程量按设计图示数量计算。

【例 4-11】 图 4-19 所示为风淋室示意图,试计算其工程量。

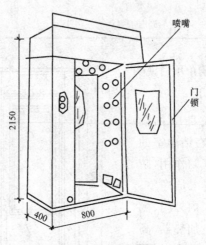

图 4-19 风淋室示意图

【解】尺寸为 800mm×400mm×2150mm 的风淋室:1 台。工程量计算结果见表 4-31。

表 4-31 工程量计算表

项目编码	项目名称	项目特征描述	计量单位	工程量
30701012001	风淋室	风淋室,800mm×400mm×2150mm	台	1

十四、洁净室

(一)工程量清单项目设置

洁净室工程量清单项目设置见表 4-32。

表4-32　　　　　洁净室工程量清单项目设置

项目编码	项目名称	项目特征	计量单位	工程内容
030701013	洁净室	1. 名称 2. 型号 3. 规格 4. 类型 5. 质量	台	1. 本体安装 2. 补刷(喷)油漆

(二)工程量清单项目说明

1. 洁净室的组成

装配式洁净室适用于空气洁净度要求较高的场所,还可用于原有房间进行净化技术改造。

装配式洁净室成套设备由围护结构、送风单元、空调机组、空气吹淋室、传递窗、余压阀、控制箱、照明灯具、灭菌灯具及安装在通风系统中的多级空气过滤器、消声器等单机组成,应按产品说明书的要求进行安装。装配式洁净室如图4-20所示。

2. 洁净室的制作

(1)洁净室的顶板和壁板(包括夹芯材料)应为不燃材料。

(2)洁净室的地面应干燥、平整,平整度允许偏差为0.1%。

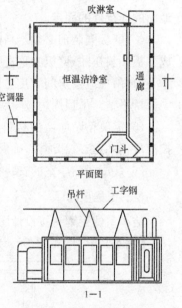

图4-20　装配式洁净室示意图

(3)壁板的构配件和辅助材料的开箱,应在清洁的室内进行,安装前应严格检查其规格和质量。壁板应垂直安装,底部宜采用圆弧或钝角交接;安装后的壁板之间、壁板与顶板间的拼缝,应平整严密,墙板的垂直允许偏差为0.2%,顶板水平度的允许偏差与每个单间的几何尺寸的允许偏差均为0.2%。

(4)洁净室吊顶在受荷载后应保持平直,压条全部紧贴。洁净室壁板若为上、下槽形板时,其接头应平整、严密;组装完毕的洁净室所有拼接缝,包括与建筑的接缝,均应采取密封措施,做到不脱落,密封良好。

3. 洁净室的安装

(1)装配式洁净室的安装,应在装饰工程完成后的室内进行。室内空间必须清洁、无积尘,并在施工安装过程中对零部件和场地随时清扫、擦净。

(2)施工安装时,应首先进行吊挂、锚固件等与主体结构和楼面、地面的连接件的固定。

(3)壁板安装前必须严格放线,墙角应垂直交接,防止累积误差造成壁板倾斜扭曲,壁板的垂直度偏差不应大于0.2%。

(4)吊顶应按房间宽度方向起拱,使吊顶在受荷载后的使用过程中保持平整。吊顶周边应与墙体交接严密。

(5)需要粘贴面层的材料、嵌填密封胶的表面和沟槽必须严格清扫清洗,除去杂质和油污,确保粘贴密实,防止脱落和积灰。

(6)装配式洁净室的安装缝隙,必须用密封胶密封。

(三)工程量计算

洁净室的工程量按设计图示数量计算。

【例4-12】 图4-21所示为某化工实验室,试计算其工程量。

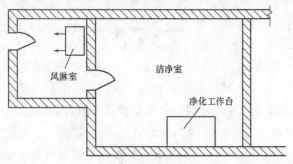

图4-21 某化工实验室

【解】洁净室工程量：1台。

工程量计算结果见表4-33。

表4-33　　　　　　　　工程量计算表

序号	项目编码	项目名称	项目特征描述	计量单位	工程量
1	030701012001	风淋室	131.63kg/台	台	1
2	030701011001	净化工作台	SZX—ZP	台	1
3	030701013001	洁净室	268.78kg/台	台	1

十五、除湿机

(一)工程量清单项目设置

除湿机工程量清单项目设置见表4-34。

表4-34　　　　　　除湿机工程量清单项目设置

项目编码	项目名称	项目特征	计量单位	工作内容
030701014	除湿机	1. 名称 2. 型号 3. 规格 4. 类型	台	本体安装

(二)工程量清单项目说明

除湿机是指以制冷的方式来降低空气中的相对湿度，保持空间的相对干燥，使容易受潮的物品、家居用品等不被受潮、发霉和对湿度要求高的产品、药品等能在其所要求的湿度范围内制作、生产和贮存。

1. 除湿机组成及种类

除湿机一般由压缩机、蒸发器、冷凝器、湿度控制系统(湿度探头)，ABS的塑料件等机壳，以及其他的零部件组成。除湿机的种类见表4-35。

表 4-35　　　　　　　　　　除湿机的种类

序号	类别	说　　明
1	冷却除湿机	(1)按使用功能分,可分为一般型、降温型、调温型、多功能型。 1)一般型除湿机是指空气经过蒸发器冷却除湿,由再热器加热升温,降低相对湿度,制冷剂的冷凝热全部由流过再热器的空气带走,其出风温度不能调节,只用于升温除湿的除湿机。 2)降温型除湿机是指在一般型除湿机的基础上,制冷剂的冷凝热大部分由水冷或风冷冷凝器带走,只有小部分冷凝热用于加热经过蒸发器后的空气,可用于降温除湿的除湿机。 3)调温型除湿机是指在一般型除湿机的基础上,制冷剂的冷凝热可全部或部分由水冷或风冷冷凝器带走,剩余冷凝热用于加热经过蒸发器后的空气,其出风温度能进行调节的除湿机。 4)多功能型除湿机是指集升温除湿(一般型)、降温除湿、调温除湿三种功能于一体的除湿机,在无室外机(风冷)或冷却水(水冷)时仍可选择升温除湿功能进行除湿的除湿机。 (2)按有无带风机分,可分为常规除湿机、风道式除湿机。 (3)按结构形式分,可分为整体式、分体式、整体移动式。 (4)按适用温度范围分,可分为 A 型(普通型 18～38℃)、B型(低温型 5～38℃)。 (5)按送回风方式分,可分为前回前送带风帽型、后回上送型等。 (6)按控制形式分,可分为自动型和非自动型等。 (7)按特殊使用情况分,还有全新风型、防爆型等
2	转轮除(吸)湿机	转轮除湿机的主体结构为一个不断转动的蜂窝状干燥转轮。干燥转轮是除湿机中吸附水分的关键部件,其是由特殊复合耐热材料制成的波纹状介质所构成。波纹状介质中载有吸湿剂。这种设计,结构紧凑,而且可以为湿空气与吸湿介质提供充分接触的表面积,从而大大提高了除湿机的除湿效率
3	溶液除(吸)湿机	溶液除湿空调系统是基于以除湿溶液为吸湿剂调节空气湿度,以水为制冷剂调节空气温度的主动除湿空气处理技术而开发的可以提供全新风运行工况的新型空调产品;其核心是利用除湿剂物理特性,通过创新的溶液除湿与再生的方法,实现在露点温度之上高效除湿。系统温湿度调节完全在常压开式气氛中进行。其具有制造简单,运转可靠,节能高效等技术特点。本系统主要由四个基本模块组成,分别是送风(新风和回风)模块、湿度调节模块、温度调节模块和溶液再生器模块

2. 除湿机工作原理

被处理的空气经风扇吸入后，先经空气过滤网过滤，然后在冷却的蒸发器上降温除湿，将空气中多余水蒸气冷凝为水，使空气含湿量减少，由于除湿的冷凝水带走了一部分湿热，使空气的温度随之降低，为了使空气温度、湿度适宜，除湿机特有的结构使除湿后的空气再经过冷凝器加热升温，从而提高环境温度，使除湿机除湿效果大大提升。

3. 除湿机安装

（1）冷冻除湿机。冷冻除湿机分为固定安放或往返移动设置。固定安装是将除湿机固定设置在土建台座上；往返移动除湿机机座下设有可转动车轮。

冷冻除湿机不论固定安放或往返移动停止使用时，应避免阳光直接照射，远离热源（如电炉、散热器等）。在冷冻除湿机四周，特别是进、出风口，不得有高大障碍物阻碍空气流通，影响除湿效果。除湿机放置处应设置排水设施，便于将机体内积水盘中的凝结水排出。

（2）转轮除（吸）湿机。一般氯化锂转轮除（吸）湿机通过风道与系统相连接。氯化锂转轮除（吸）湿机可落地安装，也可架空安装。

（三）工程量计算

除湿机工程量按设计图示数量计算。

十六、人防过滤吸收器

（一）工程量清单项目设置

人防过滤吸收器工程量清单项目设置见表4-36。

表4-36　　　　人防过滤吸收器工程量清单项目设置

项目编码	项目名称	项目特征	计量单位	工作内容
030701015	人防过滤吸收器	1. 名称 2. 规格 3. 形式 4. 材质 5. 支架形式、材质	台	1. 过滤吸收器安装 2. 支架制作、安装

(二)工程量清单项目说明

人防过滤吸收器主要用于人防工作涉毒通风系统,能过滤外界污染空气中的毒烟、毒雾、放射性灰尘和化学毒剂,以保证在受到袭击的工事内部能提供清洁的空气。

1. 人防过滤吸收器组成

RFP-500型、RFP-1000型过滤吸收器是全国人防工程防化研究试验中心研制的新型防化设备。其由精滤器和滤毒器两部分组成,该设备应与预滤器和通风管道、风机配套使用,以构成完整的过滤通风系统。

2. 人防过滤吸收器安装要求

(1)过滤吸收器必须水平安装,安装时气流方向应与设备的气流方向一致。

(2)连接过滤吸收器前后的通风管道必须密封,连接法兰部分不得漏气,周围需留有一定的检修距离,并架设在可拆卸的钢架支架上固定。

(3)外壳不得有较大碰伤、穿孔、擦痕(深度达30mm),否则不得安装使用。

(4)存放时间超过五年以上的过滤吸收器,必须经性能检测通过并进行维护保养后方可进行安装使用。

3. 人防过滤吸收器维护要求

(1)平时严禁打开进出口法兰端盖,以免受潮影响使用效能。

(2)不得与有酸性、碱性、消毒剂等放置在一起,以免失效。

(3)各种配件(如连接支管、橡胶软接头、卡箍、五金件等)应放置齐备,不得丢失或损坏。

(4)滤毒室内要保持整洁、干燥,注意防潮。

(三)工程量计算

人防过滤吸收器工程量按设计图示数量计算。

第二节 通风管道制作安装

一、工程量清单编制说明

通风管道制作安装工程包括碳钢通风管道,净化通风管道,不锈钢板通风管道,铝板通风管道,塑料通风管道,玻璃钢通风管道,复合型风管,柔性软风管,弯头导流叶片,风管检查孔和温度、风量测定孔等清单项目。

通风管道制作安装工程清单计价时需要说明的问题如下:

(1)风管展开面积,不扣除检查孔、测定孔、送风口、吸风口等所占面积;风管长度一律以设计图示中心线长度为准(主管与支管以其中心线交点划分),包括弯头、三通、变径管、天圆地方等管件的长度,但不包括部件所占的长度。风管展开面积不包括风管、管口重叠部分面积。风管渐缩管:圆形风管按平均直径;矩形风管按平均周长。

(2)穿墙套管按展开面积计算,计入通风管道工程量中。

(3)通风管道的法兰垫料或封口材料,按图纸要求应在项目特征中描述。

(4)净化通风管的空气洁净度按100000级标准编制,净化通风管使用的型钢材料如要求镀锌时,工作内容应注明支架镀锌。

(5)弯头导流叶片数量,按设计图纸或规范要求计算。

(6)风管检查孔、温度测定孔、风量测定孔数量,按设计图纸或规范要求计算。

二、碳钢通风管道

(一)工程量清单项目设置

碳钢通风管道工程量清单项目设置见表4-37。

表 4-37　　　　碳钢通风管道工程量清单项目设置

项目编码	项目名称	项目特征	计量单位	工作内容
030702001	碳钢通风管道	1. 名称 2. 材质 3. 形状 4. 规格 5. 板材厚度 6. 管件、法兰等附件及支架设计要求 7. 接口形式	m²	1. 风管、管件、法兰、零件、支吊架制作、安装 2. 过跨风管落地支架制作、安装

(二)工程量清单项目说明

1. 常用薄钢板规格

常用的薄钢板有普通薄钢板、冷轧薄钢板和镀锌薄钢板等。

(1)普通薄钢板。常用的薄钢板厚度为 0.5~2mm，分为板材和卷材供货。其规格见表 4-38。薄钢板一般为冷轧或热轧钢板。质量要求为表面平整、光滑，厚度均匀，允许有紧密的氧化铁薄膜，不得有裂纹、结疤等缺陷；但易生锈，须油漆防腐，多用于排气、除尘系统。

表 4-38　　　　　　　普通薄钢板规格

厚度(mm)	宽度×长度(mm×mm)					质量 (kg·m²)
	710×1420	750×1500	750×1800	900×1800	1000×2000	
	每张理论质量(kg)					
0.50	3.96	4.42	5.30	6.36	7.85	3.92
0.55	4.35	4.86	5.83	6.99	8.64	4.32
0.60	4.75	5.30	6.36	7.63	9.42	4.71
0.65	5.15	5.74	6.89	8.27	10.20	5.10
0.70	5.54	6.18	7.42	8.90	10.99	5.50
0.75	5.94	6.62	7.95	9.54	11.78	5.89
0.80	6.33	7.06	8.48	10.17	12.58	6.28
0.90	7.12	7.95	9.54	11.44	14.13	7.07
1.00	7.91	8.83	10.60	12.72	15.70	7.85

续表

厚度(mm)	宽度×长度(mm×mm)					质量 (kg·m²)
	710×1420	750×1500	750×1800	900×1800	1000×2000	
	每张理论质量(kg)					
1.10	8.70	9.71	11.66	13.99	17.27	8.64
1.20	9.50	10.60	12.72	15.26	18.84	9.42
1.30	10.29	11.48	13.78	16.53	30.41	10.21
1.40	11.08	12.36	14.81	17.80	21.98	10.99
1.50	11.87	13.25	15.90	19.07	23.55	11.78
1.60	12.66	14.13	16.96	20.35	25.12	12.56
1.80	14.24	15.90	19.08	22.80	28.26	14.13
2.00	15.83	17.66	21.20	25.43	31.40	15.70

(2)冷轧薄钢板。冷轧薄钢板表面平整光洁,易生锈,应及时刷漆,多用于送风系统。其品种及规格见表4-39。

表4-39　　　　　　冷轧薄钢板品种及规格

钢板厚度(mm)	钢板宽度(mm)								
	600,650,700,710,750,800,850	900 950	1000 1100	1250	1400 1420	1500	1600	1700	1800
	钢板最大长度(m)								
0.20~0.45	2.5	3	3	—	—	—	—	—	—
0.55~0.65				3.5	—	—	—	—	—
0.70~0.75					4	—	—	—	—
0.80~1.0	3	3.5	3.5	4		4	—	—	—
1.1~1.3							4	4.2	4.2
1.4~2.0		3	4	6	6	6	6	6	6

(3)镀锌薄钢板。镀锌薄钢板表面呈银白色,由普通钢板镀锌制成,厚度为0.5~1.2mm。其规格及尺寸见表4-40。由于其表面有镀锌层保护,起到了防锈作用,所以一般不需再刷漆。在一些引进工程中多使用镀锌钢板卷材,尤其适用于螺旋风管的制作。

表 4-40　　　　　　　　热镀锌薄钢板规格及尺寸

钢板厚度(mm)	0.35,0.40,0.45,0.50,0.55,0.60,0.65,0.70,0.75,0.80,0.90,1.0,1.1,1.2,1.4,1.5					
钢板宽度×长度(mm)	710×1430,750×750,750×1500,750×1800,800×800,800×1200,800×1600,350×1700,900×900,900×1800,900×2000,1000×2000					
钢板厚度(mm)	0.35~0.45	>0.45~0.70	>0.70~0.89	>0.80~1.0	>1.0~1.25	>1.25~1.5
反复弯曲次数	≥8	≥7	≥6	≥5	≥4	≥3
钢板类别	冷成型用			一般用途		
钢板厚度(mm)	0.35~0.80	>0.80~1.2	>1.2~1.5	0.35~0.80	>0.80~1.5	
镀锌强度弯曲试验(d=弯心直径,a=试样厚度)	$d=0$ 180°角	$d=a$ 180°角	弯曲 90°角	$d=a$ 180°角	弯曲 90°角	
钢板两面镀锌层质量(g/m²)	≥275					

在通风工程中,常用镀锌钢板来制作不含酸、碱气体的通风系统和空调系统的风管,在送风、排气、空调、净化系统中大量使用。

2. 碳钢通风管的制作

(1)圆形风管(不包括螺旋风管)直径大于等于 80mm,且其管段长度大于 1250mm 或总表面积大于 4m,均应采取加固措施。常用加固方法如图 4-22 所示。

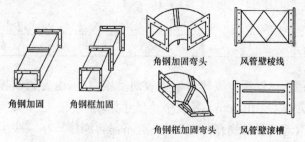

图 4-22　风管常用加固方法

(2) 圆形弯管的曲率半径(以中心线计)和最少分节数量应符合表 4-41 的规定。圆形弯管的弯曲角度及圆形三通、四通支管与总管夹角的制作偏差不应大于 2°。

表 4-41　　圆形弯管曲率半径和最少分节数

弯管直径 D (mm)	曲率半径 R (mm)	弯管角度和最少节数							
		90°		60°		45°		30°	
		中节	端节	中节	端节	中节	端节	中节	端节
80～220	≥1.5D	2	2	1	2	1	2	—	2
220～450	1D～1.5D	3	2	2	2	1	2	—	2
450～800	1D～1.5D	4	2	2	2	1	2	1	2
800～1400	1D	5	2	3	2	2	2	1	2
1400～2000	1D	8	2	5	2	3	2	2	2

(3) 风管与配件的咬口缝应紧密, 宽度应一致; 折角应平直, 圆弧应均匀; 两端面平行。风管无明显扭曲与翘角; 表面应平整, 凹凸不大于 10mm。

常用咬口形式如图 4-23 所示。单咬口适用板材的拼接和圆形风管的闭合咬口; 立咬口适用于圆形弯管或直管的管节咬口; 联合咬口适用于矩形风管、弯管、三通管及四通管的咬接; 转角咬口适用于矩形直管的咬缝, 净化管道、弯管的转角咬口缝; 按扣式咬口适用于矩形风管的咬口。

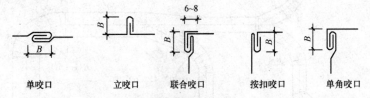

图 4-23　风管常用咬口形式

(4) 风管外径或外边长的允许偏差: 当小于或等于 200mm 时, 为 2mm; 当大于 200mm 时, 为 2mm。

管口平面度的允许偏差为 2mm。

矩形风管两条对角线长度之差不应大于 2mm。

圆形法兰任意正交两直径之差不应大于 2mm。

(5)焊接风管的焊缝应平整,不应有裂缝、凸瘤、穿透的夹渣、气孔及其他缺陷等,焊接后板材的变形应矫正,并将焊渣及飞溅物清除干净。

(6)各类风管、管件在系统中的连接形式如图 4-24 和图 4-25 所示。

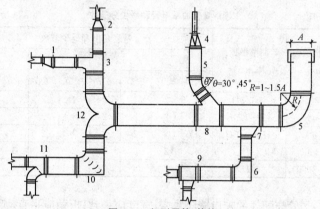

图 4-24 矩形风管、管件

1—偏心异径管;2—正异径管;3—正交断面三通;4—方变圆异径管;
5—内外弧弯头;6—内斜线弯头;7—插管三通;8—斜插三通;
9—封板式三通;10—内弧线弯头(导流片);11—加弯三通(调节阀);12—正三通

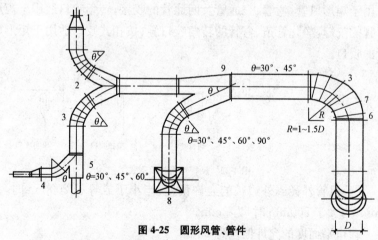

图 4-25 圆形风管、管件

1—正异径管;2—正三通;3—弯头;4—偏心异径管;5—封板斜插三通;
6—端节;7—中节;8—天圆地方;9—斜插三通

3. 碳钢板风管的焊接

(1)碳钢板风管宜采用直流焊机焊接。如果采用交流电焊机焊接时,则须加振动器,以减少激磁并使电弧稳定。因为焊接钢板时,电弧不稳定,可导致焊缝质量恶化。

(2)施焊前要清除焊接端口处的污物、油迹、锈蚀;采用点焊或连续焊缝时,还需清除氧化物。对口应保持最少的缝隙,手工点焊定位处的焊瘤应及时清除。焊后及时清除焊缝及其附近区域的电极熔渣与残留的焊丝。

4. 管件制作

通风空调管路系统中采用的弯头、三通、异径管、来回弯等管件,接缝形式与风管制作相同,只是展开下料较复杂。

(1)弯头制作。

1)圆形弯头制作。圆形弯头根据使用位置不同,有 90°、60°、45°、30°四种,其曲半径 $R=1D\sim1.5D$。圆形弯头弯曲半径和最少节数,见表4-42、表4-41。

表4-42　　圆风管弯头规格系列表

序号	弯头外径 D(mm)	弯曲半径 R	n	90°	n	60°	n	45°	n	30°
1	80									
2	90									
3	100									
4	110	$R=1D$								
5	120									
6		130								
7	140	或								
8		150								
9	160									
10		170								
11	180									
12		190	$R=1.5D$							
13	200									
14		210								
15	220									

续表

序号	弯头外径 D(mm)	弯曲半径 R	弯曲角度(°)和节数(n)							
			n	90°	n	60°	n	45°	n	30°
16		240								
17	250									
18		260								
19	280		$R=1D$							
20		300		三中节二端节		二中节二端节		一中节二端节		二端节
21	320			11°15′ 22°30′		10° 20°		11°15′ 22°30′		15°
22		340								
23	360		或							
24		380								
25	400									
26		420								
27	450		$R=1.5D$							
28		480								
29	540									
30		530								
31	560									
32		600	$R=1D$							
33	630			五中节二端节		三中节二端节		二中节二端节		一中节二端节
34		670		7°30′ 15°		7°30′ 15°		7°30′ 15°		7°30′ 15°
35	700									
36		750	或							
37	800									
38		850									
39	900									
40		950									
41	1000									
42		1060	$R=1.5D$							
43	1120									

2)矩形弯头。矩形弯头有内外弧形弯头、内弧形弯头和内斜线弯头三种形式。工程上经常采用内外弧形弯头。内弧形和内斜线弯头的外边长≥500mm时,为改善气流分布的均匀性,弯头内应设导流片。矩形弯头、导流叶片的构造如图4-26和图4-27所示。

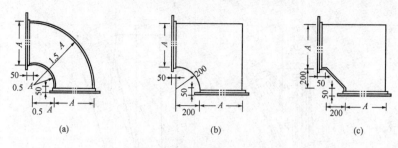

图 4-26 矩形弯头
(a)内外弧形矩形弯头；(b)内弧矩形弯头；(c)内斜线矩形弯头

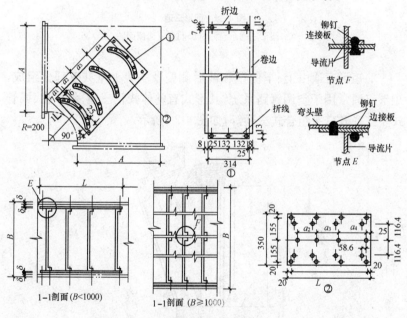

图 4-27 导流叶片构造图

(2)三通制作。三通是通风管路系统分叉或汇集的管件。三通的形式有弯头组合式三通、斜三通和直三通等多种。

1)圆形三通有普通圆形三通和圆形封板式三通等。加工三通时，先画好展开图，根据连接方法留出咬口留量和法兰留量。用机械或手工剪裁，如图 4-28 所示。

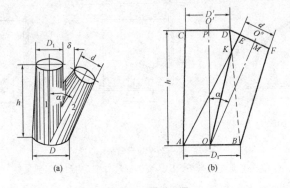

图 4-28 圆形三通
(a)圆形三通示意图;(b)圆形三通侧面图

2)矩形三通由上、下侧壁和前后侧壁及一块夹壁共五部分组成。矩形三通常用于空调管路系统,其形式有整体式正三通、斜三通、插管式正三通及弯头组合式三通等,如图 4-29 所示。

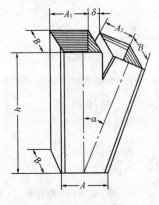

图 4-29 矩形三通

5. 法兰制作

风管与风管或风管与配件、部件的连接,一般使用法兰连接便于安装和以后的拆装维修,法兰连接还能增加风管的强度。法兰按风管的断面形状,分为圆形法兰和矩形法兰。

法兰连接螺栓和与风管连接的铆钉间距,应按管路系统使用的性质来决定。对于高速通风空调系统(如诱导器系统的新风一次风管)和空气洁净系统,要求间距较小,以防止空气渗漏,影响使用效果。对于一般空调系统和除尘系统,其间距要求可较大,但不应大于150mm。空气洁净系统法兰螺栓间距不应大于120mm,法兰铆钉的间距不应大于100mm。

(三)工程量计算

(1)碳钢通风管道的工程量按设计图示内径尺寸以展开面积计算。计算分两步进行。

第一步:风管长度的计算,一律以施工图所示风管中心线长度为准,包括弯头、三通、变径管、天圆地方等管件长度,不包括部件所占长度。支管长度从其与主管中心线交接点算起,变径管以中心为界。部件长度值按表 4-43 取用。

表 4-43   常用风管部件长度   mm

序号	1	2	3	4	5	6
部件名称	蝶阀	止回阀	对开多叶调节阀	圆形防火阀	矩形防火阀	斜插板阀
部件长度	150	300	210	D+240	B+240	D+200

第二步:展开面积计算,不扣除检查孔、测定孔、送风口、吸风口等所占面积,咬口重叠部分也不增加。

圆形风管展开面积

$$F=\pi DL=3.14DL$$

矩形风管展开面积

$$F=SL=2(A+B)L$$

式中　F——风管展开面积(m^2);

　　　D——圆形风管直径(m);

　　　S——矩形风管周长(m);

　　　A、B——矩形风管两边尺寸,长、高(m);

　　　L——风管长度(m)。

(2)渐缩管计算:圆形风管按平均直径,矩形风管按平均周长。

(3)常用咬口连接圆形风管钢板用量。

1)表 4-44 所示为常用咬口连接圆形风管钢板用量计算表,其依据下列公式编制:

①每米风管钢板用量$(m^2/m) = 3.573D$;

②每米风管钢板用量$(kg/m) = 3.573D \times$每平方米钢板质量。

注:式中 D 为风管直径。

2)每平方米钢板质量:$3.925 kg/m^2 (\delta = 0.5 mm)$;$5.888 kg/m^2 (\delta = 0.75 mm)$;$7.85 kg/m^2 (\delta = 1 mm)$;$9.42 kg/m^2 (\delta = 1.2 mm)$。

3)钢板损耗率为 13.8%。

表 4-44　　常用咬口连接圆形风管钢板用量(含管件)

风管直径 (mm)	风管钢板用量(kg/m)				
	m^2/m	钢板厚度(mm)			
		0.50	0.75	1.00	1.20
110	0.393	1.54	2.31	3.09	3.70
115	0.411	1.61	2.42	3.23	3.87
120	0.429	1.68	2.53	3.37	4.04
130	0.465	1.83	2.74	3.65	4.38
140	0.500	1.96	2.94	3.93	4.71
150	0.536	2.10	3.16	4.21	5.05
160	0.572	2.25	3.37	4.49	5.39
165	0.590	2.32	3.47	4.63	5.56
175	0.625	2.45	3.68	4.91	5.89
180	0.643	2.52	3.79	5.05	6.06
195	0.697	2.74	4.10	5.47	6.57
200	0.715	2.81	4.21	5.61	6.74

续一

风管直径 (mm)	m²/m	风管钢板用量(kg/m)			
		钢板厚度(mm)			
		0.50	0.75	1.00	1.20
215	0.768	3.01	4.52	6.03	7.23
220	0.786	3.09	4.63	6.17	7.40
235	0.840	3.30	4.95	6.59	7.91
250	0.893	3.51	5.26	7.01	8.41
265	0.947	3.72	5.58	7.43	8.92
280	1.001	3.93	5.89	7.86	9.43
285	1.018	4.00	5.99	7.99	9.59
295	1.054	4.14	6.21	8.27	9.93
320	1.143	4.49	6.73	8.97	10.77
325	1.161	4.56	6.84	9.11	10.94
360	1.286	5.05	7.57	10.10	12.11
375	1.340	5.26	7.89	10.52	12.62
395	1.411	5.54	8.31	11.08	13.29
400	1.429	5.61	8.41	11.22	13.46
440	1.572	6.17	9.26	12.34	14.81
450	1.608	6.31	9.47	12.62	15.15
495	1.769	6.94	10.42	13.89	16.66
500	1.787	7.01	10.52	14.03	16.83
545	1.947	7.64	11.46	15.28	18.34
560	2.001	7.85	11.78	15.71	18.85
595	2.126	8.34	12.52	16.69	20.03
600	2.144	8.42	12.62	16.83	20.20
625	2.233	8.76	13.15	17.53	21.03
630	2.251	8.84	13.25	17.67	21.20
660	2.358	9.26	13.88	18.51	22.21

续二

风管直径 (mm)	m²/m	风管钢板用量(kg/m)			
		钢板厚度(mm)			
		0.50	0.75	1.00	1.20
695	2.483	9.75	14.62	19.49	23.39
700	2.501	9.82	14.73	19.63	23.56
770	2.751	10.80	16.20	21.60	25.91
775	2.769	10.87	16.30	21.74	26.08
795	2.841	11.15	16.73	22.30	26.76
800	2.858	11.22	16.83	22.44	26.92
825	2.948	11.57	17.36	23.14	27.77
855	3.055	11.99	17.99	23.98	28.78
880	3.144	12.34	18.51	24.68	29.62
885	3.162	12.41	18.62	24.82	29.79
900	3.216	12.62	18.94	25.25	30.29
945	3.376	13.25	19.88	26.50	31.80
985	3.519	13.81	20.72	27.62	33.15
995	3.555	13.95	20.93	27.91	33.49
1000	3.573	14.02	21.04	28.05	33.66
1025	3.662	14.37	21.56	28.75	34.50
1100	3.930	15.43	23.14	30.85	37.02
1120	4.002	15.71	23.56	31.42	37.70
1200	4.288	16.83	25.25	33.66	40.39
1250	4.466	17.53	26.30	35.06	42.07
1325	4.734	18.58	27.87	37.16	44.59
1400	5.002	19.63	29.45	39.27	47.12
1425	5.092	19.99	29.98	39.97	47.97
1540	5.502	21.60	32.40	43.19	51.83
1600	5.717	22.44	33.66	44.88	53.85
1800	6.431	25.24	37.87	50.48	60.58
2000	7.146	28.05	42.08	56.10	67.32

(4)咬口连接矩形风管钢板用量计算。

1)表 4-45 所示为常用咬口连接矩形风管钢板用量计算表,其依据下列公式编制:

①每米风管钢板用量$(m^2/m) = 2.276(A+B)$;

②每米风管钢板用量$(kg/m) = 2.276(A+B) \times$每平方米钢板质量。

注:式中 A、B 为风管边长。

2)钢板损耗率为 12.8%。

表 4-45　　　　咬口连接矩形风管钢板用量

风管规格 (mm)	m²/m	风管钢板用量(kg/m) 钢板厚度(mm)			
		0.50	0.75	1.00	1.20
120×120	0.546	2.14	3.22	4.29	5.14
160×120	0.637	2.50	3.75	5.00	6.00
160×160	0.728	2.86	4.29	5.71	6.86
200×120	0.728	2.86	4.29	5.71	6.86
200×160	0.819	3.21	4.82	6.43	7.57
200×200	0.910	3.57	5.36	7.14	8.57
250×120	0.842	3.30	4.96	6.61	7.93
250×160	0.933	3.66	5.49	7.32	8.79
250×200	1.024	4.02	6.03	8.04	9.65
250×250	1.138	4.47	6.70	8.93	10.72
320×160	1.092	4.29	6.43	8.57	10.29
320×200	1.184	4.65	6.97	9.29	11.15
320×250	1.297	5.09	7.64	10.18	12.22
320×320	1.457	5.72	8.58	11.44	13.72
400×200	1.366	5.36	8.40	10.72	12.87
400×250	1.479	5.81	8.71	11.61	13.93
400×320	1.639	6.43	9.65	12.87	15.44
400×400	1.821	7.15	10.72	14.29	17.15
500×200	1.593	6.25	9.38	12.51	15.01

续一

风管规格 (mm)	m²/m	风管钢板用量(kg/m) 钢板厚度(mm)			
		0.50	0.75	1.00	1.20
500×250	1.707	6.70	10.05	13.40	16.08
500×320	1.866	7.32	10.99	14.65	17.58
500×400	2.048	8.04	12.06	16.08	19.29
500×500	2.276	8.93	13.40	17.87	21.44
630×250	2.003	7.86	11.79	15.72	18.87
630×320	2.162	8.49	12.73	16.97	20.37
630×400	2.344	9.20	13.80	18.40	22.08
630×500	2.572	10.10	15.14	20.19	24.23
630×630	2.868	11.26	16.89	22.51	27.02
800×320	2.549	10.00	15.01	20.01	24.01
800×400	2.731	10.72	16.08	21.44	25.73
800×500	2.959	11.61	17.42	23.23	27.87
800×630	3.255	12.78	19.17	25.55	30.66
800×800	3.642	14.29	21.44	28.59	34.31
1000×320	3.004	11.93	17.69	23.58	28.30
1000×400	3.186	12.51	18.76	25.01	30.01
1000×500	3.414	13.40	20.10	26.80	32.16
1000×630	3.710	14.56	21.84	29.12	34.59
1000×800	4.097	16.08	24.12	32.16	38.69
1000×1000	4.552	17.87	26.80	35.73	42.88
1250×400	3.755	14.74	22.11	29.48	35.37
1250×500	3.983	15.63	23.45	31.27	37.52
1250×630	4.279	16.80	25.19	33.59	39.54
1250×800	4.666	18.31	27.47	36.63	43.95
1250×1000	5.121	20.10	30.15	40.20	48.24
1600×500	4.780	18.76	28.14	37.52	45.03

续二

风管规格 (mm)	m²/m	风管钢板用量(kg/m)			
		钢板厚度(mm)			
		0.50	0.75	1.00	1.20
1600×630	5.075	19.92	29.88	39.84	47.81
1600×800	5.462	21.44	32.16	42.88	51.45
1600×1000	5.918	23.23	34.85	46.46	55.75
1600×1250	6.487	25.46	38.20	50.92	61.11
2000×800	6.373	25.01	37.52	50.03	60.03
2000×1000	6.828	26.80	40.20	53.60	64.32
2000×1250	7.397	29.03	43.55	58.07	69.68

(5)圆形焊接风管钢板用量。

1)表 4-46 所示为圆形焊接风管钢板用量计算表,其依据下列公式编制:

①每米风管钢板用量$(m^2/m)=3.391D$;

②每米风管钢板用量$(kg/m)=3.391D×$每平方米钢板重量。

注:式中 D 为风管直径。

2)每平方米钢板质量:$11.78kg/m^2(\delta=1.5mm)$、$15.7kg/m^2(\delta=2mm)$;$19.63kg/m^2(\delta=2.5mm)$;$23.55kg/m^2(\delta=3mm)$。

3)钢板损耗率为 8%。

表 4-46　　　　圆形焊接风管钢板用量

风管直径 (mm)	m²/m	风管钢板用量(kg/m)			
		钢板厚度(mm)			
		1.5	2.0	2.5	3.0
110	0.373	4.394	5.856	7.322	8.784
115	0.390	4.594	6.123	7.656	9.185
130	0.441	5.195	6.924	8.657	10.386
140	0.475	5.596	7.458	9.324	11.186
150	0.509	5.996	7.991	9.992	11.987

续一

风管直径 (mm)	m^2/m	风管钢板用量(kg/m)			
		钢板厚度(mm)			
		1.5	2.0	2.5	3.0
165	0.560	6.597	8.792	10.993	13.188
175	0.593	6.986	9.310	11.641	13.965
195	0.661	7.787	10.378	12.975	15.567
215	0.729	8.588	11.445	14.310	17.168
235	0.797	9.389	12.513	15.645	18.769
265	0.899	10.590	14.114	17.647	21.171
280	0.949	11.179	14.899	18.629	22.349
285	0.966	11.379	15.166	18.963	22.749
295	1.000	11.780	15.700	19.630	23.55
320	1.085	12.781	17.035	21.299	25.552
325	1.102	12.982	17.301	21.632	25.952
375	1.272	14.984	19.970	24.969	29.956
395	1.339	15.773	21.022	26.285	31.533
440	1.492	17.576	23.424	29.288	35.137
495	1.679	19.779	26.360	32.959	39.540
545	1.848	21.769	29.014	36.276	43.520
595	2.018	23.772	31.683	39.613	47.524
600	2.035	23.972	31.950	39.947	47.924
625	2.119	24.962	33.268	41.596	49.902
660	2.238	26.364	35.137	43.932	52.705
695	2.357	27.765	37.005	46.268	55.507
770	2.611	30.758	40.993	51.254	61.489
775	2.628	30.958	41.260	51.588	61.889
795	2.696	31.759	42.327	52.922	63.491
825	2.798	32.960	43.929	54.925	65.893
855	2.899	34.150	45.514	56.907	68.271

续二

风管直径 (mm)	风管钢板用量(kg/m)				
	m²/m	钢板厚度(mm)			
		1.5	2.0	2.5	3.0
880	2.984	35.152	46.849	58.576	70.273
885	3.001	35.352	47.116	58.910	70.674
945	3.204	37.743	50.303	62.895	75.454
985	3.340	39.345	52.438	65.564	78.657
995	3.374	39.746	52.972	66.232	79.458
1025	3.475	40.936	54.558	68.214	81.836
1100	3.730	43.939	48.561	73.220	87.842
1200	4.069	47.933	63.883	79.874	95.825
1250	4.239	49.935	66.552	83.212	99.828
1325	4.493	52.928	70.540	88.198	105.810
1425	4.832	56.921	75.862	94.852	113.794
1540	5.222	61.515	81.985	102.508	122.978

(6)矩形焊接风管钢板用量。

表 4-47 所示为矩形焊接风管钢板用量计算表,其依据下列公式编制:

1)风管钢板用量$(m^2/m) = 2.16(A+B)$;

2)风管钢板用量$(kg/m) = 2.16(A+B) \times$每平方米钢板质量。

注:式中 A、B 为风管边长。

表 4-47　　　矩形焊接风管钢板用量

风管规格 A×B (mm)	风管钢板用量(kg/m)				
	m²/m	钢板厚度(mm)			
		1.5	2.0	2.5	3.0
120×120	0.518	6.102	8.133	10.168	12.199
160×120	0.605	7.127	9.499	11.876	14.248
160×160	0.691	8.140	10.849	13.564	16.273

续一

风管规格 $A\times B$ (mm)	m^2/m	风管钢板用量(kg/m)			
		钢板厚度(mm)			
		1.5	2.0	2.5	3.0
200×120	0.691	8.140	10.849	13.564	16.273
200×160	0.778	9.165	12.215	15.272	18.322
200×200	0.864	10.178	13.565	16.960	20.347
250×120	0.799	9.412	12.544	15.684	18.816
250×160	0.886	10.437	13.910	17.392	20.865
250×200	0.972	11.450	15.260	19.080	22.891
250×250	1.080	12.722	16.956	21.200	25.434
320×160	1.037	12.216	16.281	20.356	24.421
320×200	1.123	13.229	17.631	22.044	26.447
320×250	1.231	14.501	19.327	24.165	28.990
320×320	1.382	16.280	21.697	27.129	32.546
400×200	1.296	15.267	20.347	25.440	30.521
400×250	1.404	16.539	22.043	27.561	33.064
400×320	1.555	18.318	24.414	30.525	36.620
400×400	1.728	20.356	27.130	33.921	40.694
500×200	1.512	17.811	23.738	29.681	35.608
500×250	1.620	19.084	25.434	31.801	38.151
500×320	1.771	20.862	27.805	74.765	41.707
500×400	1.944	22.900	30.521	38.161	45.781
500×500	2.160	25.445	33.912	42.401	50.868
630×250	1.901	22.394	29.846	37.317	44.769
630×320	2.052	24.173	32.216	40.281	48.325
630×400	2.225	26.211	34.933	43.677	52.399
630×500	2.441	28.755	38.324	47.917	57.486
630×630	2.722	32.065	42.735	53.433	64.103
800×320	2.419	28.496	37.978	47.485	56.967

续二

风管规格 $A \times B$ (mm)	m^2/m	风管钢板用量(kg/m)			
		钢板厚度(mm)			
		1.5	2.0	2.5	3.0
800×400	2.592	30.534	40.694	50.881	61.042
800×500	2.808	33.078	44.086	55.121	66.128
800×630	3.089	36.388	48.497	60.637	72.746
800×800	3.456	40.712	54.259	67.841	81.389
1000×320	2.851	33.585	44.761	55.965	67.141
1000×400	3.024	35.623	47.477	59.361	71.215
1000×500	3.240	38.167	50.868	63.601	76.302
1000×630	3.521	41.477	55.280	69.117	82.920
1000×800	3.888	45.801	61.042	76.321	91.562
1000×1000	4.320	50.890	67.824	84.802	101.736
1250×400	3.564	41.984	55.955	69.961	83.932
1250×500	3.780	44.528	59.346	74.201	89.019
1250×630	4.061	47.839	63.758	79.717	95.637
1250×800	4.428	52.162	69.520	86.922	104.279
1250×1000	4.860	57.251	76.302	95.402	114.453
1600×500	4.536	53.434	71.215	89.042	106.823
1600×630	4.817	56.744	75.627	94.558	113.440
1600×800	5.184	61.068	81.389	101.762	122.083
1600×1000	5.616	66.156	88.171	110.242	132.257
1600×1250	6.156	72.518	96.649	120.842	144.974
2000×800	6.048	71.245	94.954	118.722	142.430
2000×1000	6.480	76.334	101.736	127.202	152.604
2000×1250	7.020	82.696	110.214	137.803	165.320

【例 4-13】 如图 4-30 所示,某通风系统由薄钢板圆形风管和镀锌钢管矩形风管组成,其中圆形风管直径为 600mm,长度为 $L=64m$。矩形风管尺寸为 400mm×500mm,长度 $L=100m$。计算风管制作安装工程量。

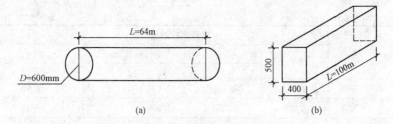

图 4-30 某通风系统示意图
(a)圆形风管；(b)镀锌钢管矩形风管

【解】

(1)圆形风管展开周长为：$\pi D = 3.14 \times 0.6 = 1.88 \text{m}$

圆形风管制作安装工程量为：$\pi DL = 1.88 \times 64 = 120.32 \text{m}^2$

(2)矩形风管展开周长为：$2(a+b) = 2 \times (0.5 + 0.4) = 1.8 \text{m}$

矩形风管制作安装工程量为：$2(a+b) \cdot L = 1.8 \times 100 = 180 \text{m}^2$

工程量计算结果见表 4-48。

表 4-48　　　　　　　工程量计算表

项目编码	项目名称	项目特征描述	计量单位	工程量
030702001001	碳钢通风管道	薄钢板圆形风管，$D=600\text{mm}$	m²	120.32
030702001002	碳钢通风管道	镀锌钢管矩形风管，400mm×500mm	m²	180

【例 4-14】 如图 4-31 所示，某通风系统设计圆形渐缩风管均匀送风，采用 $\delta=1\text{mm}$ 的镀锌钢板，风管直径为 $D_1=800\text{mm}$，$D_2=400\text{mm}$，风管中心线长度为 100m；计算圆形渐缩风管的制作安装工程量。

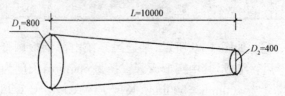

图 4-31　圆形渐缩风管示意图

【解】圆形渐缩风管的平均直径：

$$D=(D_1+D_2)\div 2=(800+400)\div 2=600\text{mm}$$

制作安装工程量：

$$F=\pi LD=\pi\times 100\times 0.6=188.4\text{m}^2$$

工程量计算结果见表4-49。

表4-49　　　　　　　　清单工程量计算表

项目编码	项目名称	项目特征描述	计量单位	工程量
030702001001	碳钢通风管道	圆形渐缩镀锌钢管，$D_1=800\text{m}, D_2=400\text{m}$	m²	188.4

【例4-15】 如图4-32所示为碳钢通风管道正插三通示意图，试计算其工程量。

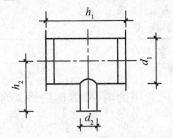

$h_1=2.1\text{m}$
$d_1=1.1\text{m}$
$h_2=1.4\text{m}$
$d_2=0.45\text{m}$

图4-32　正插三通示意图

【解】正插三通工程量 $=\pi d_1 h_1+\pi d_2 h_2$
$$=3.14\times(1.1\times 2.1+0.45\times 1.4)$$
$$=9.23\text{m}^2$$

工程量计算结果见表4-50。

表4-50　　　　　　　　工程量计算表

项目编码	项目名称	项目特征描述	计量单位	工程量
030702001001	碳钢通风管道	$h_1=2100\text{mm}, h_2=1400\text{mm}$，$d_1=1100\text{mm}, d_2=450\text{mm}$	m²	9.23

三、净化通风管

(一)工程量清单项目设置

净化通风管道工程量清单项目设置见表 4-51。

表 4-51　　净化通风管道工程量清单项目设置

项目编码	项目名称	项目特征	计量单位	工作内容
030702002	净化通风管道	1. 名称 2. 材质 3. 形状 4. 规格 5. 板材厚度 6. 管件、法兰等附件及支架设计要求 7. 接口形式	m^2	1. 风管、管件、法兰、零件、支吊架制作、安装 2. 过跨风管落地支架制作、安装

(二)工程量清单项目说明

净化通风管道是指对通风管道的内、外表面进行处理,使其表面洁净、卫生。

1. 风管制作

(1)下料。风管在展开下料过程中,尽量节省材料、减少板材切口和咬口,要进行合理的排版。板料拼接时,不论咬接或焊接等,均不得有十字交叉缝。空气净化系统风管制作时,板材应减少拼接,矩形底边宽度≤900mm 时,不得有接拼缝;当宽度>900mm 时,减少纵向接缝,不得有横向拼接缝。并且板材加工前应除尽表面油污和积尘,清洗时要用中性洗涤剂。

(2)风管的闭合成型与接缝。制作风管时,采用咬接或焊接取决于板材的厚度及材质。在可能的情况下,应尽量采用咬接。因为咬接的口缝可以增加风管的强度,变形小、外形美观。风管采用焊接的特点是严密性好,但焊后往往容易变形,焊缝处容易锈蚀或氧化。在大于1.2mm厚的普通钢板接缝用电焊；大于2mm接缝时可采用气焊。

(3)风管的加固。

1)圆形风管(不包括螺旋风管)直径大于等于800mm,且其管段长度大于1250mm或总表面积大于4m²均应采取加固措施。

2)矩形风管边长大于630mm、保温风管边长大于800mm,管段长度大于1250mm或低压风管单边平面积大于1.2m²,中、高压风管大于1.0m²,均应采取加固措施。

3)非规则椭圆风管的加固,应参照矩形风管执行。

2. 风管安装

空气洁净系统的风管安装方法,总的来说与一般通风空调系统基本相同。不同之处在于空气洁净系统的特殊性,必须保证在清洁的环境中进行安装,并且在管道、电气、风管及土建施工之间必须按照一个合理的程序进行施工,才能保证风管安装后的洁净性和密封性。

在施工安装过程中,各专业必须密切配合。风管系统的密封好坏,除决定于风管的咬口、组装法兰的风管翻边的质量外,还决定于法兰与法兰连接的密封垫料。法兰密封垫料应选用不透气、不产尘、弹性好的材料,一般常选用橡胶板、闭孔海绵橡胶板等。严禁采用乳胶海绵、泡沫塑料、厚纸板、石棉绳、铅油、麻丝及油毡纸等易产生灰尘的材料。密封垫片的厚度,应根据材料弹性大小决定,一般为56mm。密封垫片的宽度,应与法兰边宽相等,并应保证一对法兰的密封垫片的规格、性能及厚度相同。严禁在密封垫片上涂刷涂料,否则将会脱层、漏气,影响其密封性。

法兰垫片采用板状截成条状时,应尽量减少接头。其接头形式应采用不漏气的梯形或楔形,并在接缝处涂抹密封胶,应做到严密不漏,其接头形式如图4-33所示。为了保证密封垫片的密封性和防止法兰连接时的错位,应把法兰面和密封垫片擦拭干净,涂胶粘牢在法兰上,应注意,不得有隆起或虚脱现象。法兰均匀拧紧后,密封垫片内侧应与风管内壁平。

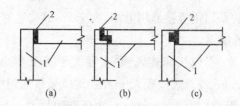

图 4-33 密封垫片的接头形式
(a)对接不正确；(b)梯形接正确；(c)企口接正确
1—密封垫；2—密封胶

(三)工程量计算

(1)净化通风管道工程量按设计图示内径尺寸以展开面积计算；风管长度一律以设计图示中心线长度为准(主管与支管以其中心线交点划分)，包括弯头、三通、变径管、天圆地方等管件的长度，但不包括部件所占的长度。风管展开面积不包括风管、管口重叠部分面积。直径和周长按图示尺寸为准展开。

(2)渐缩管计算：圆形风管按平均直径，矩形风管按平均周长。

(3)净化风管钢板用量。

1)表 4-52 所示为净化风管钢板用量表，其依据下列公式编制：

①每米风管钢板用量$(m^2/m) = 2.298(A+B)$；

②每米风管钢板用量$(kg/m) = 2.298(A+B) \times$每平方米钢板质量。

2)钢板损耗率为 14.9%。

表 4-52　　　　　　　净化风管钢板用量表

风管规格 (mm×mm)	m²/m	风管钢板用量(kg/m)			
		钢 板 厚 度(mm)			
		0.50	0.75	1.00	1.20
120×120	0.552	2.17	3.25	4.33	5.20
160×120	0.643	2.52	3.79	5.05	6.06
160×160	0.735	2.88	4.33	5.77	6.92
200×120	0.735	2.88	4.33	5.77	6.92
200×160	0.827	3.25	4.87	6.49	7.79

续一

风管规格 (mm×mm)	m²/m	风管钢板用量(kg/m) 钢 板 厚 度(mm)			
		0.50	0.75	1.00	1.20
200×200	0.919	3.61	5.41	7.21	8.66
250×120	0.850	3.34	5.00	6.67	8.01
250×160	0.942	3.70	5.55	7.39	8.87
250×200	1.034	4.06	6.09	8.12	9.74
250×250	1.149	4.51	6.77	9.02	10.82
320×160	1.103	4.33	6.49	8.66	10.39
320×200	1.195	4.69	7.04	9.38	11.26
320×250	1.310	5.14	7.71	10.28	12.34
320×320	1.471	5.77	8.66	11.55	13.86
400×200	1.379	5.41	8.12	10.83	12.99
400×250	1.494	5.86	8.80	11.73	14.07
400×320	1.655	6.50	9.74	12.99	15.59
400×400	1.838	7.21	10.82	14.43	17.31
500×200	1.609	6.32	9.47	12.63	15.16
500×250	1.724	6.77	10.15	13.53	16.24
500×320	1.884	7.39	11.09	14.79	17.75
500×400	2.068	8.12	12.18	16.23	19.48
500×500	2.298	9.02	13.53	18.04	21.65
630×250	2.022	7.94	11.91	15.87	19.05
630×320	2.183	8.57	12.85	17.14	20.56
630×400	2.370	9.30	13.95	18.60	22.33
630×500	2.597	10.19	15.29	20.39	24.46
630×630	2.895	11.36	17.05	22.73	27.27
800×320	2.574	10.10	15.16	20.21	24.25
800×400	2.758	10.83	16.24	21.65	25.98
800×500	2.987	11.72	17.59	23.45	28.14

续二

风管规格 (mm×mm)	m²/m	风管钢板用量(kg/m) 钢 板 厚 度(mm)			
		0.50	0.75	1.00	1.20
800×630	3.286	12.90	19.35	25.80	30.95
800×800	3.677	14.43	21.65	28.86	34.64
1000×320	3.033	11.90	17.86	23.81	28.57
1000×400	3.217	12.63	18.94	25.25	30.30
1000×500	3.447	13.53	20.30	27.06	32.47
1000×630	3.746	14.70	22.06	29.41	35.29
1000×800	4.136	16.23	24.35	32.47	38.96
1000×1000	4.596	18.04	27.06	36.08	43.29
1250×400	3.792	14.88	22.33	29.77	35.72
1250×500	4.022	15.79	23.68	31.57	37.89
1250×630	4.320	16.96	25.44	33.91	40.69
1250×800	4.711	18.49	27.74	36.98	44.38
1250×1000	5.171	20.30	30.45	40.59	48.71
1600×500	4.826	18.94	28.42	37.88	45.46
1600×630	5.125	20.12	30.18	40.23	48.28
1600×800	5.515	21.65	32.47	43.29	51.95
1600×1000	5.975	23.45	35.18	46.90	56.28
1600×1250	6.549	25.70	38.56	51.41	61.69
2000×800	6.434	25.25	37.88	50.51	60.61
2000×1000	6.894	27.06	40.59	54.12	64.94
2000×1250	7.469	29.32	43.98	58.63	70.36

(4)净化通风管道辅材用量。

净化通风管道辅材用量计算见表4-53。

表 4-53　　净化通风管道辅材用量计算表　　kg/10m

风管规格 $A\times B$(mm)	角 钢 ∠ 60	圆 钢 $\phi10\sim\phi14$	电 焊 条 $\phi3.2$ 结 422	镀锌六角带帽螺栓 M8×75 以下(10 套)
120×120	27.706	0.672	1.075	10.128
160×120	32.323	0.784	1.254	11.816
160×160	36.941	0.896	1.434	13.504
200×120	36.941	0.896	1.434	13.504
200×160	41.558	1.064	1.613	15.192
200×200	46.176	1.120	1.792	16.880
250×120	42.713	1.036	1.658	15.614
250×160	47.314	1.205	1.009	9.758
250×200	51.930	1.323	1.107	10.710
250×250	57.720	1.470	1.230	11.900
320×160	55.392	1.411	1.181	11.424
320×200	60.008	1.529	1.279	12.376
320×250	65.778	1.676	1.402	13.566
320×320	73.856	1.882	1.574	15.232
400×200	69.240	1.764	1.476	14.280
400×250	75.010	1.911	1.599	15.470
400×320	83.088	2.117	1.771	17.136
400×400	92.320	2.352	1.968	19.040
500×200	80.780	2.058	1.722	16.660
500×250	86.550	2.205	1.845	17.850
500×320	94.628	2.411	2.017	19.516
500×400	103.860	2.646	2.214	21.420
500×500	115.440	2.940	2.460	23.800
630×250	101.552	2.587	2.165	20.944
630×320	109.668	2.793	2.337	22.610
630×400	129.409	4.120	1.030	11.124

续表

风管规格 $A\times B$(mm)	角 钢 $<$∟60	圆 钢 $\phi 10\sim\phi 14$	电 焊 条 $\phi 3.2$ 结422	镀锌六角带帽螺栓 M8×75以下(10套)
630×500	141.973	4.520	1.130	12.204
630×630	158.306	5.040	1.260	13.608
800×320	140.717	4.480	1.120	12.096
800×400	150.768	4.800	1.200	12.960
800×500	163.332	5.200	1.300	14.040
800×630	179.665	5.720	1.430	15.444
800×800	201.024	6.400	1.600	17.280
1000×320	165.845	5.280	1.320	14.256
1000×400	175.896	5.600	1.400	15.120
1000×500	188.460	6.000	1.500	16.200
1000×630	204.793	6.250	1.630	17.604
1000×800	226.152	7.200	1.800	19.440
1000×1000	251.280	8.000	2.000	21.600
1250×400	207.306	6.600	1.650	17.820
1250×500	219.870	7.000	1.750	18.900
1250×630	236.203	7.520	1.880	20.304
1250×800	257.562	10.373	1.312	17.630
1250×1000	282.690	11.385	1.440	19.350
1600×500	263.844	10.626	1.376	18.060
1600×630	280.177	11.284	1.427	19.178
1600×800	301.536	12.144	1.536	20.640
1600×1000	326.664	13.156	1.664	22.360
1600×1250	358.074	14.421	1.824	24.510
2000×800	351.792	14.168	1.792	24.080
2000×1000	376.920	15.180	1.920	25.800
2000×1250	408.330	16.445	2.080	27.950

【例 4-16】 如图 4-34 所示为净化通风管道示意图,试计算其工程量。

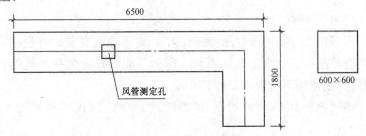

图 4-34 净化通风管道示意图

【解】

净化通风管工程量 $= 2 \times (0.6+0.6) \times (6.5-0.3+1.8-0.3)$
$= 18.48 \mathrm{m}^2$

工程量计算结果见表 4-54。

表 4-54　　　　　　　　工程量计算表

项目编码	项目名称	项目特征描述	计量单位	工程量
030702002001	净化通风管道	净化通风管道,600mm×600mm	m²	18.48

四、不锈钢板通风管道

(一)工程量清单项目设置

不锈钢板风管工程量清单项目设置见表 4-55。

表 4-55　　　　　不锈钢板风管工程量清单项目设置

项目编码	项目名称	项目特征	计量单位	工程内容
030702003	不锈钢板通风管道	1. 名称 2. 形状 3. 规格 4. 板材厚度 5. 管件、法兰等附件及支架设计要求 6. 接口形式	m²	1. 风管、管件、法兰、零件、支吊架制作、安装 2. 过跨风管落地支架制作、安装

(二)工程量清单项目说明

1. 不锈钢板

不锈钢板主要用于食品、医药、化工、电子仪表专业的工业通风系统和有较高净化要求的送风系统。印染行业为排除含有水蒸气的排风系统,也使用不锈钢板来加工风管。

不锈钢板用热轧或冷轧方法制成。冷轧钢板的厚度尺寸为 0.54mm。

不锈钢板风管的设计尺寸确定板材厚度见表 4-56。

表 4-56　　　高、中、低压系统不锈钢板风管板材厚度　　　　mm

风管直径 D 或长边尺寸 b	$D(b) \leqslant 500$	$500 < D(b) \leqslant 1120$	$1120 < D(b) \leqslant 2000$	$2000 < D(b) \leqslant 4000$
不锈钢板厚度	0.5	0.75	1.0	1.2

2. 不锈钢板风管制作

(1)加工场地(平台)应铺设木板或橡胶板,工作前要把板上的铁屑、铁锈等杂物清扫干净。

(2)画线时,不要用锋利的金属划针在不锈钢板表面画辅助线和冲眼,应先用其他材料做好样板,再到不锈钢板上套材下料。

(3)由于不锈钢板的强度和韧性较高,而一般加工机械的工作能力都是按普通钢板设计制造的,因此,采用机械加工时,不要使机械超载工作,防止机械过度磨损或损坏。剪切不锈钢板时,应仔细调整好上、下刀刃的间隙,刀刃间的间隙一般为板材厚度的 0.04 倍。

(4)制作不锈钢风管,当板厚大于 1mm 时采用焊接;当板厚等于或小于 1mm 时,采用咬口连接。

(5)手工咬口时,要用木制或不锈钢、铜质的手工工具,不要用普通钢质工具。用机械加工应清除机台上的铁屑、铁锈等杂物。制作咬口应该一次成功,如反复拍制将导致加工困难,甚至产生破裂。

(6)采用焊接时,一般用氩弧焊或电弧焊,而不采用气焊。因为气焊对板材的热影响区域大,受热时间长,破坏不锈钢的耐腐蚀性,使板材产生较大的局部变形。焊接前,可用汽油、丙酮将焊缝处的油污清洗干净,以防焊缝出现气孔、砂眼。

用氩弧焊焊接不锈钢,加热集中,热影响区域小,局部变形小。同时氩气保护了熔化的金属,因而焊缝具有较高的强度和耐腐蚀性。

用电弧焊焊接不锈钢板时,一般应在焊缝的两侧表面涂白垩粉,以免焊渣飞溅物黏附在表面上。焊接后,应清除焊渣和飞溅物,然后用10%的硝酸溶液酸洗,再用热水冲洗干净。

(7)制作配件、部件要在不锈钢上钻孔时,须使用高速钢钻头,钻头的顶尖角度在118°~122°之间。切削速度不宜太快,约为钻削普通钢速度的一半。速度太快,容易烧坏钻头。

钻孔时要先对准样冲眼中心,并在不锈钢下垫上硬实的物件,然后施加压力,让钻头切削而不在不锈钢表面旋转摩擦。不然,将使不锈钢表面硬化,加大钻削的困难。

(8)不锈钢风管的法兰应采用不锈钢板制作,如果条件不允许,采用普通碳素钢法兰代用时,必须采取有效的防腐蚀措施,如在法兰上喷涂防锈底漆和绝缘漆等。

(9)不锈钢板风管与配件的表面,不得有划伤等缺陷;加工和堆放应避免与碳素钢材料接触。不锈钢板可以用喷砂方法消除表面的划痕、擦伤,使表面产生新的钝化膜,提高不锈钢板的防腐蚀性能。

3. 风管焊接

(1)风管的焊缝形式。

1)对接焊缝:用于板材的拼接或横向缝及纵向闭合缝,如图4-35(a)、(b)所示。

2)搭接焊缝:用于矩形风管或管件的纵向闭合缝或矩形风管的弯头、三通的转角缝等,如图4-35(c)、(d)所示。一般搭接量为10mm,焊接前先画好搭接线,焊接时按线点焊好,再用小锤使焊缝密合后再进行连续焊接。

3)翻边焊缝:用于无法兰连接及圆管、弯头的闭合缝。当板材较薄用气焊时使用,如图 4-35(e)、(f)所示。

4)角焊缝:用于矩形风管或管件的纵向闭合缝或矩形弯头、三通的转向缝,圆形、矩形风管封头闭合缝,如图 4-35(c)、(d)、(f)所示。

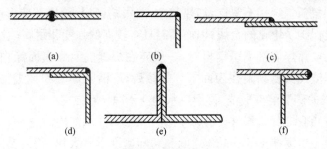

图 4-35　焊缝形式

(a)横向对接缝;(b)纵向闭合对接缝;(c)横向搭接缝;(d)纵向闭合搭接缝;
(e)三通转向缝;(f)封闭角焊缝

(2)金属风管焊接接头形式。金属风管的焊接接头形式有 9 种,如图 4-36 所示。

焊接前,应将焊缝区域的油脂、污物清除干净,以防止焊缝出现气孔、砂眼。清洗可用汽油、丙酮等进行。用电弧焊焊接不锈钢板时,一般应在焊缝的两侧表面涂上白灰粉,以免焊渣飞溅物黏附在板材的表面上。

焊接后,应注意清除焊缝处的熔渣,并用铜丝刷子刷出金属光泽,再用 10% 硝酸溶液酸洗,随后用热水清洗。

4. 风管法兰制作

法兰按风管断面形状,分为圆形法兰和矩形法兰。法兰制作所用材料规格应根据圆形风管的直径或矩形风管的长边边长来确定。法兰上螺栓及铆钉的间距:中、低压系统风管不得大于 150mm;高压系统风管不得大于 100mm。矩形风管法兰的四角部位应设有螺孔。

(三)工程量计算

(1)按设计图示内径尺寸以展开面积计算;风管长度一律以设计图示中心线长度为准(主管与支管以其中心线交点划分),包括弯头、

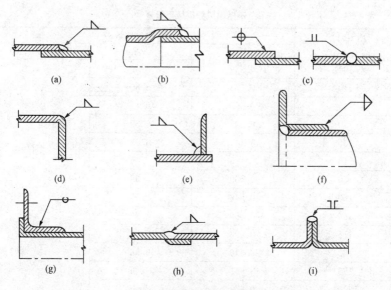

图 4-36 金属风管焊接接头形式
(a)圆形与矩形风管的纵缝;(b)圆形风管及配件的环缝;
(c)圆形风管法兰及配件的焊缝;(d)矩形风管配件及直缝的焊接;
(e)矩形风管法兰及配件的焊缝;(f)矩形与圆形风管法兰的定位焊;
(g)矩形风管法兰的焊接;(h)螺旋风管的焊接;(i)风箱的焊接

三通、变径管、天圆地方等管件的长度,但不包括部件所占的长度。风管展开面积不包括风管、管口重叠部分面积。直径和周长按图示尺寸为准展开。

(2)渐缩管计算:圆形风管按平均直径,矩形风管按平均周长。

(3)不锈钢风管板材用量。

1)表 4-57 所示为不锈钢风管板材用量表,其依据下列公式编制:

①每米风管钢板用量$(m^2/m)=3.291D$;

②每米风管钢板用量$(kg/m)=3.291D×$每平方米钢板质量。

2)每平方米不锈钢板质量为:$15.7kg/m^2(\delta=2mm)$;$23.55kg/m^2(\delta=3mm)$。

3)板材损耗率为 8%。

表 4-57　　　　　　　不锈钢风管钢板用量表

风管直径 (mm)	风管钢板用量		钢板厚度(mm)
	m²/m	kg/m	
100	0.339	5.32	
110	0.373	5.86	
115	0.390	6.12	
120	0.407	6.39	
130	0.441	6.92	
140	0.475	7.46	
150	0.509	7.99	
160	0.543	8.53	
165	0.560	8.79	
175	0.593	9.31	
180	0.610	9.58	
195	0.661	10.38	
200	0.678	10.64	
215	0.729	11.45	
220	0.746	11.71	
235	0.797	12.51	2
250	0.848	13.31	
265	0.899	14.11	
280	0.949	14.90	
285	0.966	15.17	
295	1.000	15.70	
320	1.085	17.03	
325	1.102	17.30	
360	1.221	19.17	
375	1.272	19.97	
395	1.339	21.02	
400	1.356	21.29	
440	1.492	23.42	
450	1.526	23.96	
495	1.679	26.36	
500	1.696	26.63	

续表

风管直径 (mm)	风管钢板用量		钢板厚度(mm)
	m²/m	kg/m	
545	1.848	43.52	
560	1.899	44.72	
595	2.018	47.52	
600	2.035	47.92	
625	2.119	49.90	
630	2.136	50.30	
660	2.238	52.70	
695	2.357	55.51	
700	2.374	55.91	
770	2.611	61.49	
775	2.628	61.89	
795	2.696	63.49	
800	2.713	63.89	
825	2.798	65.89	
855	2.899	68.27	
880	2.984	70.27	
885	3.001	70.67	
900	3.052	71.87	
945	3.204	75.45	3
985	3.340	78.66	
995	3.374	79.46	
1000	3.391	79.86	
1025	3.476	81.86	
1100	3.730	87.84	
1120	3.798	89.44	
1200	4.069	95.82	
1250	4.239	99.83	
1325	4.493	105.81	
1400	4.747	111.79	
1425	4.832	113.79	
1540	5.222	122.98	
1600	5.426	127.78	
1800	6.104	143.75	
2000	6.782	159.72	

【例 4-17】 如图 4-37 所示为不锈钢板风管斜插三通示意图,试计算其工程量。

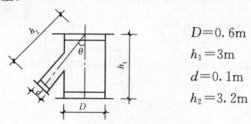

$D = 0.6\text{m}$
$h_1 = 3\text{m}$
$d = 0.1\text{m}$
$h_2 = 3.2\text{m}$

图 4-37 斜插三通示意图

【解】 斜插三通工程量 $= \pi D h_1 + \pi d h_2$
$= 3.14 \times (0.6 \times 3 + 0.1 \times 3.2)$
$= 6.66 \text{m}^2$

工程量计算结果见表 4-58。

表 4-58　　　　　　　　　工程量计算表

项目编码	项目名称	项目特征描述	计量单位	工程量
030702003001	不锈钢板通风管道	斜插三通,$D = 600\text{mm}$,$d = 100\text{mm}$	m^2	6.66

五、铝板通风管道

(一)工程量清单项目设置

铝板通风管道工程量清单项目设置见表 4-59。

表 4-59　　　　　铝板通风管道工程量清单项目设置

项目编码	项目名称	项目特征	计量单位	工作内容
030702004	铝板通风管道	1. 名称 2. 形状 3. 规格 4. 板材厚度 5. 管件、法兰等附件及支架设计要求 6. 接口形式	m^2	1. 风管、管件、法兰、零件、支吊架制作、安装 2. 过跨风管落地支架制作、安装

(二)工程量清单项目说明

1. 常用铝板及铝合金板规格

铝板质轻,表面光洁、色泽美观,具有良好的可塑性,对浓硝酸、醋酸、稀硫酸有一定的抗腐蚀能力,但容易被盐酸和碱类腐蚀。铝板在空气中和氧接触时,表面生成一层氧化铝薄膜。常用于防爆通风系统的风管及部件以及排放含有大量水蒸气的排风或车间内含有大量水蒸气的送风系统。铝板不能与其他金属长期接触,以免产生电化学腐蚀。

铝板及铝合金板规格见表4-60。

表4-60　　　　　铝板及铝合金板

厚 度(mm)	0.3	0.4	0.5	0.6	0.7	0.8	0.9	1.0	1.2	1.5	1.8	2.0
理论质量(kg/m²)	0.84	1.12	1.4	1.68	1.96	2.24	2.52	2.80	3.36	4.20	5.04	5.60
宽 度(mm)	400,600,800,1000,1200,1500,1600,1800,2000,2200,2400,2500											
长 度(mm)	2000,2500,3000,3500,4000,4500,5000,5500,6000,7000,8000,9000,10000											

中、低压系统铝板风管板材厚度见表4-61。

表4-61　　　中、低压系统铝板风管板材厚度　　　　　　mm

风管直径或长边尺寸 b	铝板厚度
$b \leqslant 320$	1.0
$320 < b \leqslant 630$	1.5
$630 < b \leqslant 2000$	2.0
$2000 < b \leqslant 4000$	按设计

2. 铝板通风管道焊接

(1)铝板风管在焊接前,焊口必须脱脂及清除氧化膜。可以使用不锈钢丝刷。清除后在2~3h内必须进行焊接。清除后还须进行脱脂处理。脱脂使用航空汽油、工业酒精、四氯化碳等清洗剂和木屑进行清洗。

(2) 在对口的过程中,要使焊口达到最小间隙,以避免焊接时产生透烧现象。

(3) 铝板风管焊缝质量应符合以下要求:

1) 焊缝表面不应有裂纹、烧穿、漏焊等缺陷。

2) 纵向焊缝必须错开。

3) 焊缝应平整,焊接时应轮流对称点焊以防止变形,焊缝宽度应均匀,焊后焊缝应进行清理,去除焊渣。

3. 铝板法兰制作

铝板法兰用扁铝或角铝制作。如果要用角钢代替铝板法兰时,应做好绝缘防腐处理,防止铝板风管与碳素钢法兰接触后产生电化学腐蚀,降低铝板风管的使用寿命。一般是在角钢法兰表面镀锌或喷涂绝缘漆。

4. 铝板风管的制作

通风工程中常用的是纯铝板和经过退火处理的铝合金板。铝和空气中的氧接触可在其表面形成氧化铝薄膜,能防止外部的腐蚀。铝有较好的抗化学腐蚀性能,能抵抗硝酸的腐蚀,但易被盐酸和碱类所腐蚀。

(1) 加工场地(平台)。为防止砂石及其他杂物对铝板表面造成硬伤,在加工的地面上须预先铺一层橡胶板。并且要随时清除各种废金属屑、边角料、焊条头子等杂物。

(2) 机械要求。所用的加工机械要清洁。如卷板机辊轴上不能有加工碳钢板时黏附上的氧化皮和铁屑等。

(3) 连接形式。铝板壁厚≤1.5mm 时,可采用咬接;壁厚>1.5mm时,可采用气焊或氩弧焊焊接。

(4) 焊接。由于铝板和焊丝表面一般都覆盖有油污、油漆、氧化铝薄膜,它们阻碍焊缝金属的熔合,使焊缝产生气孔、夹渣,以及未焊透等缺陷,所以在焊接前,应严格清除焊缝边缘两侧 20~30mm 以内和焊丝表面的油污、氧化物等杂质,要使其露出铝的本色。清洁方法有以下两种:

1) 机械法：当铝板表面油污甚微，可用铜丝刷、锉刀、砂布等将焊缝处清除干净。若使用砂布，要注意清除残留于铝板表面的金刚砂粒，以免其进入焊接熔池。

2) 化学清除法：除油污时，若表面比较清洁，可用热水或蒸汽吹洗。若只有轻微油污，可用温度为60～70℃的1%氢氧化钠、5%磷酸钠、2%水玻璃的混合液去除。若油污严重，可用有机溶剂如丙酮、三氯乙烯、汽油、松香水、二氯乙烷、四氯化碳等去除。除氧化铝可用50～60℃、浓度为10%的氢氧化钠溶液清洗。对纯铝一般清洗15～20min。也可先用氧-乙炔加热焊接处至50～60℃，然后在焊缝处周围涂上10%的氢氧化钠溶液，腐蚀2min左右。在实际操作中，焊缝处的温度和溶液浓度很难保证，可观察接口表面的颜色变化来确定，当腐蚀表面完全变白时即可。

经氢氧化钠溶液清洗后，用冷水冲洗，再用20%的硝酸溶液进行中和，然后用冷水洗净。

经中和处理后的焊丝，不得出现麻点、墨斑现象。否则，说明未完全中和，焊丝应重新清洗。清洗合格的焊丝放入100℃左右的烘干炉中烘烤20min，然后放于干净的容器中。清洗好的焊丝只能存放1天，否则，焊前必须重新清洗。

焊接后应用热水去除焊缝表面的焊渣、焊药等。焊缝应牢固，不得有虚焊、穿孔等缺陷。

(5) 铝及铝合金板不得与铜、铁等重金属直接接触，以免产生电化学腐蚀。

(6) 铝板风管采用角形法兰，应以翻边连接，并用铝铆钉固定。用角钢作铝风管的法兰时，角钢必须镀锌或刷绝缘漆。

5. 铝板风管安装

(1) 铝板风管法兰连接应采用镀锌螺栓，并在法兰两侧垫以镀锌垫圈，防止铝法兰被擦伤。

(2) 铝板风管的支架、抱箍应镀锌，或按设计要求作防腐处理。

(3) 铝板风管采用角钢型法兰，应翻边连接，并用铝铆钉固定。

(三)工程量计算

(1)按设计图示内径尺寸以展开面积计算;风管长度一律以设计图示中心线长度为准(主管与支管以其中心线交点划分),包括弯头、三通、变径管、天圆地方等管件的长度,但不包括部件所占的长度。风管展开面积不包括风管、管口重叠部分面积。直径和周长按图示尺寸为准展开。

(2)渐缩管计算:圆形风管按平均直径,矩形风管按平均周长。

(3)风管铝板用量。

1)表4-62所示为风管铝板用量计算表,其依据下列公式编制:

①每米风管铝板用量$(m^2/m) = 3.291D$;

②每米风管铝板用量$(kg/m) = 3.291D \times$每平方米铝板质量。

注:式中D为风管直径。

2)每平方米铝板质量:$5.6 kg/m^2 (\delta = 2mm)$;$8.4 kg/m^2 (\delta = 3mm)$。

3)铝板损耗率为8%。

表4-62　　　　　　　　风管铝板用量

风管直径 (mm)	m^2/m	风管铝板用量(kg/m)	
		铝板厚度(mm)	
		2	3
100	0.339	1.90	2.85
110	0.373	2.09	3.31
115	0.390	2.18	3.28
120	0.407	2.28	3.42
130	0.441	2.47	3.70
140	0.475	2.66	3.99
150	0.509	2.85	4.28
160	0.543	3.04	4.56
165	0.560	3.14	4.70
175	0.593	3.32	4.98

续一

风管直径 (mm)	风管铝板用量(kg/m)		
	m²/m	铝板厚度(mm)	
		2	3
180	0.610	3.42	5.12
195	0.661	3.70	5.55
200	0.678	3.80	5.70
215	0.729	4.08	6.12
220	0.746	4.18	6.27
235	0.797	4.46	6.69
250	0.848	4.75	7.12
265	0.899	5.03	7.55
280	0.949	5.31	7.97
285	0.966	5.41	8.11
295	1.000	5.60	8.40
320	1.085	6.08	9.11
325	1.102	6.17	9.26
360	1.221	6.84	10.26
375	1.272	7.12	10.68
395	1.339	7.50	11.25
400	1.356	7.59	11.39
440	1.492	8.36	12.53
450	1.526	8.55	12.82
495	1.679	9.40	14.10
500	1.696	9.50	14.25
545	1.848	10.35	15.52
560	1.899	10.63	15.95
595	2.018	11.30	16.95
600	2.035	11.40	17.09
625	2.119	11.87	17.80
630	2.136	11.96	17.94
660	2.238	12.53	18.80
695	2.357	13.20	19.80

续二

风管直径 (mm)	风管铝板用量(kg/m)		
	m²/m	铝板厚度(mm)	
		2	3
700	2.374	13.29	19.94
770	2.611	14.62	21.93
775	2.628	14.72	22.08
795	2.696	15.10	22.65
800	2.713	15.19	22.79
825	2.798	15.67	23.50
855	2.899	16.23	24.35
880	2.984	16.71	25.07
885	3.001	16.81	25.21
900	3.052	17.09	25.64
945	3.204	17.94	26.91
985	3.340	18.70	28.06
995	3.374	18.89	28.34
1000	3.391	18.99	28.48
1025	3.476	19.47	29.20
1100	3.730	20.89	31.33
1120	3.798	21.27	31.90
1200	4.069	22.79	34.18
1250	4.239	23.74	35.61
1325	4.493	25.16	37.74
1400	4.747	26.58	39.87
1425	4.832	27.06	40.59
1540	5.222	29.24	43.86
1600	5.426	30.39	45.58
1800	6.104	34.18	51.27
2000	6.782	37.98	56.97

(4)铝板矩形风管铝板用量。

1)表 4-63 所示为铝板矩形风管铝板用量计算表,其依据下列公

式编制:

①铝板用量$(m^2/m)=2.16(A+B)$;

②铝板用量$(kg/m)=2.16(A+B)×$每平方米铝板质量。

2)每平方米铝板质量:$5.6kg/m^2(\delta=2mm);8.4kg/m^2(\delta=3mm)$。

3)铝板损耗率为8%。

表 4-63 铝板矩形风管铝板用量

风管规格 (mm×mm)	(m²/m)	铝板用量(kg/m)	
		铝板厚度(mm)	
		2	3
120×120	0.518	2.90	4.35
160×120	0.605	3.39	5.08
160×160	0.691	3.87	5.80
200×120	0.691	3.87	5.80
200×160	0.778	4.36	6.54
200×200	0.864	4.84	7.26
250×120	0.799	4.47	6.71
250×160	0.886	4.96	7.44
250×200	0.972	5.44	8.16
250×250	1.080	6.05	9.07
320×160	1.037	5.81	8.71
320×200	1.123	6.29	9.43
320×250	1.231	6.89	10.34
320×320	1.382	7.74	11.61
400×200	1.296	7.26	10.89
400×250	1.404	7.86	11.79
400×320	1.555	8.71	13.06
400×400	1.728	9.68	14.52
500×200	1.512	8.47	12.70
500×250	1.620	9.07	13.61
500×320	1.771	9.92	14.88
500×400	1.944	10.89	16.33
500×500	2.160	12.10	18.14

续表

风管规格 (mm×mm)	铝板用量(kg/m)		
	(m²/m)	铝板厚度(mm)	
		2	3
630×250	1.901	10.65	15.97
630×320	2.052	11.49	17.24
630×400	2.225	12.46	18.69
630×500	2.441	13.67	20.50
800×320	2.419	13.55	20.32
800×400	2.592	14.52	21.77

【例 4-18】 如图 4-38 所示为铝板渐缩管均匀送风管,大头直径为 800mm,小头直径为 500mm,其上开一个 280mm×250mm 的风管检查孔,孔长为 18m,试计算其工程量。

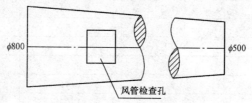

图 4-38 送风管示意图

【解】铝板通风管道工程量 $=\pi(D+d)L/2$
$$=3.14\times(0.8+0.5)\times18/2$$
$$=36.74\text{m}^2$$

工程量计算结果见表 4-64。

表 4-64　　　　　　　　工程量计算表

项目编码	项目名称	项目特征描述	计量单位	工程量
030702004001	铝板通风管道	大头直径 800mm,小头直径为 500mm	m²	36.74

【例 4-19】 如图 4-39 所示为铝板通风管道加弯三通示意图,试计算其工程量。

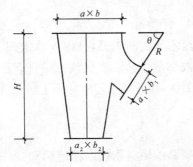

$a \times b = 2000 \times 1560$
$a_1 \times b_1 = 800 \times 500$
$a_2 \times b_2 = 1000 \times 800$
$R = 1000$
$\theta = 45°$
$H = 3200$

图 4-39 加弯三通示意图

【解】加弯三通工程量 $= (a+b+a_2+b_2)H + \dfrac{2}{5}\pi R(a_1+b_1)$

$= (2+1.56+1+0.8) \times 3.2 + \dfrac{2}{5} \times 3.14 \times 1 \times$

$(0.8+0.5)$

$= 18.78 \mathrm{m}^2$

工程量计算结果见表 4-65。

表 4-65　　　　　　　工程量计算表

项目编码	项目名称	项目特征描述	计量单位	工程量
030702004001	铝板通风管道	加弯三通	m²	18.78

六、塑料通风管道

(一)工程量清单项目设置

塑料通风管道工程量清单项目设置见表 4-66。

表 4-66　　　塑料通风管道工程量清单项目设置

项目编码	项目名称	项目特征	计量单位	工作内容
030702005	塑料通风管道	1. 名称 2. 形状 3. 规格 4. 板材厚度 5. 管件、法兰等附件及支架设计要求 6. 接口形式	m²	1. 风管、管件、法兰、零件、支吊架制作、安装 2. 过跨风管落地支架制作、安装

(二)工程量清单项目说明

塑料通风管道是以硬聚氯乙烯树脂为原料,掺入稳定剂、润滑剂等配合后用挤压机连续挤压成形的管道。硬聚氯乙烯具有良好的耐酸、耐碱性能,并具有较高的弹性,在通风工程中常用于输送具有腐蚀性气体通风系统的风管。

1. 硬聚氯乙烯塑料板

硬聚氯乙烯塑料板是由聚氯乙烯树脂掺入稳定剂和少许增塑剂加热制成的。它具有良好的耐腐蚀性,在各种酸类、碱类和盐类的作用下,本身不会产生化学变化,具有化学稳定性。但在强氧化剂如浓硝酸、发烟硫酸和芳香族碳水化合物的作用下是不稳定的。

硬聚氯乙烯板材的表面应平整,不得含有气泡、裂缝;板材的厚度要均匀,无离层等现象。

硬聚氯乙烯塑料板品种和规格见表 4-67。

表 4-67　　　　硬聚氯乙烯塑料板品种和规格

品种	硬聚氯乙烯建筑塑料制品的规格(mm)
硬聚氯乙烯塑料装饰板	厚度:2±0.3,2.5±0.3,3±0.3,3.5±0.35,4±0.4,4.5±0.45,5±0.5,6±0.6,7±0.7,
硬聚氯乙烯塑料地板砖	8±0.8,9±0.9,10±1.0,12±1.0,14±1.1,15±1.2,16±1.3,18±1.4,20±1.5,
硬聚氯乙烯塑料板	22±1.6,24±1.3,25±1.8,28±2.0,30±2.1,32±1.9,35±2.1,38±2.3,40±2.4
高冲击强度硬聚氯乙烯板	宽度:≥700 长度:≥1200

2. 塑料焊条

聚氯乙烯焊条是由聚氯乙烯树脂、增塑剂、稳定剂等混合后挤压而成的实心条状制品,有硬、软两种聚氯乙烯焊条,分别焊接硬聚氯乙烯板风管及部件和焊接软聚氯乙烯板的衬里、地板等。聚氯乙烯塑料焊接所用的焊条有灰色和本色两种,并有单焊条和双焊条之分。

常用塑料焊条规格见表 4-68。

表 4-68　　　　　　　　塑料焊条规格

直径(mm)		长度(mm)	单焊条近似质量	适用焊件厚度
单焊条	双焊条		(kg/根)	(mm)
2.0	2.0	≥500	≥0.24	2～5
2.5	2.5	≥500	≥0.37	6～15
3.0	3.0	≥500	≥0.53	10～20
3.5	—	≥500	≥0.72	—
4.0	—	≥500	≥0.94	—

3. 硬聚氯乙烯板法兰用料规格

硬聚氯乙烯板法兰用料规格见表 4-69、表 4-70。

表 4-69　　　　　　硬聚氯乙烯板圆形法兰用料规格

风管直径	法兰用料规格			镀锌螺栓规格
(mm)	宽×厚(mm)	孔径(mm)	孔数/个	(mm)
100～160	−35×6	7.5	6	M6×30
180	−35×6	7.5	8	M6×30
200～220	−35×8	7.5	8	M6×35
250～320	−35×8	7.5	10	M6×35
360～400	−35×8	9.5	14	M8×35
450	−35×10	9.5	14	M8×40
500	−35×10	9.5	18	M8×40
560～630	−35×10	9.5	18	M8×40
700～800	−35×10	11.5	24	M10×40
900	−35×12	11.5	24	M10×45
1000～1250	−35×12	11.5	30	M10×45
1400	−35×15	11.5	38	M10×45
1600	−40×15	11.5	38	M10×50
1800～2000	−40×15	11.5	48	M10×50

表 4-70　　　　　　硬聚氯乙烯板矩形法兰用料规格

风管大边长(mm)	法 兰 用 料 规 格			镀锌螺栓规格(mm)
	宽×厚(mm)	孔径(mm)	孔数/个	
120～160	－35×6	7.5	3	M6×30
200～250	－35×8	7.5	4	M6×35
320	－35×8	7.5	5	M6×35
400	－35×8	9.5	5	M8×35
500	－35×10	9.5	6	M8×40
630	－40×10	9.5	7	M8×40
800	－40×10	11.5	9	M10×40
1000	－45×12	11.5	10	M10×45
1250	－45×12	11.5	12	M10×45
1600	－50×15	11.5	15	M10×50
2000	－60×18	11.5	18	M10×60

4. 塑料风管制作

塑料风管的制作工序包括板材划线放样、切割下料、坡口、加热成型及焊接等工序。

(1) 板材放样、下料。为防止风管制成后收缩变形,划线放样前应对每批板材进行试验,确定其收缩量,以便划线放样时放出收缩量。塑料板材划线不能用划针,防止板材由于划痕过深而造成折裂。

(2) 板材切割和打坡口。塑料板材切割可采用剪床、锯床或木工工具等工具。切割时应防止板材破裂或过热变形。

(3) 加热成型。由于硬聚氯乙烯板属于热塑性塑料,故可利用其热态下的可塑性,将已切割好的塑料板加热到 80～160℃。当塑料板处于柔软可塑状态时,按所需的形式进行整形,再将其冷却后即可形成整形后的固体状态,即热加工成各种规格的风管和各种形状的配件及管件。

加热聚氯乙烯塑料板可用电加热(电热箱和塑料板折方用管式电加热器等)、蒸汽加热和空气加热等方法,也可用油漆加热槽和热水加热槽。

(4)焊接。风管与套管进行搭接焊接时应注意以下几点:

1)硬聚氯乙烯板风管及配件的连接采用焊接,可分别采用手工焊接和机械热对挤焊接。并保证焊缝应填满,焊条排列应整齐,不得出现焦黄、断裂等缺陷,焊缝强度不得低于母材的60%。坡口及焊缝形式见表4-71。

2)硬聚氯乙烯板风管亦可采用套管连接。其套管的长度宜为150~250mm,其厚度不应小于风管的壁厚,如图4-40(a)所示。

3)硬聚氯乙烯板风管承插连接。当圆形风管的直径≤200mm可采用承插连接,如图4-40(b)所示,插口深度为40~80mm。粘接处的油污应清除干净,粘接应严密、牢固。

表4-71　　　　　　　　坡口及焊缝形式

焊缝形式	焊缝名称	图形	板材厚度(mm)	焊缝张角 $\alpha(°)$	应用说明
对接焊缝	单面焊V形		3~5	50~60	用于只能一面焊的焊缝
对接焊缝	双面焊V形		5~8	50~60	反面焊1~2根焊条可用于厚板的焊缝
对接焊缝	双面焊V形		≥8	50~60	焊缝强度好,用于风管法兰及厚板的拼接
搭接焊缝	搭接焊		3~10	—	用于风管的硬套管和软管连接
填角焊缝	填角焊无坡角		6~18	—	用于风管和配件的加固

续表

焊缝形式	焊缝名称	图 形	板材厚度(mm)	焊缝张角 $\alpha(°)$	应 用 说 明
对角焊缝	对角焊 V 形		3~5	50~60	用于风管角焊
	对角焊 V 形		5~8	50~60	用于风管角焊
	对角焊 V 形		6~15	45~55	用于风管与法兰连接

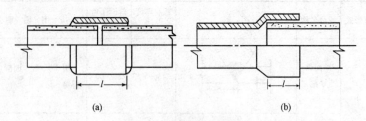

图 4-40 风管连接示意图
(a)套管连接；(b)承插连接

(5)风管的组配和加固。为避免腐蚀介质对风管法兰金属螺栓的腐蚀和自法兰间隙中泄漏,管道安装尽量采用无法兰连接。加工制作好的风管应根据安装和运输条件,将短风管组配成3m左右的长风管。风管组配采取焊接方式。风管的纵缝必须交错,交错的距离应大于60mm。圆形风管管径小于500mm,矩形风管长边长度小于400mm,其焊缝形式可采用对接焊缝；圆形风管管径大于560mm,矩形风管大于500mm,应采用硬套管或软套管连接,风管与套管再进行搭接焊接。

为了增加风管的强度,应按图 4-41 和表 4-72 的方法进行加固。

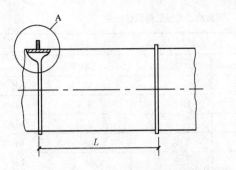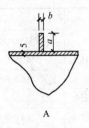

图 4-41 塑料风管的加固圈

表 4-72　　　　　塑料风管加固圈尺寸　　　　　mm

圆形				矩形			
风管直径	管壁厚度	加固圈		风管大边长度	管壁厚度	加固圈	
		规格 $a \times b$	间距 L			规格 $a \times b$	间距 L
100～320	3	—	—	120～320	3	—	—
360～500	4	—	—	400	4	—	—
560～630	4	40×8	～800	500	4	35×7	～800
700～800	5	40×8	～800	630～800	5	40×7	～800
900～1000	5	45×10	～800	1000	6	45×10	～400
1120～1400	6	45×10	～800	1250	6	45×10	～400
1600	6	50×12	～400	1600	8	50×12	～400
1800～2000	6	60×12	～400	2000	8	60×15	～400

5. 塑料风管法兰盘制作

圆形法兰盘制作的方法，是将塑料板锯成条状板，并在内圆侧开出坡口后，放到电热烘箱内加热，取出后在圆形胎具上撅成圆形法兰，趁热压平冷却后进行焊接和钻孔。

矩形法兰制作方法，是将塑料板锯成条形板，并开好坡口后在平板上焊接而成。

圆形法兰盘的加工尺寸见表 4-73；矩形法兰盘的加工尺寸见表 4-74。

表 4-73　　　　　　　　　硬聚氯乙烯板圆形风管法兰

风管直径 (mm)	法兰材料规格			连接螺栓(mm)
	宽×厚(mm×mm)	孔 径(mm)	孔 数(个)	
100~160	35×6	7.5	6	M6×30
180	35×6	7.5	8	M6×30
200~220	35×8	7.5	8	M6×35
240~320	35×8	7.5	10	M6×35
340~400	35×8	9.5	14	M8×35
420~450	35×10	9.5	14	M8×40
480~500	35×10	9.5	18	M8×40
530~630	35×10	9.5	18	M8×40
670~800	40×10	11.5	24	M10×40
850~900	45×12	11.5	24	M10×45
1000~1250	45×12	11.5	30	M10×45
1320~1400	45×12	11.5	38	M10×45
1500~1600	50×15	11.5	38	M10×50
1700~2000	60×15	11.5	48	M10×50

表 4-74　　　　　　　　　硬聚氯乙烯板矩形风管法兰

风管长边尺寸 (mm)	法兰材料规格			连接螺栓(mm)
	宽×厚(mm×mm)	孔 径(mm)	孔 数(个)	
120~160	35×6	7.5	3	M6×30
200~250	35×8	7.5	4	M6×35
320	35×8	7.5	5	M6×35
400	35×8	9.5	5	M8×35
500	35×10	9.5	6	M8×40
630	40×10	9.5	7	M8×40
800	40×10	11.5	9	M10×40
1000	45×12	11.5	10	M10×45
1250	45×12	11.5	12	M10×45
1600	50×15	11.5	15	M10×50
2000	60×18	11.5	18	M10×60

(三)工程量计算

(1)按设计图示内径尺寸以展开面积计算;风管长度一律以设计图示中心线长度为准(主管与支管以其中心线交点划分),包括弯头、三通、变径管、天圆地方等管件的长度,但不包括部件所占的长度。风管展开面积不包括风管、管口重叠部分面积。直径和周长按图示尺寸为准展开。

(2)渐缩管计算:圆形风管按平均直径,矩形风管按平均周长。

(3)塑料风管板材用量。

1)表 4-75 所示为塑料风管板材用量计算表,其依据下列公式编制:

①塑料板用量$(m^2/m) = 3.642D$;

②塑料板用量$(kg/m) = 3.642D \times$每平方米塑料板质量。

注:式中 D 为风管直径。

2)每平方米塑料板质量按硬质聚氯乙烯板取值,具体数值为:$4.44kg/m^2(\delta=3mm)$;$5.92kg/m^2(\delta=4mm)$;$7.4kg/m^2(\delta=5mm)$;$8.88kg/m^2(\delta=6mm)$;$11.84kg/m^2(\delta=8mm)$。

3)塑料板损耗率为 16%。

表 4-75　　　　塑料风管板材用量

风管直径(mm)	板材用量		板材厚度(mm)
	m^2/m	kg/m	
100	0.364	1.62	3
110	0.401	1.78	3
115	0.419	1.86	3
120	0.437	1.94	3
130	0.473	2.10	3
140	0.510	2.26	3
150	0.546	2.42	3
160	0.583	2.59	3
165	0.601	2.67	3
175	0.637	2.83	3

续一

风管直径(mm)	板材用量		板材厚度(mm)
	m²/m	kg/m	
180	0.656	2.91	3
195	0.710	3.15	3
200	0.728	3.23	3
215	0.783	3.48	3
220	0.801	3.56	3
235	0.856	3.80	3
250	0.911	4.04	3
265	0.965	4.28	3
280	1.020	4.53	3
285	1.038	4.61	3
295	1.074	4.77	3
320	1.165	6.90	4
325	1.184	7.01	4
360	1.311	7.76	4
375	1.366	8.09	4
395	1.439	8.52	4
400	1.457	8.63	4
440	1.602	9.48	4
450	1.639	9.70	4
495	1.803	10.67	4
500	1.821	10.78	4
545	1.985	11.75	4
560	2.040	12.08	4
595	2.167	12.83	4
600	2.185	12.94	4
625	2.276	13.47	4
630	2.294	13.58	4
660	2.404	17.79	5

续二

风管直径(mm)	板材用量		板材厚度(mm)
	m²/m	kg/m	
695	2.531	18.73	5
700	2.549	18.86	5
770	2.804	20.75	5
775	2.823	20.89	5
795	2.895	21.42	5
800	2.914	21.56	5
825	3.005	22.24	5
855	3.114	23.04	5
880	3.205	23.72	5
885	3.223	23.85	5
900	3.278	24.26	5
945	3.442	25.47	5
985	3.587	26.54	5
995	3.624	26.82	5
1000	3.642	26.95	5
1025	3.733	33.15	6
1100	4.006	35.57	6
1120	4.079	36.22	6
1200	4.370	38.81	6
1250	4.553	40.43	6
1325	4.826	42.85	6
1400	5.099	45.28	6
1425	5.190	46.09	6
1540	5.609	49.81	6
1600	5.827	51.74	6
1800	6.556	58.22	6
2000	7.284	64.68	6

4)塑料矩形风管板材用量见表 4-76。

表 4-76　　　　　　　塑料矩形风管板材用量

风管规格(mm×mm)	板材用量		板材厚度(mm)
	m²/m	kg/m	
120×120	0.557	2.47	3
160×120	0.650	2.89	3
160×160	0.742	3.29	3
200×120	0.742	3.29	3
200×160	0.835	3.71	3
200×200	0.928	4.12	3
250×120	0.858	3.81	3
250×160	0.951	4.22	3
250×200	1.044	4.64	3
250×250	1.160	5.15	3
320×160	1.114	4.95	3
320×200	1.206	5.35	3
320×250	1.322	5.87	3
320×320	1.485	6.59	3
400×200	1.392	6.18	3
400×250	1.508	6.70	3
400×320	1.670	9.89	3
400×400	1.856	10.99	4
500×200	1.624	9.61	4
500×250	1.740	10.30	4

续一

风管规格(mm×mm)	板材用量		板材厚度(mm)
	m²/m	kg/m	
500×320	1.902	11.26	4
500×400	2.088	12.36	4
500×500	2.320	13.73	4
630×250	2.042	12.09	4
630×320	2.204	13.05	4
630×400	2.390	17.69	6
630×500	2.622	19.40	5
630×630	2.923	21.63	5
800×320	2.598	19.23	5
800×400	2.784	20.60	5
800×500	3.016	22.32	5
800×630	3.318	24.55	5
800×800	3.712	27.47	5
1000×320	3.062	22.66	5
1000×400	3.248	24.04	5
1000×500	3.480	25.75	5
1000×630	3.782	33.58	6
1000×800	4.176	37.08	6
1000×1000	4.640	41.20	6
1250×400	3.828	33.99	6
1250×500	4.060	36.05	6

续二

风管规格(mm×mm)	板材用量		板材厚度(mm)
	m²/m	kg/m	
1250×630	4.362	38.73	6
1250×800	4.756	42.23	6
1250×1000	5.220	46.35	6
1600×500	4.872	43.26	6
1600×630	5.174	45.95	6
1600×800	5.568	65.93	8
1600×1000	6.032	71.42	8
1600×1250	6.612	78.29	8
2000×800	6.496	76.91	8
2000×1000	6.960	82.41	8
2000×1250	7.540	89.27	8

【例 4-20】 如图 4-42 所示,塑料通风管管道长 30m,厚为 $\delta=2mm$, $\phi=200mm$,由两处吊托支架支撑且开一风管测定孔。

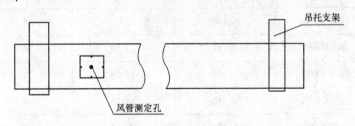

图 4-42 塑料通风管示意图

【解】塑料通风管道工程量 $=\pi DL=3.14\times30\times0.2=18.84m^2$

工程量计算结果见表4-77。

表4-77　　　　　　　　　　工程量计算表

项目编码	项目名称	项目特征描述	计量单位	工程量
030702005001	塑料通风管道	$\phi=200mm, L=30m$	m²	18.84

七、玻璃钢通风管道

(一)工程量清单项目设置

玻璃钢通风管道工程量清单项目设置见表4-78。

表4-78　　　　玻璃钢通风管道工程量清单项目设置

项目编码	项目名称	项目特征	计量单位	工作内容
030702006	玻璃钢通风管道	1. 名称 2. 形状 3. 规格 4. 板材厚度 5. 支架形式、材质 6. 接口形式	m²	1. 风管、管件安装 2. 支吊架制作、安装 3. 过跨风管落地支架制作、安装

(二)工程量清单项目说明

玻璃钢风管是以玻璃钢为原料制造成的通风管道。玻璃钢风管包括有机玻璃钢风管和无机玻璃钢风管,是属于非金属风管的一种。玻璃钢风管的加固应选用与本体材料或防腐性能相同的材料,并与风管成一整体。

1. 玻璃钢风管管材及管件规格

(1)玻璃钢风管板材厚度应符合表4-79和表4-80的规定。

表4-79　　　　中、低压系统有机玻璃钢风管板材厚度　　　　　　　mm

圆形风管直径 D 或矩形风管长边尺寸 b	壁　厚
$D(b) \leqslant 200$	2.5
$200 < D(b) \leqslant 400$	3.2

圆形风管直径 D 或矩形风管长边尺寸 b	壁 厚
$400<D(b)\leqslant 630$	4.0
$630<D(b)\leqslant 1000$	4.8
$1000<D(b)\leqslant 2000$	6.2

表 4-80　　中、低压系统无机玻璃钢风管板材厚度　　（单位：mm）

圆形风管直径 D 或矩形风管长边尺寸 b	壁 厚
$D(b)\leqslant 300$	2.5～3.5
$300<D(b)\leqslant 500$	3.5～4.5
$500<D(b)\leqslant 1000$	4.5～5.5
$1000<D(b)\leqslant 1500$	5.5～6.5
$1500<D(b)\leqslant 2000$	6.5～7.5
$D(b)>2000$	7.5～8.5

(2) 风管用 1:1 经纬线的玻璃布增强,树脂的质量含量为 50%～60%。圆形风管的壁厚可取小值。玻璃布厚度与层数应符合表 4-81 规定。

表 4-81　中、低压系统无机玻璃钢风管玻璃纤维布厚度与层数　　mm

圆形风管直径 D 或矩形风管长边尺寸 b	风管管体玻璃纤维布厚度		风管法兰玻璃纤维布厚度	
	0.3	0.4	0.3	0.4
	玻璃布层数			
$D(b)\leqslant 300$	5	4	8	7
$300<D(b)\leqslant 500$	7	5	10	8
$500<D(b)\leqslant 1000$	8	6	13	9
$1000<D(b)\leqslant 1500$	9	7	14	10
$1500<D(b)\leqslant 2000$	12	8	16	14
$D(b)>2000$	14	9	20	16

(3)玻璃钢风管法兰规格应符合表 4-82 的规定。螺栓间距按 60mm 考虑。

表 4-82　　　　　　　　玻璃钢法兰规格　　　　　　　　mm

圆形风管外径或矩形风管大边长	规格(宽×厚)	螺栓规格
≤400	30×4	M8×25
420~1000	40×6	M8×30
1060~2000	50×8	M10×35

2. 有机玻璃钢风管制作与安装

有机玻璃钢风管的制作应符合以下要求：

(1)风管不应有明显扭曲,内表面应平整光滑,外表面应整齐美观,厚度应均匀,且边缘无毛刺,并无气泡及分层现象。

(2)风管的外径或外边长尺寸的允许偏差为 3mm,圆形风管的任意正交两直径之差不应大于 5mm;矩形风管的两对角线之差不应大于 5mm。

(3)法兰应与风管成一整体,并应有过渡圆弧,并与风管轴线成直角,管口平面度的允许偏差为 3mm,螺孔的排列应均匀,至管壁的距离应一致,允许偏差为 2mm。

(4)矩形风管的边长大于 900mm,且管段长度大于 1250mm 时应加固。加固筋的分布应均匀、整齐。

有机玻璃钢风管的安装应参照硬聚氯乙烯板风管。对于采用套管连接的风管,其套管厚度不能小于风管的壁厚。

3. 无机玻璃钢风管制作与安装

无机玻璃钢风管除应符合有机玻璃钢风管的要求外,还应符合下列规定：

(1)风管的表面应光洁,无裂纹、无明显泛霜和分层现象。

(2)风管的外形尺寸的允许偏差应符合表 4-83 的规定。

表 4-83　　　　　　　　无机玻璃钢风管外形尺寸　　　　　　　　　　mm

直径或大边长	矩形风管外表平面度	矩形风管管口对角线之差	法兰平面度	圆形风管两直径之差
≤300	≤3	≤3	≤2	≤3
301~500	≤3	≤4	≤2	≤3
501~1000	≤4	≤5	≤2	≤4
1001~1500	≤4	≤6	≤3	≤5
1501~2000	≤5	≤7	≤3	≤5
>2000	≤6	≤8	≤3	≤5

无机玻璃钢风管的安装方法与金属风管安装基本相同。

由于自身的特点,在安装过程中应注意下列问题:

(1)在吊装或运输过程中应特别注意,不能强烈碰撞。不能在露天堆放,避免雨淋日晒,避免造成不应有的损失,如发生损坏或变形不易修复,必须重新加工制作。

(2)无机玻璃钢风管的自身质量与薄钢板风管相比大得多,在选用支、吊装时不能套用现行的标准,应根据风管的质量等因素详细计算确定型钢的尺寸。

(3)进入安装现场的风管应认真检验,防止不合格的风管进入施工现场。对风管各部位的尺寸必须达到要求的数值,否则组装后造成过大的偏差。

(4)在吊装时不能损伤风管的本体,不能采用钢线绳捆绑,可用棕绳或专用托架吊装。

(三)工程量计算

(1)按设计图示外径尺寸以展开面积计算;风管长度一律以设计图示中心线长度为准(主管与支管以其中心线交点划分),包括弯头、三通、变径管、天圆地方等管件的长度,但不包括部件所占的长度。风管展开面积不包括风管、管口重叠部分面积。直径和周长按图示尺寸为准展开。

(2)渐缩管计算:圆形风管按平均直径,矩形风管按平均周长。

【例 4-21】 如图 4-43 所示,玻璃钢通风管道尺寸为 1000mm×1000mm,厚度是 2mm,长 50m,计算其工程量。

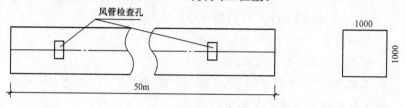

图 4-43 通风管示意图

【解】
玻璃钢通风管工程量 $= 2(A+B) \times L$
$= 2 \times (1.0+1.0) \times 50 = 200 \text{m}^2$

工程量计算结果见表 4-84。

表 4-84　　　　　　工程量计算表

项目编码	项目名称	项目特征描述	计量单位	工程量
030702006001	玻璃钢通风管	1000mm×1000mm,长度 50m	m²	200

【例 4-22】 如图 4-44 所示为玻璃钢矩形风管,试计算风管制作安装的工程量。

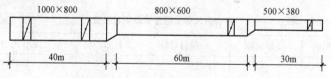

图 4-44 玻璃钢矩形风管平面图

【解】风管长度不包括蝶阀的长度,每个蝶阀长度为 200mm
(1) 1000mm×800mm 玻璃钢矩形风管:
断面周长 $= 2(a+b) = 2 \times (1.0+0.8) = 3.6\text{m}$
长度 $L = 40 - 2 \times 0.20 = 29.6\text{m}$
工程量 $= 2(a+b)L = 3.6 \times 29.6 = 106.56\text{m}^2$
(2) 800mm×600mm 玻璃钢矩形风管:
断面周长 $= 2(a+b) = 2 \times (0.8+0.6) = 2.8\text{m}$

长度 $L=60-0.2=59.8$m

工程量 $=2(a+b)L=2.8\times59.8m^2=167.44m^2$

(3) 500mm×380mm 玻璃钢矩形风管:

断面周长 $=2(a+b)L=2\times(0.5+0.38)=1.76$m

长度 $L=30-0.2=29.8$m

工程量 $=2(a+b)L=1.76\times29.8=52.45m^2$

工程量计算结果见表 4-85。

表 4-85　　　　　　　工程量计算表

项目编码	项目名称	项目特征描述	计量单位	工程量
030702006001	玻璃钢通风管道	矩形,1000mm×800mm	m²	106.56
030702006002	玻璃钢通风管道	矩形,800mm×600mm	m²	139.44
030702006003	玻璃钢通风管道	矩形,500mm×380mm	m²	52.45

八、复合型风管

(一)工程量清单项目设置

复合型风管工程量清单项目设置见表 4-86。

表 4-86　　　　　复合型风管工程量清单项目设置

项目编码	项目名称	项目特征	计量单位	工作内容
030702007	复合型风管	1. 名称 2. 材质 3. 形状 4. 规格 5. 板材厚度 6. 接口形式 7. 支架形式、材质	m²	1. 风管、管件安装 2. 支吊架制作、安装 3. 过跨风管落地支架制作、安装

(二)工程量清单项目说明

复合型风管是有两种以上的材料复合制成的通风管道。复合风管有复合玻纤板风管和发泡复合材料风管两种。

常用于复合风管制作的复合钢板有塑料复合钢板。

塑料复合钢板是在 Q215A、Q235A 钢板上覆以厚度为 0.2～0.4mm 的软质或半硬质聚氯乙烯塑料膜,可以耐酸、碱、油及醇类的侵蚀,用于通风、排风管道及其他部件。塑料复合钢板分单面覆层和双面覆层两种。它具有普通薄钢板所具有的切断、弯曲、钻孔、铆接、咬合及折边等加工性能。在 10～60℃可以长期使用,短期使用可耐温 120℃。塑料复合钢板规格见表 4-87。

表 4-87　　　　　　　　塑料复合钢板的规格　　　　　　　　mm

厚　度	宽　度	长　度
0.35、0.4、0.5、0.6、0.7	450	1800
	500	2000
0.8、1.0、1.5、2.0	1000	2000

双面铝箔复合保温风管是指两面覆贴铝箔、中间夹有发泡复合材料或玻纤板的保温板制作作成的风管。

由于铝箔复合保温风管具有外观美、不用保温、隔声性能好、施工速度快、安全卫生等优点,国内多有采用。复合玻纤板风管的制作应按国家标准《通风与空调工程施工质量验收规范》(GB 50243—2002)和行业标准《复合玻纤板风管》(JC/T 591—1995)的要求执行。

塑料复合钢板风管制作应符合以下要求:

(1)加工塑料复合钢板风管时,一般只能采用咬口连接,不能用焊接,以免烧熔钢板表面的塑料层。

(2)放线画线时不要使用锋利的金属划针,咬口的机械不要有尖锐的棱边,以免轧出伤痕。

(3)发现有损伤的地方,应另行刷漆保护。

复合风管的安装应符合以下要求:

(1)明装风管水平安装时,水平度每米不应大于 3mm,总偏差不应超过 20mm;垂直安装时,不垂直度每米不应大于 2mm,总偏差不应超过 10mm。暗装风管位置应准确,无明显偏差。

(2)风管的三通、四通一般采用分隔式或分叉式;若采用垂直连接时,其迎风面应设置挡风板,挡风板应和支风管连接口等长。其挡风面投影面积应和未被挡面积之比与支风管、直通风管面积之比相等。

(3)风管严密性质量要求:由于铝箔风管的拼接组合均采用粘接,所以漏风缝隙较少。根据检测,铝箔复合风管的漏风量仅为镀锌风管的 1/7。所以,一般制作水平就能达到规范中的中压风管标准要求。根据以上情况,施工中如无明显的施工工艺上的不当,低压风管可以不做漏风测试。但对该材料做的中、高压系统风管,仍需按规范要求的标准做相应的检测。

(三)工程量计算

(1)按设计图示外径尺寸以展开面积计算;风管长度一律以设计图示中心线长度为准(主管与支管以其中心线交点划分),包括弯头、三通、变径管、天圆地方等管件的长度,但不包括部件所占的长度。风管展开面积不包括风管、管口重叠部分面积。直径和周长按图示尺寸为准展开。

(2)渐缩管计算:圆形风管按平均直径,矩形风管按平均周长。

【例 4-23】 如图 4-45 所示为复合型风管变径正三通示意图,试计算其工程量。

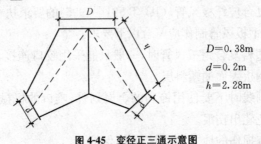

$D=0.38m$
$d=0.2m$
$h=2.28m$

图 4-45 变径正三通示意图

【解】变径正三通工程量 $=\pi(D+d)h$
$=3.14\times(0.38+0.2)\times2.28$
$=4.15m^2$

工程量计算结果见表 4-88。

表 4-88　　　　　　　　　　工程量计算表

项目编码	项目名称	项目特征描述	计量单位	工程量
030702007001	复合型风管	变径正三通，$D=380mm$，$h=2280mm$，$d=200mm$	m^2	4.15

【例 4-24】 如图 4-46 所示为复合型风管斜插变径三通示意图，计算其工程量。

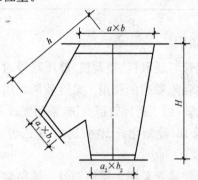

$a \times b = 2500 \times 1000$
$a_1 \times b_1 = 1000 \times 250$
$a_2 \times b_2 = 1500 \times 600$
$H = 3000$
$h = 2500$

图 4-46　斜插变径三通示意图

【解】
斜插变径三通工程量 $= (a+b+a_2+b_2)H + (a+b+a_1+b_1)h$
$= (2.5+1+1.5+0.6) \times 3 + (2.5+1+1+0.25) \times 2.5$
$= 28.68 m^2$

工程量计算结果见表 4-89。

表 4-89　　　　　　　　　　工程量计算表

项目编码	项目名称	项目特征描述	计量单位	工程量
030702007001	复合型风管	斜插变径三通	m^2	28.68

九、柔性软风管

(一)工程量清单项目设置

柔性软风管工程量清单项目设置见表 4-90。

表 4-90　　　　　柔性软风管工程量清单项目设置

项目编码	项目名称	项目特征	计量单位	工作内容
030702008	柔性软风管	1. 名称 2. 材质 3. 规格 4. 风管接头、支架形式、材质	1. m 2. 节	1. 风管安装 2. 风管接头安装 3. 支吊架制作、安装

(二)工程量清单项目说明

柔性软风管用来将风管与通风机、空调机、静压箱等通风空调设备相连接,起到防震、伸缩和隔噪声的作用。柔性软风管用于不宜设置刚性风管位置的挠性风管,属于通风管道系统,采用镀锌卡子连接,吊托支架固定,一般是由金属、涂塑化纤织物、聚酯、聚乙烯、聚氯乙烯薄膜、铝箔等复合材料制成。

铝箔软风管是指柔性软风管采用多层铝箔复合膜贴绕高弹性螺旋形强韧钢丝制成,遇高温或火警不产生有毒气体。铝箔软风管包括下列类型:

(1)保温柔性软风管外覆起隔热作用的玻璃纤维保温层,最外层用铝箔作防潮层。

(2)消声保温柔性软风管中间冲压许多小孔,能吸收气流中的杂声,外覆起隔热作用的玻璃纤维保温层,最外层用铝箔做防潮层。

(3)矩形保温柔性软风管采用多层铝箔复合膜贴绕高弹性螺旋形强韧钢丝制成,外覆起隔热作用的玻璃纤维保温层,最外层用铝箔作防潮层。

常用的柔性软风管长度一般为 150~200mm,如图 4-47 所示。

安装柔性软风管应松紧适度、平整、不扭曲。对洁净空调系统的柔性软风管的安装要求严密不漏,防止积尘。

(三)工程量计算

柔性软风管的工程量若以米计量,按设计图示中心线以长度计

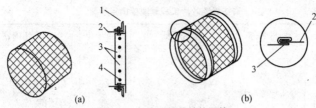

图 4-47 帆布连接柔性软风管

1—法兰盘；2—帆布短管；3—镀锌铁皮；4—铆钉

算；若以节计量,按设计图示数量计算。

【例 4-25】 如图 4-48 所示一段柔性软风管,尺寸为 $\phi 400$,试计算其工程量。

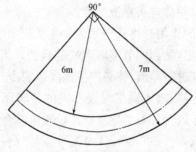

图 4-48 柔性软风管示意图

【解】

柔性软风管工程量 $= 1/4 \times 2\pi(6+7)/2 = 1/4 \times 3.14 \times 13 = 10.21\text{m}$

工程量计算结果见表 4-91。

表 4-91　　　　　工程量计算表

项目编码	项目名称	项目特征描述	计量单位	工程量
030702008001	柔性软风管	软管,$\phi 400$	m	10.21

十、弯头导流叶片

(一)工程量清单项目设置

弯头导流叶片工程量清单项目设置见表 4-92。

表 4-92　弯头导流叶片工程量清单项目设置

项目编码	项目名称	项目特征	计量单位	工作内容
030702009	弯头导流叶片	1. 名称 2. 材质 3. 规格 4. 形式	1. m² 2. 组	1. 制作 2. 组装

(二)工程量清单项目说明

在通风管道转弯处,流体容易发生堵塞,一般在此设置叶片,加速流体的流速,该叶片便称弯头导流叶片。

弯头导流叶片的作用是将从空气调节主机压出通过交换的冷气,顺着风管从风口排出,达到调节室内空气的目的。当冷气通过风管弯头处时,如果不对其进行导流,势必产生涡流影响冷气传导。

弯头导流叶片应根据不同工况及不同的导流面设计角度进行设置,其中常见的矩形风管弯头的导流叶片设置应符合下列规定:

(1)边长大于或等于500mm,且内弧半径与弯头端口边长比小于或等于0.25时,应设置导流叶片,导流叶片宜采用单片式、月牙式两种类型,如图4-49所示。

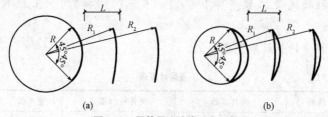

图 4-49　风管导流叶片形式示意
(a)单片式;(b)月牙式

(2)导流叶片内弧应与弯管同心,导流叶片间距 L 可采用等距或渐变设置的方式,最小叶片间距不宜小于200mm,导流叶片的数量可采用平面边长除以500的倍数来确定,最多不宜超过4片。导流叶片应与风管固定牢固。固定方式可采用螺栓或铆钉。

(三)工程量计算

若以平方米计量,弯头导流叶片工程量按设计图示以展开面积计算;若以组计量,则按设计图示数量计算。

【例 4-26】 图 4-50 所示为矩形弯头 320mm×1600mm 导流叶片,中心角 $\alpha=90°$,半径 $r=200mm$,导流叶片片数为 3 片,数量1个,试计算其工程量。

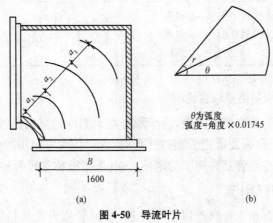

图 4-50 导流叶片
(a)导流叶片安装图;(b)导流叶片局部图

【解】(1)导流叶片弧长 $=\pi\alpha r/180°$
$=3.14×90×0.2/180=0.314m$

(2)弯头的边长为:$B=1.6m$

(3)320mm×1600mm 矩形弯头的导流叶片的面积=导流叶片弧长×弯头边长×片数$=0.314×1.6×3=1.51m^2$

工程量计算结果见表 4-93。

表 4-93　　　　　　　　　工程量计算表

项目编码	项目名称	项目特征描述	计量单位	工程量
030702009001	弯头导流叶片	矩形,320mm×1600mm	m^2	1.51

十一、风管检查孔

(一)工程量清单项目设置

风管检查孔工程量清单项目设置见表 4-94。

表 4-94　　　　风管检查孔工程量清单项目设置

项目编码	项目名称	项目特征	计量单位	工作内容
030702010	风管检查孔	1. 名称 2. 材质 3. 规格	1. kg 2. 个	1. 制作 2. 组装

(二)工程量清单项目说明

在通风管道安装施工中,由于隐蔽在天棚内的室内风管周围的检查不便于进行,因此需把天棚打开孔洞,既可作为安装用的开孔,也可用来窥视检查风管及其周围的附件,该孔洞常被称作风管检查孔。

(三)工程量计算

风管检查孔工程量若以千克计量,按风管检查孔质量计算;若以个计量,则按设计图示数量计算。

【例 4-27】 某通风系统风管上装有 10 个风管检查孔。其中 5 个尺寸为 270mm×230mm,另外 5 个尺寸为 520mm×480mm,试计算风管检查孔的工程量。

【解】查标准质量表 T614 可知尺寸为 270mm×230mm 的风管检查孔的质量为 1.68kg/个,尺寸为 520mm×480mm 的风管检查孔的质量为 4.95kg/个,则风管检查孔的工程量分别为:

270mm×230mm 风管检查孔工程量=1.68×5=8.40kg

520mm×480mm 风管检查孔工程量=4.95×5=24.75kg

工程量计算结果见表 4-95。

表 4-95　　　　　　　　　工程量计算表

项目编码	项目名称	项目特征描述	计量单位	工程量
030702010001	风管检查孔	270mm×230mm	kg	8.40
030702010002	风管检查孔	520mm×480mm	kg	24.75

十二、温度、风量测定孔

(一)工程量清单项目设置

温度、风量测定孔工程量清单项目设置见表 4-96。

表 4-96　　　　　　温度、风量测定孔工程量清单项目设置

项目编码	项目名称	项目特征	计量单位	工作内容
030702011	温度、风量测定孔	1. 名称 2. 材质 3. 规格 4. 设计要求	个	1. 制作 2. 安装

(二)工程量清单项目说明

风管测定孔是用于风管或设备内的温度、湿度、压力、风速、污染物浓度等参数的快速检测接口。风管测定孔包括温度、风量测定孔等类型。

空调送风系统、排风系统的总送风、总排风管道上应装设测定孔，测定孔应装于直管段气流方向下游约 1/3 位置。对于带回风的空调送风系统应在回风管道和新风管道上装设测定孔，选择直管段是为了保证测定截面气流稳定和均匀，所选取直管原则是该段中无局部阻力部件(弯头、三通、变径管等)。

对于矩形管道，可将管道断面划分为若干等面积的小矩形，测点布置在每个小矩形的中心，小矩形每边的长度为 200mm 左右。在每个矩形的中心装设测定孔。对于圆形管道，在同一断面设置两个彼此

垂直的测定孔。

(三)工程量计算

温度、风量测定孔工程量按设计图示数量计算。

第三节　通风管道部件制作安装

一、工程量清单编制说明

通风管道部件制作安装，包括各种材质、规格和类型的阀类制作安装、散流器制作安装、风口制作安装、风帽制作安装、罩类制作安装、消声器制作安装等项目。编制工程量清单时需要说明的问题如下：

(1)碳钢阀门包括：空气加热器上通阀、空气加热器旁通阀、圆形瓣式启动阀、风管蝶阀、风管止回阀、密闭式斜插板阀、矩形风管三通调节阀、对开多叶调节阀、风管防火阀、各型风罩调节阀等。

(2)塑料阀门包括：塑料蝶阀、塑料插板阀、各型风罩塑料调节阀。

(3)碳钢风口、散流器、百叶窗包括：百叶风口、矩形送风口、矩形空气分布器、风管插板风口、旋转吹风口、圆形散流器、方形散流器、流线型散流器、送吸风口、活动箅式风口、网式风口、钢百叶窗等。

(4)碳钢罩类包括：皮带防护罩、电动机防雨罩、侧吸罩、中小型零件焊接台排气罩、整体分组式槽边侧吸罩、吹吸式槽边通风罩、条缝槽边抽风罩、泥心烘炉排气罩、升降式回转排气罩、上下吸式圆形回转罩、升降式排气罩、手锻炉排气罩。

(5)塑料罩类包括：塑料槽边侧吸罩、塑料槽边风罩、塑料条缝槽边抽风罩。

(6)柔性接口包括：金属、非金属软接口及伸缩节。

(7)消声器包括：片式消声器、矿棉管式消声器、聚酯泡沫管式消声器、卡普隆纤维管式消声器、弧形声流式消声器、阻抗复合式消声器、微穿孔板消声器、消声弯头。

(8)通风部件按图纸要求制作安装或用成品部件只安装不制作，

这类特征在项目特征中应明确描述。

(9)静压箱的面积按设计图示尺寸以展开面积计算,不扣除开口的面积。

二、碳钢阀门

(一)工程量清单项目设置

碳钢阀门工程量清单项目设置见表 4-97。

表 4-97　　　　　碳钢阀门工程量清单项目设置

项目编码	项目名称	项目特征	计量单位	工作内容
030703001	碳钢阀门	1. 名称 2. 型号 3. 规格 4. 质量 5. 类型 6. 支架形式、材质	个	1. 阀体制作 2. 阀体安装 3. 支架制作、安装

(二)工程量清单项目说明

1. 制作安装基本要求

碳钢阀门的制作与安装应符合下列要求:

(1)阀门的安装应牢固,调节和制动装置应准确、灵活、可靠,并标明阀门启闭方向。在实际的工程中经常出现阀门卡涩现象,空调系统停止运行一段时间后,再使用时,阀门无法开启。主要原因是转轴采用碳钢制作,很容易生锈,而且安装时又未采取防腐措施。如果轴和轴承,两者至少有一件用铜或铜锡合金制造,情况会大有改善。

(2)应注意阀门调节装置要设在便于操作的部位;安装在高处的阀门也要使其操作装置处于离地面或平台 1~1.5m 处。

(3)阀门安装完毕,应在阀体外部明显地标出"开"和"关"方向及开启程度。对保温系统,应在保温层外面设置标志,以便调试和管理。

2. 调节阀

(1)对开式多叶调节阀。对开式多叶调节阀分手动式和电动式两种,如图4-51所示。其通过手轮和蜗杆进行调节,设有启闭指示装置,在叶片的一端均用闭孔海绵橡胶板进行密封。

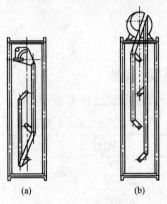

图4-51 对开式多叶调节阀
(a)手动阀门;(b)电动阀门

(2)三通调节阀。三通调节阀有手柄式和拉杆式两种,如图4-52所示。三通调节阀适用于矩形直通三通和裤衩管,不适用于直角三通;其支管宽度 A_1=130～400mm,风管高度 H 不大于 400mm;管内风速小于或等于 8m/s;阀叶长度 L=1.5A_2,阀叶用 δ=0.8mm 厚的钢板制造。

3. 防火阀

防火阀是高层建筑通风空调系统中的重要部件。当发生火灾,风管内气流升至一定温度时,防火阀自动关闭,风机接收信号后也停止运转,同时发出信号。

防火阀按阀门关闭驱动方式分类可分为重力式防火阀、弹簧力驱动式防火阀(或称电磁式)、电机驱动式防火阀及气动驱动式防火阀四种。

重力式防火阀又分为矩形和圆形两种。矩形防火阀有单板式和多叶片式两种;圆形防火阀只有单板式一种。其构造如图4-53～图4-55所示。它是由阀壳、阀板、转轴、托框、自锁机构、检查门、易熔

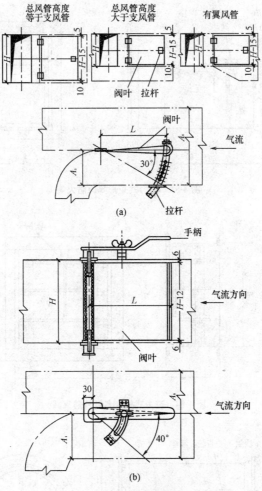

图 4-52 矩形三通调节阀
(a)拉杆式;(b)手柄式

片等组成。防火阀在通风空调系统中,平时处于常开状态。阀门的阀板式叶片由易熔片将其悬吊成水平或水平偏下5°状态。当火灾发生并且经防火阀流通的空气温度高于70℃时,易熔片熔断,阀板或叶片靠重力自行下落,带动自锁簧片动作,使阀门关闭自锁,防止火焰通过管道蔓延。

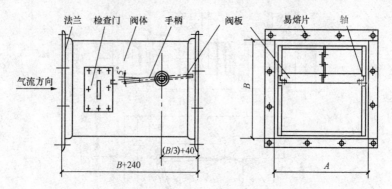

图 4-53 重力式矩形单板防火阀

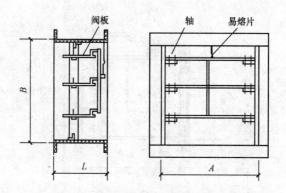

图 4-54 重力式矩形多叶片防火阀

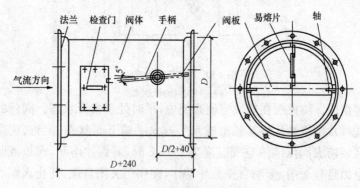

图 4-55 重力式圆形单板防火阀

4. 止回阀

在通风空调系统中,为防止通风机停止运转后气流倒流,常用止回阀。除根据管道形状不同可分为圆形和矩形外,还可按照止回阀在风管的位置,分为垂直式和水平式。止回阀的构造如图5-56所示。

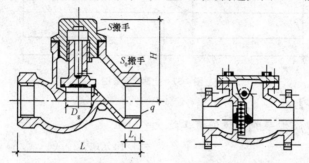

图 4-56　止回阀的构造

在正常情况下,通风机开动后,阀板在风压作用下会自动打开;通风机停止运转后,阀板自动关闭。止回阀适用于风管风速不小于8m/s的场合,阀板采用铝制,其质量轻,启闭灵活,能防火花、防爆。

5. 插板阀

插板阀用于切断和流通管道介质,适用于全启全闭的场合,也可作调节阀用。插板阀的优点是流动阻力小,介质流动方向不受限制,阀件安装长度较小;缺点是插极易被流动介质擦伤,密封面检修困难,安装高度大。插板阀的插板按结构特性分为平行插板和楔形插板。楔形插板密封面是倾斜的,并形成一个交角,又称为密封式斜插板阀。

密闭式斜插板阀通过介质温度愈高,所取角度愈大。斜插板分单插板、双插板和弹性插板。密闭式斜插板阀可制成各种口径。当前国产通用斜插板阀最大公称通径为1800mm,专用阀门还有更大通径的。但斜插板阀耐高压性能不够高。

(三)工程量计算

碳钢阀门工程量应按设计图示数量计算。

【例4-28】 如图4-57所示，$\phi 320$碳钢通风管道($\delta=0.5mm$)上安装一水平式圆形风管止回阀($\phi 20, l=300mm$)，总长为4m，计算这一部分的工程量。

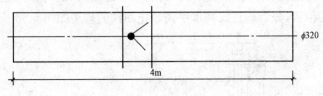

图4-57 止回阀示意图

【解】
(1) $\phi 320$ 碳钢通风管道工程量 $=\pi DL$
$\qquad =3.14\times 0.32\times (4-0.3)$
$\qquad =3.72m^2$

(2) 碳钢止回阀工程量 = 1 个

工程量计算结果见表4-98。

表4-98 工程量计算表

项目编码	项目名称	项目特征描述	计量单位	工程量
030702001001	碳钢通风管	$\delta=0.5mm, \phi 320$	m²	3.72
030703001001	碳钢止回阀	$\phi 20$	个	1

【例4-29】 如图4-58为所示碳钢通风管道，帆布软连接长250mm，对开式多叶调节阀长200mm，试计算其工程量。

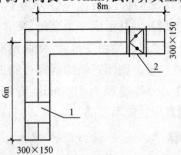

图4-58 碳钢通风管道尺寸示意图

【解】

(1)尺寸 300mm×150mm 风管工程量 $=2\times(A+B)\times L_1=2\times(0.3+0.15)\times(6-0.25+8-0.2)$
$=12.20m^2$

(2)柔性软风管工程量 $=0.2m$

(3)对开式多叶调节阀工程量 $=1$ 个。

工程量计算结果见表 4-99。

表 4-99　　　　　　　　工程量计算表

项目编码	项目名称	项目特征描述	计量单位	工程量
030702001001	碳钢通风管道	300mm×150mm	m²	12.20
030702008001	柔性软风管	帆布软连接	m	0.2
030703001001	碳钢阀门	300mm×150mm	个	1

三、柔性软风管阀门

(一)工程量清单项目设置

柔性软风管阀门工程量清单项目设置见表 4-100。

表 4-100　　　柔性软风管阀门工程量清单项目设置

项目编码	项目名称	项目特征	计量单位	工作内容
030703002	柔性软风管阀门	1. 名称 2. 规格 3. 材质 4. 类型	个	阀体安装

(二)工程量清单项目说明

柔性软风管阀门主要用于调节风量,平衡各支管送、回风口的风量及启动风机等。柔性软风管阀门的结构应牢固,启闭应灵活,阀体与外界相通的缝隙处,应有可靠的密封措施。

柔性软风管阀门的安装与安装风管基本相同,安装时应注意下列问题:

(1)应注意阀门安装的部位,使阀件操纵装置要便于操作。

(2)注意阀门的气流方向,不得装反。

(3)阀门的开闭方向、开启程度应在阀体上有明显和准确的标志。

(三)工程量计算

柔性软风管阀门的工程量按设计图示数量计算。

【例 4-30】 如图 4-59 所示为 $\phi 200$ 柔性软风管,上面有一 $\phi 200$ 的手柄式钢制阀门($l=150$mm),试计算其工程量。

图 4-59 柔性软风管示意图

【解】

(1)柔性软风管 $\phi 200$ 工程量 $=6.0-1/2\times 0.2+1.4-1/2\times 0.2$
-0.15
$=7.05$m

(2)$\phi 200$ 手柄式钢制阀门工程量 $=1$ 个

工程量计算结果见表 4-101。

表 4-101 工程量计算表

项目编码	项目名称	项目特征描述	计量单位	工程量
030702008001	柔性软风管	$\phi 200$	m	7.05
030703002001	柔性软风管阀门	钢制阀门,手柄式,$\phi 200$	个	1

四、铝蝶阀与不锈钢蝶阀

(一)工程量清单项目设置

铝蝶阀与不锈钢蝶阀工程量清单项目设置见表 4-102。

表 4-102　　铝蝶阀与不锈钢蝶阀工程量清单项目设置

项目编码	项目名称	项目特征	计量单位	工作内容
030703003	铝蝶阀	1. 名称 2. 规格 3. 质量 4. 类型	个	阀体安装
030703004	不锈钢蝶阀			

(二)工程量清单项目说明

蝶阀是通风系统中最常见的一种风阀。按其断面形状不同,分为圆形、方形和矩形三种;按其调节方式不同,分为手柄式和拉链式两类。其中手柄式蝶阀由短管、阀板和调节装置三部分组成,如图 4-60 所示。

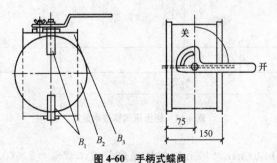

图 4-60　手柄式蝶阀

B_1—调节装置;B_2—阀板;B_3—短管

铝蝶阀是通风系统中最常见的一种风阀。其阀体的材质为铝合金,驱动形式有手动、电动、气动三种。铝蝶阀具有以下特性:

(1)采用先进的无销连接技术,结构坚固紧凑,蝶板具有(上下、左右)自动对中功能。

(2)阀体与阀颈铝合金一体化具有超强的防止结露作用。质量超轻,特殊材料与先进压铸工艺制成的铝压铸蝶阀,有效地防止结露、结灰、电腐蚀。

(3)阀座法兰密封面采用大宽边、大圆弧的密封,使阀门适应套合式和焊接式法兰连接要求,适用任何标准法兰连接要求,使安装密封更简单易行。

不锈钢蝶阀具有良好的抗氧化性能,阀座可拆卸、免维护。阀体通径与管内径等径,开启时窄而呈流线型的阀板与流体方向一致,流量大而阻力小,无物料积聚。

(三)工程量计算

铝蝶阀及不锈钢蝶阀工程量均按设计图示数量计算。

【例 4-31】 如图 4-61 所示为 6m 长、断面尺寸为 400mm×400mm 的铝板通风管道,一处吊托支架,其上安装一个 400mm×400mm 的铝蝶阀($\delta=150$mm),试计算其工程量。

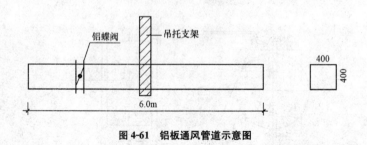

图 4-61 铝板通风管道示意图

【解】(1)400mm×400mm 铝板通风管道工程量=$2\times(0.4+0.4)\times(6.0-0.15)=9.36m^2$

(2)400mm×400mm 铝蝶阀工程量=1 个

工程量计算结果见表 4-103。

表 4-103　　　　　　　　　工程量计算表

项目编码	项目名称	项目特征描述	计量单位	工程量
030702004001	铝板通风管道	400mm×400mm	m²	9.36
030703003001	铝蝶阀	400mm×400mm 铝蝶阀，δ=150mm	个	1

【例 4-32】 如图 4-62 所示为干管尺寸为 $\phi500$ 的不锈钢板风管，上面安装一个 $\phi500$ 的不锈钢蝶阀（$l=150mm$），支管尺寸为 $\phi250$，干管上开一测定孔，并由两处吊托支架固定，试计算其工程量。

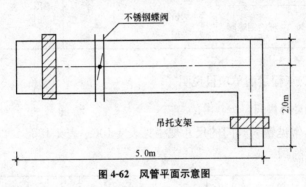

图 4-62　风管平面示意图

【解】（1）$\phi500$ 不锈钢通风管道工程量 $=\pi\times0.5\times(5.0-0.15-0.25)=7.22m^2$

（2）$\phi250$ 不锈钢通风管道工程量 $=\pi\times0.25\times(2.0+0.25)=1.77m^2$

（3）不锈钢蝶阀工程量 $=1$ 个

工程量计算结果见表 4-104。

表 4-104　　　　　　　　　工程量计算表

项目编码	项目名称	项目特征描述	计量单位	工程量
030702003001	不锈钢板通风管道	$\phi500$	m²	7.22
030702003002	不锈钢板通风管道	$\phi250$	m²	1.77
030703004001	不锈钢蝶阀	$\phi500, l=150mm$	个	1

五、塑料阀门与玻璃钢蝶阀

(一)工程量清单项目设置

塑料阀门与玻璃钢蝶阀工程量清单项目设置见表 4-105。

表 4-105　　塑料阀门与玻璃钢蝶阀工程量清单项目设置

项目编码	项目名称	项目特征	计量单位	工作内容
030703005	塑料阀门	1. 名称 2. 型号 3. 规格 4. 类型	个	阀体安装
030703006	玻璃钢蝶阀			

(二)工程量清单项目说明

1. 塑料阀门

(1)常见塑料阀门的尺寸规格见表 4-106～表 4-108。

表 4-106　　塑料手柄蝶阀　　mm

型号	1	2	3	4	5	6	7	8	9	10	11	12	13	14
圆 D	100	120	140	160	180	200	220	250	280	320	360	400	450	500
管 L	160	160	160	180	200	220	240	270	300	340	380	420	470	520
方 A	120	160	200	250	320	400	500							
管 L	160	180	220	270	340	420	520							

注:D—风管外径;A—方风管外边宽;B—方风管外边高;L—管件长度。

表 4-107　　塑料拉链式蝶阀　　mm

型号	1	2	3	4	5	6	7	8	9	10	11
圆 D	200	220	250	280	320	360	400	450	500	560	630
管 L	240	240	270	300	340	380	420	570	520	580	650
方 A	200	250	320	400	500	630					
管 L	240	270	340	420	520	650					

注:D—风管外径;A—方风管外边宽;B—方风管外边高;L—管件长度。

表 4-108　　　　　　　　　塑料插板阀　　　　　　　　　　　mm

型号	1	2	3	4	5	6	7	8	9	10	11
圆 D 管 L	200 200	220 200	250 200	280 200	320 300	360 300	400 300	450 300	500 300	560 300	630 300
方 A 管 L	200 200	250 200	320 200	400 200	500 300	630 300					

注：D—风管外径；A—方风管外边宽；B—方风管外边高；L—管件长度。

(2)塑料风管阀门安装应符合下列要求：

1)安装前的检查：

①核对阀门的型号规格与设计是否相符；

②检查外观，查看是否有损坏，阀杆是否歪斜、灵活等；

③根据管道工程施工规范，对阀门作强度试验和严密性试验；低压阀门抽检 10%（但至少一个），高、中压和有毒、剧毒及甲乙类火灾危险物质的阀门应逐个进行试验；

④阀门的强度试验压力应按表 4-109 进行。

表 4-109　　　　　　　　　阀门的强度试验

公称压力 PN(MPa)	试验压力(MPa)	合格标准
≤32	$1.5PN$	试验时间不少于 5min，壳体、填料无渗漏为合格。
40	56	
50	70	
64	90	
80	100	
100	130	

注：1. PN<1MPa 时，且 DN≥600mm 的闸阀可不单独进行强度试验，强度试验在管道系统试压时进行。
　　2. 对焊阀门强度试验可在系统试验时进行。

2)阀门搬运时不允许随手抛掷，应按类别进行摆放。

3)阀门吊装搬运时，钢丝绳不得拴在手轮或阀杆上，应拴在法兰处。

2. 玻璃钢蝶阀

玻璃钢蝶阀是把主要易腐蚀部件如阀体、阀板等设计为玻璃钢材料,玻璃钢部件所使用的纤维、纤维织物与树脂类型由蝶阀的工作条件确定。

玻璃钢蝶体的主体形状为直管状,其结构特点是以一段玻璃钢直管为基础,然后增加法兰、密封环制造而成。这种蝶阀具有耐腐蚀能力强、成本低廉、制造工艺简单灵活等特点。

(三)工程量计算

塑料阀门及玻璃钢蝶阀工程量均按设计图示数量计算。

【例 4-33】 如图 4-63 所示,塑料通风管道断面尺寸为 200mm×200mm,总长为 50m,其上有一个尺寸为 200mm×200mm 的方形塑料插板阀($l=200$mm),试计算其工程量。

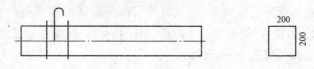

图 4-63 塑料通风管道示意图

【解】(1)200mm×200mm 塑料风管工程量 $=2\times(0.20+0.20)\times(50-0.20)=39.84\mathrm{m}^2$

(2)方型塑料插板阀工程量=1 个

工程量计算结果见表 4-110。

表 4-110　　　　　工程量计算表

项目编码	项目名称	项目特征描述	计量单位	工程量
030702005001	塑料通风管道	200mm×200mm	m²	39.84
030703005001	塑料阀门	方型塑料插板阀,200mm×200mm	个	1

【例 4-34】 某玻璃钢通风管道如图 4-64 所示，其断面尺寸为 500mm×500mm，弯头内有两导流叶片，导流叶片半径为 400mm，对应角度为 90°，且管上有一玻璃钢蝶阀为成品（$l=150$mm），试计算其工程量。

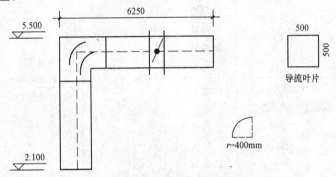

图 4-64 玻璃钢通风管道示意图

【解】(1) 500mm×500mm 玻璃钢风管工程量 $=2\times(0.5+0.5)\times(5.5-2.1-0.4+6.25-0.15-0.4)=17.4\text{m}^2$

(2) 500mm×500mm 玻璃钢蝶阀工程量＝1 个

(3) 弯头导流叶片工程量＝1 组

工程量计算结果见表 4-111。

表 4-111　　　　　工程量计算表

项目编码	项目名称	项目特征描述	计量单位	工程量
030702006001	玻璃钢通风管道	500mm×500mm	m²	17.4
030702009001	弯头导流叶片	叶片半径为 400mm，对应角度为 90°	组	1
030703006001	玻璃钢蝶阀	500mm×500mm，方形	个	1

六、风口、散流器、百叶窗

(一) 工程量清单项目设置

风口、散流器、百叶窗工程量清单项目设置见表 4-112。

表 4-112　风口、散流器、百叶窗工程量清单项目设置

项目编码	项目名称	项目特征	计量单位	工作内容
030703007	碳钢风口、散流器、百叶窗	1. 名称 2. 型号 3. 规格 4. 质量 5. 类型 6. 形式	个	1. 风口制作、安装 2. 散流器制作、安装 3. 百叶窗安装
030703008	不锈钢风口、散流器、百叶窗	1. 名称 2. 型号 3. 规格 4. 质量 5. 类型 6. 形式	个	
030703009	塑料风口、散流器、百叶窗		个	
030703010	玻璃钢风口	1. 名称 2. 型号 3. 规格 4. 类型 5. 形式	个	风口安装
030703011	铝及铝合金风口、散流器		个	1. 风口制作、安装 2. 散流器制作、安装

(二) 工程量清单项目说明

1. 风口型号、规格及形式

(1) 风口基本规格。风口基本规格用颈部尺寸(指与风管的接口处)表示,见表 4-113。

表 4-113　方、矩形风口规格代号　　　　　　　　mm

宽度 W 高度 H	120	160	200	250	320	400	500	630	800	1000	1250
120	1212	1612	2012	2512	3212	4012	5012	6312	8012	10012	
160		1616	2016	2516	3216	4016	5016	6316	8016	10016	12516

续表

高度 H \ 宽度 W	120	160	200	250	320	400	500	630	800	1000	1250
200			2020	2520	3220	4020	5020	6320	8020	10020	12520
250				2525	3225	4025	5025	6325	8025	10025	12525
320					3232	4032	5032	6332	8032	10032	12532
400						4040	5040	6340	8040	10040	12540
500							5050	6350	8050	10050	12550
630								6363	8063	10063	12563

注：散流器基本规格可按相等间距数 50mm、60mm、70mm 排列。

(2) 风口型号表示方法。风口型号表示方法如图 4-65 所示。

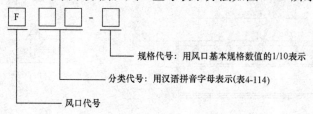

图 4-65 风口型号表示方法

表 4-114　　　　分类代号表

序号	风口名称	分类代号	序号	风口名称	分类代号
1	单层百叶风口	DB	10	条缝风口	TF
2	双层百叶风口	SB	11	旋流风口	YX
3	圆形散流器	YS	12	孔板风口	KB
4	方形散流器	FS	13	网板风口	WB
5	矩形散流器	JS	14	椅子风口	YZ
6	圆盘形散流器	PS	15	灯具风口	DZ
7	圆形喷口	YP	16	算孔风口	BK
8	矩形喷口	JP	17	格栅风口	KS
9	球形喷口	QP			

(3)风口形式。风口主要有以下几种形式:

1)双层百叶送风口。双层百叶送风口由外框、两组相互垂直的前叶片和后叶片组成,如图4-66所示。

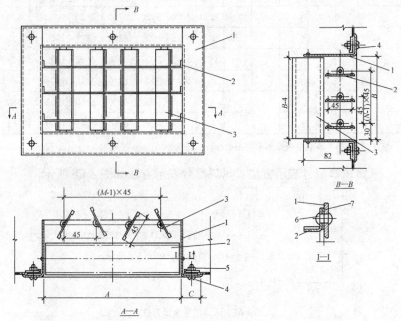

图4-66 双层百叶送风口

1—外框;2—前叶片;3—后叶片;4—半圆头螺钉(AM5×15)
5—螺母(AM5);6—铆钉(4×8);7—垫圈

2)插板式风口。插板式风口由插板、导向板、挡板等组成,如图4-67所示。

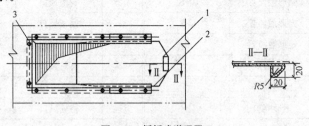

图4-67 插板式送吸风口

1—插板;2—导向板;3—挡板

3) 活动箅板式风口。活动箅板式风口是由外箅板、内箅板、连接框、调节螺栓等组成,如图4-68所示。

4) 孔板式风口。孔板式风口可分为全面孔板和局部孔板。孔板式风口由高效过滤器箱壳、静压箱和孔板组成,如图4-69所示。

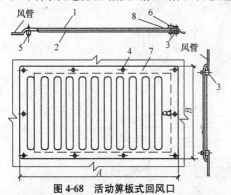

图 4-68 活动箅板式回风口
1—外箅板;2—内箅板;3—连接框;4—半圆头螺钉;
5—平头铆钉;6—滚花螺母;7—光垫圈;8—调节螺栓
A—回风口长度;B—回风口宽度,按设计决定

图 4-69 高效过滤器送风口

5) 旋转式风口。旋转式风口由叶栅、壳体、钢球、压板、摇臂、定位螺栓等组成,如图4-70所示。

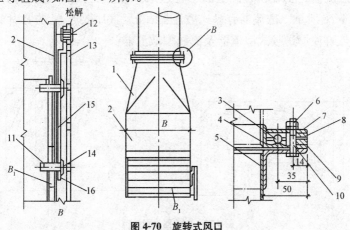

图 4-70 旋转式风口
1—异径管;2—风口壳体;3—钢球;4、5—法兰;6—螺母;7—压板;8、16—垫圈;9—固定压板;
10—螺栓;11—开口销;12—铆钉;13—拉杆;14—销钉;15—摇臂;B_1—叶栅

6) 球形风口。球形风口由球形阀体、弧形阀板、旋轮等组成,如图 4-71 所示。

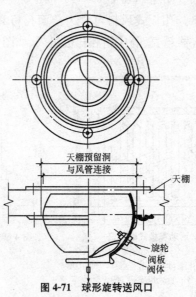

图 4-71 球形旋转送风口

2. 散流器的种类及结构形式

散流器是安装在天棚上的一种送风口,有平送与下送两种方式,如图 4-72 所示。散流器有盘式散流器、圆形直片散流器、方形片式散流器与直片形送吸式散流器及流线型散流器。

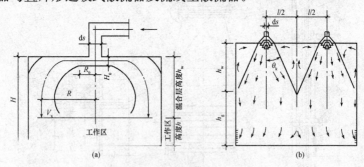

图 4-72 散流器送风流型
(a)散流器平送流型;(b)散流器下送流型

散流器用于空调系统和空气洁净系统。其可分为直片型散流器和流线型散流器,如图 4-73 所示。直片型散流器形状有圆形和方形两种。内部装有调节环和扩散圈。调节环与扩散圈处于水平位置时,可产生气流垂直向下的垂直气流流型,可用于空气洁净系统。如调节环插入扩散圈内 10mm 左右时,使出口处的射流轴线与天棚间的夹角小于 50°,形成贴附气流,可用于空调系统。

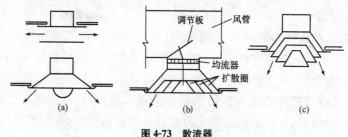

图 4-73 散流器
(a)圆盘散流器;(b)圆形直片式散流器;(c)流线型散流器

1. 风口、散流器的制作

(1)双层百叶送风口。

1)外框制作:用钢板剪成板条,锉去毛刺,精确地钻出铆钉孔,再用扳边机将板条扳成角钢形状,拼成方框,然后检查外表面的平整度,与设计尺寸的允许偏差不应大于 2mm;检查角方,要保证焊好后两对角线之差不大于 3mm;最后将四角焊牢再检查一次。

2)叶片制作:将钢板按设计尺寸剪成所需的条形,通过模具将两边冲压成所需的圆棱,然后锉去毛刺,钻好铆钉孔,再把两头的耳环扳成直角。

3)油漆或烤漆等各类防腐均在组装之前完成。

4)组装时,不论是单层、双层、还是多层叶片,其叶片的间距应均匀,允许偏差为±0.1mm,轴的两端应同心,叶片中心线允许偏差不得超过 3/1000,叶片的平行度不得超过 4/1000。

5)将设计要求的叶片铆在外框上,要求叶片间距均匀,两端轴中心应在同一直线上,叶片与边框铆接松紧适宜,转动调节时应灵活,叶片平直，同边框不得有碰擦。

6）组装后，圆形风口必须做到圆弧度均匀，外形美观；矩形风口四角必须方正，表面平整、光滑。风口的转动调节机构灵活、可靠，定位后无松动迹象。风口表面无划痕、压伤与花斑，颜色一致，焊点光滑。

（2）散流器。制作散流器时，圆形散流器应使调节环和扩散圈同轴，每层扩散圈周边的间距一致，圆弧均匀；方形散流器的边线平直，四角方正。

流线型散流器的叶片竖向距离，可根据要求的气流流型进行调整，适用于恒温恒湿空调系统的空气洁净系统。流线型散流器的叶片形状为曲线形，手工操作达不到要求的效果时，多采用模具冲压成型。目前，流线型散流器除按现行国家标准要求制作外，有的工厂已批量生产新型散流器，其特点是散流片整体安装在圆筒中，并可整体拆卸；散流片的上面还装有整流片和风量调节阀。

方形散流器宜选用铝型材；圆形散流器宜选用铝型材或半硬铝合金板冲压成型。

4. 风口、散流器的安装

（1）对于矩形风口要控制两对角线之差不应大于3mm，以保证四角方正；对于圆形风口则控制其直径，一般取其中任意两互相垂直的直径，使两者的偏差不大于2mm，就基本上不会出现椭圆形状。

（2）风口表面与设计尺寸的允许偏差不应大于2mm。在整个空调系统中，风口是唯一外露于室内的部件，故对它的外形要求要高一些。

（3）多数风口是可调节的，有的甚至是可旋转的，凡是有调节、旋转部分的风口都要保证活动件轻便灵活。

（4）在安装风口时，应注意风口与所在房间内线条的协调一致。尤其当风管暗装时，风口应服从房间的线条。吸顶的散流器与平顶平齐。散流器的扩散圈应保持等距。散流器与总管的接口应牢固可靠。

（三）工程量计算

风口、散流器及百叶窗工程量均按设计图示数量计算。

【例 4-35】 如图 4-74 所示为风管示意图，试计算其工程量。

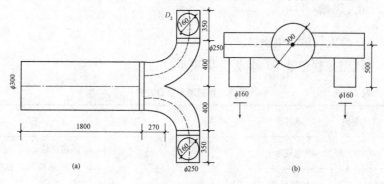

图 4-74 风管示意图
(a)平面图；(b)立面图

【解】(1) $\phi 300$ 风管工程量 $=\pi DL=3.14\times 0.3\times 1.8=1.70\text{m}^2$

(2) $\phi 160$ 风管工程量 $=\pi DL=3.14\times 0.16\times 0.5=0.25\text{m}^2$

则全部 $\phi 160$ 风管工程量 $=2\times F=2\times 0.25=0.5\text{m}^2$

(3) $\phi 250$ 风管工程量 $=2\left(\pi DL+\dfrac{1}{4}\pi^2 D^2\right)=2\times\left[3.14\times 0.25\times(0.27+0.35)+\dfrac{1}{4}\times 3.14^2\times 0.25^2\right]=1.28\text{m}^2$

(4) $\phi 160$ 圆形散流器工程量 $=1\times 2=2$ 个

工程量计算结果见表 4-115。

表 4-115 工程量计算表

项目编码	项目名称	项目特征描述	计量单位	工程量
030702001001	碳钢通风管道	圆形, $\phi 300$	m²	1.70
030702001002	碳钢通风管道	圆形, $\phi 160$	m²	0.50
030702001003	碳钢通风管道	圆形, $\phi 250$	m²	1.28
030703007001	散流器	圆形, $\phi 160$	个	2

七、风帽

(一)工程量清单项目设置

风帽工程量清单项目设置见表 4-116。

表 4-116　　　　　　　风帽工程量清单项目设置

项目编码	项目名称	项目特征	计量单位	工作内容
030703012	碳钢风帽	1. 名称 2. 规格 3. 质量 4. 类型 5. 形式 6. 风帽筝绳、泛水设计要求	个	1. 风帽制作、安装 2. 筒形风帽滴水盘制作、安装 3. 风帽筝绳制作、安装 4. 风帽泛水制作安装
030703013	不锈钢风帽	^	^	^
030703014	塑料风帽	^	^	^
030703015	铝板伞形风帽	^	^	1. 板伞形风帽制作安装 2. 风帽筝绳制作、安装 3. 风帽泛水制作、安装
030703016	玻璃钢风帽	^	^	1. 玻璃钢风帽安装 2. 筒形风帽滴水盘安装 3. 风帽筝绳安装 4. 风帽泛水安装

(二)工程量清单项目说明

1. 风帽的形式

风帽是安装在排风系统的末端,利用风压的作用,加强排风能力的一种自然通风装置。同时可以防止雨雪落入风管内。

在排风系统中一般使用伞形风帽、锥形风帽和筒形风帽(图 4-75),向室外排出污浊空气。

第四章 通风空调工程工程量清单编制 ·213·

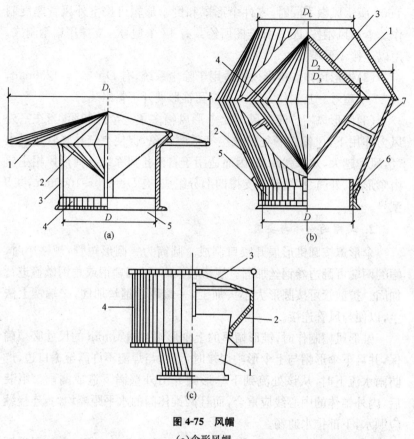

图 4-75 风帽
(a)伞形风帽
1—伞形帽;2—倒伞形帽;3—支撑;4—加固环;5—风管
(b)锥形风帽
1—上锥形帽;2—下锥形帽;3—上伞形帽;
4—下伞形帽;5—连接管;6—外支撑;7—内支撑
(c)筒形风帽
1—扩散管;2—支撑;3—伞形罩;4—外筒

(1)伞形风帽。伞形风帽适用于一般机械排风系统。伞形罩和倒伞形帽可按圆锥形展开咬口制成。当通风系统的室外风管厚度与

T609 所示风帽不同时,零件伞形罩和倒伞形帽可按室外风管厚度制作。伞形风帽按 T609 标准图所绘共有 17 个型号。支撑用扁钢制成,用以连接伞形帽。

(2)锥形风帽。锥形风帽适用于除尘系统,有 $D=200\sim1250\mathrm{mm}$,共 17 个型号。其制作方法主要按圆锥形展开下料组装。

(3)筒形风帽。筒形风帽比伞形风帽多了一个外圆筒,当在室外风力作用下,风帽短管处形成空气稀薄现象,促使空气从竖管排至大气,风力越大,效率就越高,因而适用于自然排风系统。筒形风帽主要由伞形罩、外筒、扩散管和支撑四部分组成,有 $D=200\sim1000\mathrm{mm}$,共 9 型号。

2. 风帽的制作与安装

伞形罩按圆锥形展开咬口制成。圆筒为一圆形短管,规格小时,帽的两端可翻边卷钢丝加固。规格较大时,可用扁钢或角钢做箍进行加固。扩散管可按圆形大小头加工,一端用卷钢丝加固,一端铆上法兰,以便与风管连接。

锥形风帽制作时,锥形帽里的上伞形帽挑檐 10mm 的尺寸必须确保,并且下伞形帽与上伞形帽焊接时,焊缝与焊渣不许露至檐口边,严防雨水流下时,从该处流到下伞形帽并沿外壁淌下造成漏雨。组装后,内外锥体的中心线应重合,而且两锥体间的水平距离均匀,连接缝应顺水,下部排水通畅。

挡风圈也可按圆形大小头加工,大口可用卷边加固,小口用手锤錾出 5mm 的直边和扩散管点焊固定。支撑用扁钢制成,用来连接扩散管、外筒和伞形帽。

风帽各部件加工完后,应刷好防锈底漆再进行装配;装配时,必须使风帽形状规整、尺寸准确,不歪斜,旋转风帽重心应平衡,所有部件应牢固。

(三)工程量计算

碳钢风帽、不锈钢风帽、塑料风帽、铝板伞形风帽、玻璃钢风帽工程量均按设计图示数量计算。

八、罩类

(一)工程量清单项目设置

罩类工程量清单项目设置见表 4-117。

表 4-117　　　　　罩类工程量清单项目设置

项目编码	项目名称	项目特征	计量单位	工作内容
030703017	碳钢罩类	1. 名称 2. 型号 3. 规格 4. 质量 5. 类型 6. 形式	个	1. 罩类制作 2. 罩类安装
030703018	塑料罩类			

(二)工程量清单项目说明

罩类是指在通风系统中的风机皮带防护罩、电动机防雨罩以及安装在排风系统中的侧吸罩、排气罩、吸(吹)式槽边罩、抽风罩、回转罩等。通风机的传动装置外露部分应设置防护罩,安装在室外的电动机必须设防雨罩。

1. 排气罩的类型

排气罩是通风系统的局部排气装置,其形式很多,主要有密闭罩、外部吸气罩、接受式局部排气罩、呼吸式局部排气罩四种基本类型,如图 4-76 所示。

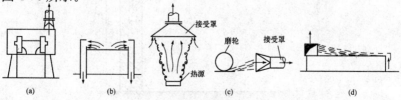

图 4-76　局部排气罩的基本类型
(a)密闭罩;(b)外部排气罩;(c)接受式局部排气罩;(d)吹吸式局部排气罩

密闭罩可分为带卷帘密闭罩和热过程密闭罩两种,如图 4-77 和图 4-78 所示。通常用来把生产有害物的局部地点完全密闭起来。

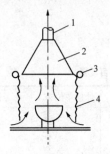
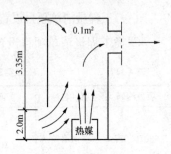

图 4-77　带卷帘的密闭罩　　　　　图 4-78　热过程密闭罩

1—烟道;2—伞形罩;3—卷绕装置;4—卷帘

排气罩外形如图 4-79 所示。外部排气罩应安装在有害物的附近。

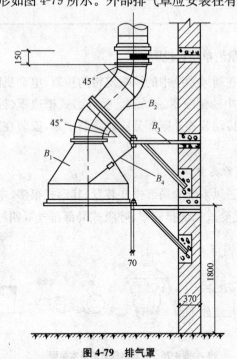

图 4-79　排气罩

B_1—圆回转罩;B_2—连接管;B_3—支架;B_4—拉杆

2. 排气罩制作

制作排气罩应符合设计或全国通用标准图集的要求，根据不同的形式展开画线、下料后进行机械或手动加工成型。其上各孔洞均采用冲。连接件要选用与主料相同的标准件。各部件加工后，尺寸应正确，形状要规则，表面须平整光滑，外壳不得有尖锐的边缘，罩口应平整。制作尺寸应准确，连接处应牢固。其外壳不应有尖锐边缘。对于带有回转或升降机构的排气罩，所有活动部件应动作灵活、操作方便。

3. 排气罩安装

(1)各类吸尘罩、排气罩的安装位置应正确，牢固可靠，支架不得设置在影响操作的部位。

(2)用于排出蒸汽或其他潮湿气体的伞形排气罩，应在罩口内边采取排凝结液体的措施。

(3)罩子的安装高度对其实际效果影响很大，如果不按设计要求安装，将不能得到预期的效果。这一高度既要考虑不影响操作，又要考虑有效排除有害气体，其高度一般为罩的下口离设备上口小于或等于排气罩下口的边长最为合适。

(4)局部排气罩因体积较大，故应设置专用支、吊架，并要求支、吊架平整，牢固可靠。

(三)工程量计算

碳钢罩类、塑料罩类工程量均按设计图示数量计算。

【例 4-36】 如图 4-80 所示，某排风系统中尺寸 $B \times C = 300mm \times 120mm$ 的碳钢槽边吹风罩 6 个，试计算碳钢罩类的工程量。

【解】 碳钢槽边吹风罩工程量=6 个

由国际通风部件标准质量表可查得，尺寸 $B \times C = 300mm \times 120mm$ 的碳钢槽边吹风罩的单重为 13.61kg，则总重=$6 \times 13.61 = 81.66$kg。

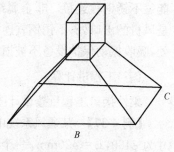

图 4-80 槽边吹风罩

工程量计算结果见表 4-118。

表 4-118 工程量计算表

项目编码	项目名称	项目特征描述	计量单位	工程量
030703017001	碳钢罩类	碳钢槽边吹风罩,单重为13.61kg,总重为81.66kg	个	6

九、柔性接口

(一)工程量清单项目设置

柔性接口工程量清单项目设置见表 4-119。

表 4-119 柔性接口工程量清单项目设置

项目编码	项目名称	项目特征	计量单位	工作内容
030703019	柔性接口	1. 名称 2. 规格 3. 材质 4. 类型 5. 形式	m²	1. 柔性接口制作 2. 柔性接口安装

(二)工程量清单项目说明

柔性接口一般是指非金属纤维织物补偿器或者是橡胶接头,也可能是不锈钢软连接。非金属纤维织物补偿器一般用于烟风管道或者是风机的出口处;不锈钢软连接或者是橡胶接头一般用于泵的进出口处,吸收振动保护设备不被损坏。

(三)工程量计算

柔性接口工程量按设计图示尺寸以展开面积计算。

【例 4-37】 某通风系统中,风机、风管连接处装有一个软接头,尺寸为 $\phi 400$, $L=420mm$,一个伸缩节,尺寸为 $400mm \times 320mm$, $L=350mm$,试计算柔性接口工程量。

【解】(1) 软接头工程量 $=\pi DL=3.14\times 0.4\times 0.42=0.53\text{m}^2$

(2) 伸缩节工程量 $=2(a+b)L=2\times(0.4+0.32)\times 0.35$
$=0.50\text{m}^2$

工程量计算结果见表 4-120。

表 4-120　　　　　　　　　工程量计算表

项目编码	项目名称	项目特征描述	计量单位	工程量
030703019001	柔性接口	软接头,尺寸为 $\phi 400$, $L=20\text{mm}$	m^2	0.53
030703019002	柔性接口	伸缩节,尺寸为400mm× 320mm,$L=350\text{mm}$	m^2	0.50

十、消声器

(一)工程量清单项目设置

消声器工程量清单项目设置见表 4-121。

表 4-121　　　　　　消声器工程量清单项目设置

项目编码	项目名称	项目特征	计量单位	工作内容
030703020	消声器	1. 名称 2. 规格 3. 材质 4. 形式 5. 质量 6. 支架形式、材质	个	1. 消声器制作 2. 消声器安装 3. 支架制作安装

(二)工程量清单项目说明

1. 消声器的种类

消声器一般是用吸声材料按不同的消声原理设计而成的消声装置。在通风空调系统中,一般安装在风机出口水平总风管上,用来降低风机产生的空气动力性噪声,阻止或降低噪声传播到空调房间内。

按不同消声原理,消声器有不同的结构类型。在空调工程中常用的消声器有:阻性消声器、抗性消声器、共振型消声器和宽频带复合型消声器等多种,另外,还有一类利用风管构件所做的消声弯头,它具有节约空间的优点。

(1)阻性消声器。阻性消声器有片式消声器和在风道内壁铺贴吸声材料的管式消声器等,如图 4-81 所示。

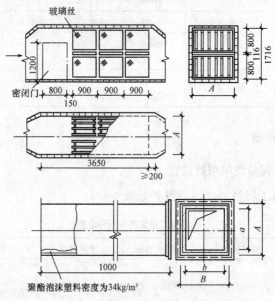

图 4-81 阻性消声器

(2)抗性消声器。抗性消声器是管与室的结合,即小室与管子相连,由于管道内截面面积突然变化,使沿管道传播的声波反射回声源而达到消声的作用,如图 4-82 所示。

抗性消声器对消除低频噪声有一定效果,但一般要求管截面变化 4 倍才有效。所以在空调工程中,抗性消声器的应用常受到机房面积和房间大小的限制。

(3)共振型消声器。共振型消声器的结构如图 4-83 所示,共有薄板共振吸声结构、单个空腔共振吸声结构和穿孔板共振吸声结构三种基本结构形式。

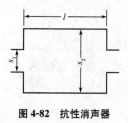

图 4-82 抗性消声器

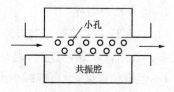

图 4-83 共振型消声器

(4) 宽频带复合型消声器。宽频带复合型消声器又称阻抗复合式消声器,如图 4-84 所示。它是综合了阻性消声部分和抗性消声部分而组成的,其阻性吸声片是用木筋制成的木框,内填超细玻璃棉,外包玻璃布。

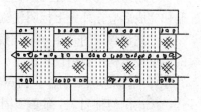

图 4-84 宽频带复合型消声器

在填充吸声材料时,应按设计的堆积密度铺放均匀,覆面层不得破损。消声器中用的覆面材料用玻璃丝布,脆性很大,易碰破,在钉泡钉处加一层垫片,可减少破损现象。

(5) 消声弯头。消声弯头有以下两种类型:

1) 弯头内贴吸声材料的做法,要求弯头内缘做成圆弧,外缘粘贴吸声材料的长度不小于弯头宽度的 4 倍,如图 4-85 所示。

2) 改良的消声弯头,外缘采用穿孔板、吸声材料和空腔,如图 4-86 所示。

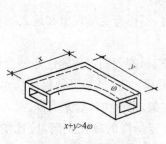

图 4-85 普通消声弯头

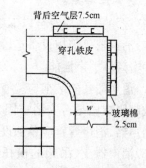

图 4-86 改良的消声弯头

2. 消声器的制作

(1) 消声器壳体制作。消声器外壳采用的拼接方法与漏风量有直接关系。若用自攻螺钉连接，则易漏风，必须采取密封措施。而采用咬接，不但增加强度，也可以减少漏风。所以，消声器的壳体应采用咬接较好。

在制作过程中，要注意有些形式的消声器是有方向要求的，故在制作完成后应在外壳上标明气流方向，以免安装时装错。

片式消声器的壳体，可用钢筋混凝土，也可用重砂浆砌体制成，壳的厚度按结构需要由设计决定。

(2) 消声器框架制作。消声器的框架用角钢框、木框和铁皮等制作。无论用何种材料，都必须固定牢固，有些消声器如阻抗式、复合式、蜂窝式等在其迎风端还需装上导流板。

共振腔是共振性消声器的共振结构之一，每一个共振结构都具有一定的固有频率。由孔径、孔颈厚和共振腔(空腔)的组合所决定的。对其他的消声器如复合式消声器、膨胀式消声器和迷宫式消声器等隔及尺寸也同样重要，所以必须按设计要求制作。

(3) 消声片单体安装。在有较高消声要求的大型空调系统中，消声器的规格尺寸较大，一般做成单片，安装于处理室的消声段。消声片要有规则的排列，要保持片距的正确，才能达到较好的消声效果。上下两端装有固定消声片的框架，要求安装不能松动，以免产生噪声。

3. 消声器的安装

消声器的安装应符合以下要求：

(1) 消声器等消声设备运输时，不得有变形现象和过大振动，避免外界冲击破坏消声性能。

(2) 消声器在安装前应检查支、吊架等固定件的位置是否正确，预埋件或膨胀螺栓是否安装牢固、可靠。支、吊架必须保证所承担的荷载。消声器、消声弯管应单独设支架，不得由风管来支撑。

(3) 消声器支、吊架的横托板穿吊杆的螺孔距离，应比消声器宽 40~50mm。为了便于调节标高，可在吊杆端部套 50~80mm 的丝扣，以便找平、找正,并加双螺帽固定。

(4)消声器的安装方向必须正确,与风管或管件的法兰连接应保证严密、牢固。

(5)当通风空调系统有恒温、恒湿要求时,消声器等消声设备外壳与风管同样作保温处理。

(6)消声器安装就位后,可用拉线或吊线尺量的方法进行检查,对位置不正、扭曲、接口不齐等不符合要求部位进行修整,达到设计和使用的要求。

(三)工程量计算

消声器工程量按设计图示数量计算。

【例 4-39】 某通风空调系统中有片式消声器 3 台,矿棉管式消声器 4 台,阻抗复合式消声器 2 台,试计算消声器工程量。

【解】(1)片式消声器工程量=3 台

(2)阻抗复合式消声器工程量=4 台

(3)矿棉管式消声器工程量=2 台

工程量计算结果见表 4-122。

表 4-122　　　　　工程量计算表

项目编码	项目名称	项目特征描述	计量单位	工程量
030703020001	消声器	片式消声器	个	3
030703020002	消声器	阻抗复合式消声器	个	4
030703020003	消声器	矿棉管式消声器	个	2

十一、静压箱

(一)工程量清单项目设置

静压箱工程量清单项目设置见表 4-123。

表 4-123　静压箱工程量清单项目设置

项目编码	项目名称	项目特征	计量单位	工作内容
030703021	静压箱	1. 名称 2. 规格 3. 形式 4. 材质 5. 支架形式、材质	1. 个 2. m²	1. 静压箱制作、安装 2. 支架制作、安装

(二)工程量清单项目说明

静压箱是送风系统减少动压、增加静压、稳定气流和减少气流振动的一种必要配件。其可使送风效果更加理想。

静压箱可用来减少噪声,又可获得均匀的静压出风,减少动压损失,而且还有万能接头的作用。把静压箱很好地应用到通风系统中,可提高通风系统的综合性能。

消声静压箱一般安装在风机出口处或在空气分布器前设置静压箱并贴以吸声材料。既可起到消声器的作用,又能起到稳定气流的作用,如图 4-87 所示。

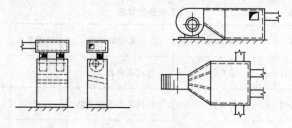

图 4-87　消声静压箱

(三)工程量计算

静压箱工程量若以个计量,按设计图示数量计算;若以平方米计量,则按设计图示尺寸以展开面积计算。

【例 4-39】　如图 4-88 所示,某通风系统中静压箱尺寸为 2.5m×2.5m×1m,风管直径为 ϕ600mm,落地式风机盘管型号为 FC-60,试计算其工程量。

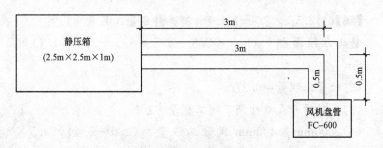

图 4-88 通风系统示意图

【解】(1) 型号 FC-60 风机盘管工程量 = 1 台

(2) $\phi 600$ 风管工程量 = $\pi DL = \pi \times (3+0.5) \times 0.6 = 6.59 \text{m}^2$

(3) $2.5\text{m} \times 2.5\text{m} \times 1\text{m}$ 静压箱工程量 = $2 \times (2.5 \times 2.5 + 2.5 \times 1 + 2.5 \times 1) = 22.5 \text{m}^2$

工程量计算结果见表 4-124。

表 4-124　　　　　工程量计算表

项目编码	项目名称	项目特征描述	计量单位	工程量
030701004001	风机盘管	型号 FC-60	台	1
030702001001	碳钢通风管道	$\phi 600$	m²	6.59
030703021001	静压箱	碳素钢板制作,2.5m×2.5m×1m	m²	22.5

【例 4-40】 如图 4-89 所示为某空调送风系统,试计算其工程量。

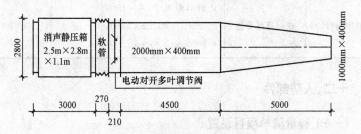

图 4-89 空调送风系统平面示意图

【解】(1) 2.5m×2.8m×1.1m 消声静压箱工程量=1台

静压力箱面积=(2.5×2.8+2.8×1.1+2.5×1.1)×2=25.66m²

(2) 软管工程量=0.27m

(3) 电动对开式双叶调节阀工程量=1个

(4) 2000mm×400mm 风管工程量=(2.0+0.4)×4.5×2=2.4×4.5×2=21.60m²

(5) 渐缩形风管工程量=[(2.0+0.4)×2+(1.0+0.4)×2]/2×5.0=19.00m²

工程量计算结果见表 4-125。

表 4-125　　　　　　工程量计算表

项目编码	项目名称	项目特征描述	计量单位	工程量
030703021001	静压箱	碳素钢板制作,2.5m×2.8m×1.1m	m²	25.66
030702008001	柔性软风管	软管,矩形,2000mm×400mm	m	0.27
030703001001	碳钢阀门	电动对开式双叶调节阀,2000mm×400mm	个	1
030702001001	碳钢通风管道	矩形风管,2000mm×400mm	m²	21.60
030702001002	碳钢通风管道	渐缩形风管,$A×B$=2000mm×400mm,$a×b$=1000mm×400mm	m²	19.00

十二、人防部件

(一)工程量清单项目设置

人防部件工程量清单项目设置见表 4-126。

表 4-126　　　　　人防部件工程量清单项目设置

项目编码	项目名称	项目特征	计量单位	工作内容
030703022	人防超压自动排气阀	1. 名称 2. 型号 3. 规格 4. 类型	个	安装
030703023	人防手动密闭阀	1. 名称 2. 型号 3. 规格 4. 支架形式、材质	个	1. 密闭阀安装 2. 支架制作、安装
030703024	人防其他部件	1. 名称 2. 型号 3. 规格 4. 类型	个(套)	安装

(二) 工程量清单项目说明

1. 自动排气阀

自动排气阀是用于超压排风的一种通风设备。暖通空调系统在运行过程中，水在加热时释放的气体(如氢气、氧气等)带来的众多不良影响会损坏系统及降低热效应，这些气体如不能及时排掉会产生很多不良后果，如因氧化导致系统腐蚀；散热器里形成气袋；热水循环不畅通、不平衡，使某些散热器局部不热；管道带气运行时产生噪声；循环泵的涡空现象等，所以系统中的废气必须及时排出，由此可见自动排气阀在暖通空调系统中的重要作用。

自动排气阀必须垂直安装，从而保证阀体内浮筒处于竖直状态，不能水平或倒立安装。由于气体密度比水小，会沿着管道一直爬到系统最高点并聚集在此，为了提高排气效率，自动排气阀一般都安装在系统的最高点。为了便于检修，自动排气阀一般跟隔断阀一起使用，这样拆卸排气阀是不需要关停系统。

自动排气阀安装好后必须拧松黑色的防尘帽才能排气，但不能完全取掉,万一发生排气阀漏水,可拧紧防伞帽。

2. 人防手动密闭阀

人防手动密闭阀可安装在水平或垂直的管道上,并应保证操作、维修或更换方便。安装方法可参见相关标准规范或生产厂家所提供的技术资料。人防手动密闭阀安装前应存放在室内干燥处,使阀门板处于关闭位置,橡胶密封面上不允许染有任何油脂性物质,以防腐蚀,壳体密封面上必须涂防锈漆。

人防密闭阀的作用是力图减弱室外压力冲击波对人防密闭防护区内的人员至最小伤及程度,其安装方向只关联压力冲击波方向,而与人防送排风系统气流方向没有必然的关系,但从安装结果可以看出如下表征现象:人防密闭阀的安装方向,也即压力冲击波方向与送风系统的气流是同向的,而与排风系统的气流是反向的。

(三) 工程量计算

人防超压自动排气阀、人防手动密闭阀和人防其他部件的工程量均按设计图示数量计算。

第四节 通风工程检测、调试

一、通风工程检测、调试

(一) 工程量清单项目设置

通风工程检测、调试工程量清单项目设置见表 4-127。

表 4-127　通风工程检测、调试工程量清单项目设置

项目编码	项目名称	项目特征	计量单位	工作内容
030704001	通风工程检测、调试	风管工程量	系统	1. 通风管道风量测定 2. 风压测定 3. 温度测定 4. 各系统风口、阀门调整

(二)工程量清单项目说明

1. 通风风管风量测定

通风管道的风量测定方法一般包括以下步骤:

(1)测定截面位置的确定。为保证测量结果的准确性和可靠性,测定截面的位置原则上应选择在气流比较均匀稳定的部位。一般选择在产生局部阻力(如风阀、弯头、三通等)部位之后 4~5 倍管径处(或风管大边尺寸),以及产生局部阻力部件之前 1.5~2 倍管径(或风管大边尺寸)的直管段上,如图 4-90 所示。一般系统有时难以找到符合上述条件的截面,应根据实际情况做适当的变动。

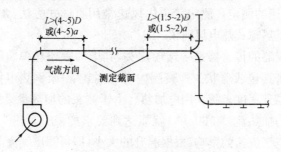

图 4-90 测量断面位置示意图
a—风管大边;D—风管直径

(2)测定截面内测点位置的确定。由于风管截面上各点的气流速度是不相等的,应测量许多点求其平均值。测定截面内测点的位置和数目,主要是按风管形状和尺寸而定。

1)矩形截面测点的位置。可将风管截面划分为若干个相等的小截面,并使各小截面尽可能接近于正方形,其截面不得大于 $0.05m^2$,测点位于各小截面的中心处。至于测点开在风管的大边或小边,视现场情况而定,以方便操作为原则。

2)圆形截面测点的位置。根据管径的大小,将截面分成若干个面积相等的同心圆环,每个圆环测量 4 个点,而且这 4 个点必须位于互相垂直的 2 个直径上,所划分的圆环数,可按表 4-128 选用。

表 4-128　　　　　　　　圆形风管的分环数

风管直径 D(mm)	≤200	200～400	400～700	>700
划分环数 n	3	4	5	5～6

各测点距风管中心的距离按下式计算：

$$R_n = R\sqrt{(2n-1)/2m}$$

式中　R_n——从风管中心到第 n 个测点的距离(mm)；

　　　R——风管的半径(mm)；

　　　n——自风管中心算起测点的顺序(即圆环顺序)号；

　　　m——风管划分的圆环数。

(3)风速的测定。测定管道内风速常用直读式方法，常用的直读式测速仪是热球式热电风速仪。

这种仪器的传感器是一球形测头，其中为镍铬丝弹簧圈，用低熔点的玻璃将其包成球状。弹簧圈内有一对镍铬-康铜热电偶，用以测量球体的温升程度。测头用电加热。由于测头的加热量集中在球部，只需较小的加热流(约 30mA)就能达到要求的温升。测头的温升会受到周围空气流速的影响，根据温升的大小，即可测出气流的速度。

(4)风管内风量的计算。平均风速确定后，通过风管截面面积的风量可按下式计算：

$$L = 3600F \cdot V$$

式中　L——通过风管截面风量(m^3/h)；

　　　F——风管截面面积(m^2)；

　　　V——测定截面内平均风速(m/s)。

2. 风压测定

测试前，将仪器调整水平，检查液柱有无气泡，并将液面调至零点，然后根据测定内容用橡皮管将测压管与压力计连接。测压时，皮托管的管嘴要对准气流流动方向，其偏差不大于 5°，每次测定要反复 3 次，取平均值。

(1)风压的确定。一般情况下，通风机压出段的全压、静压均是正值；通风机吸入段的全压、静压均是负值；而动压则无论是压出段和吸入段均是正值。

压力计算公式为：
$$P_q = P_j + P_d$$

式中　P_q——全压(Pa)；
　　　P_j——静压(Pa)；
　　　P_d——动压(Pa)。

(2)平均压力的确定。测定截面的平均全压、平均静压、平均动压的值为各测点全压、静压、动压的和除以测点总数，即：
$$P = (P_1 + P_2 + \cdots + P_n)/n$$

式中　　　　　　n——测点总数(个)；
　　$P_1, P_2, \cdots, P_n$——测定截面上各测点的压力值(Pa)。

3. 温度测定

(1)根据温度和相对湿度波动范围，应选择相应的具有足够精度的仪表进行测定。每次测定间隔不应大于 20min。

(2)室内测点布置：

1)送回风口处。

2)恒温工作区具有代表性的地表(如沿着工艺设备周围布置或等距离布置)。

3)没有恒温要求的洁净室中心。

4)测点一般应布置在距外墙表面大于 0.5m，离地面 0.8m 的同一高度上；也可以根据恒温区的大小，分别布置在离地不同高度的几个平面上。

(3)温度测点数应符合表 4-129 的规定。

表 4-129　　　　　　　　　温度测点数

波动范围	室面积≤50m²	每增加 20~50m²
$\Delta t = \pm 0.5 \sim \pm 2℃$	5 个	增加 3~5 个
$\Delta RH = \pm 5\% \sim \pm 10\%$		
$\Delta t \leqslant \pm 0.5℃$	点间距不应大于 2m，点数不应少于 5 个	
$\Delta RH \leqslant \pm 5\%$		

(4)有恒温恒湿要求的洁净室。室温波动范围按各测点的各次温度中偏差控制点温度的最大值占测点总数的百分比整理成累积统计曲线。如90％以上测点偏差值在室温波动范围内为符合设计要求;反之,为不合格。

区域温度以各测点中最低的一次测试温度为基准,各测点平均温度与超偏差值的点数,占测点总数的百分比整理成累计统计曲线,90％以上测点所达到的偏差值为区域温差,应符合设计要求。相对湿度波动范围可按室温波动范围的规定执行。

4. 各系统风口、阀门调整

为了减少送风系统与回风系统同时开启给风量调整带来的干扰,对于非空气洁净系统,在调整时可暂时不开送风机而只开启回风机,即先调整系统的回风量。调整时,可将空调房间的门、窗打开,以使室外空气向室内补充。对于有净化要求的空调系统,则不可使用开启门窗向洁净室内补充空气的方法。在回风系统调整基本达到平衡后,可关闭空调房间的门窗,启动送风系统,待空调系统中的送、回风系统均投入运行后再对送风系统进行调整。

在平衡调整空调系统中的风量时,根据风管的大小,往往要在风管断面上确定一些测点,测定风管断面上的各个测点且取其平均值作为该断面上的风速,以计算通过该断面的空气流量。此时,往往用风管上的风量调节阀几次、十几次、甚至数十次地调整通过该断面上的空气流量,方能达到或接近于设计值。在对通过风管中的风量进行测定调整时,可以采用下述较为简易的方法。

由流体力学可知,空气在管路中流动的断面速度如图4-91所示。

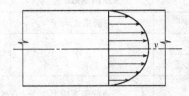

图4-91 流体在管路中流动时的速度断面图

流体在管路中流动时,贴近风管的壁面处,空气的流动速度接近于0;在位于风管的中心点上,空气的流动速度为最大。由图4-91可知,空气流过圆管时,其管内的速度分布近似于抛物线。因此,在对风管内的空气流速进行测定时,可将风速仪的测头或毕托管的测头置于接近断面平均风速点的位置上,而后调节风管路上的调节阀,使实测点位置上的风速等于或接近设计要求值,再测定风管断面上各点的风速。这样风量平衡时,可以避免反复、多次调节风量调节阀的开度,加快调试的进程。

(三)工程量计算

通风工程检测、调试工程量按通风系统计算。

【例4-41】 某通风空调工程,需要完成的部分制作安装项目有:水平式风机盘管(HFCA04,风量800m^3/h)30台,在吊顶内安装。矩形镀锌薄钢板通风管道:800mm×500mm,净长60m,板厚1.0mm,风管检查孔12个(270mm×230mm,T614,1.68kg/个);630mm×320mm,净长20m(包括调节阀所占长度),板厚0.75mm,风管检查孔40个(270mm×230mm,1.68kg/个)。手动密闭对开多叶调节阀40个(630mm×320mm,镀锌钢板制T308-1,14.70kg/个)。铝合金方形散流器72个(FK-20,200mm×200mm)。计算该工程的工程量。

【解】(1)水平式风机盘管工程量:

水平式风机盘管吊顶安装30台,型号HFCA04,风量800m^3/h。

(2)矩形镀锌薄钢板风管工程量:

1)800mm×500mm　$F_1=(0.8+0.5)\times 2\times 60=156m^2$

2)630mm×320mm　$F_2=(0.63+0.32)\times 2\times(200-0.21\times 40)$
$=364.04m^2$

(3)风管检查孔工程量:

270mm×230mm　$F=(12+40)\times 1.68=87.36kg$

(4)手动密闭对开多叶调节阀工程量:

镀锌钢板制作630mm×320mm手动密闭对开多叶调节阀40个。

(5)铝合金方形散流器工程量:

铝合金方形散流器安装72个,型号FK-20,200mm×200mm

(6)通风工程检测、调试工程量:

通风工程检测、调试安装系统1个。

工程量计算结果见表4-130。

表4-130　　　　　　　　工程量计算表

项目编码	项目名称	项目特征描述	计量单位	工程量
030701004001	风机盘管	水平式风机盘管吊顶安装,型号HFCA04,风量800m³/h	台	30
030702001001	碳钢通风管道	矩形镀锌薄钢板风管,800mm×500mm	m²	156
030702001002	碳钢通风管道	矩形镀锌薄钢板风管,630mm×320mm	m²	364.04
030703001001	碳钢阀门	镀锌钢板制作630mm×320mm手动密闭对开多叶调节阀	个	40
030703011001	铝合金散流器	型号FK-20,200mm×200mm	个	72
030704001001	通风工程检测、调试		系统	1

二、风管漏光试验、漏风试验

(一)工程量清单项目设置

风管漏光试验、漏风试验工程量清单项目设置见表4-131。

表4-131　　　风管漏光试验、漏风试验工程量清单项目设置

项目编码	项目名称	项目特征	计量单位	工作内容
030704002	风管漏光试验、漏风试验	漏光试验、漏风试验、设计要求	m²	通风管道漏光试验、漏风试验

(二)工程量清单项目说明

1. 管道漏光试验

管道漏光检测是利用光线对小孔的强穿透力,对系统风管严密程度进行检测。通风管道漏光检测时,光源可置于风管内侧或外侧,但其相对侧应为暗黑环境。检测光源应沿着被检测接口部位与接缝缓慢移动,在另一侧进行观察,当发现有光线射出,则说明查到明显漏风处,并应做好记录。漏光法检测如图4-92所示。

图4-92 漏光法检测示意图

漏风处如在风管的咬口缝、铆钉孔、翻边四角处,可涂密封胶或采取其他密封措施;如在法兰接缝处漏风,根据实际情况紧固螺母或更换法兰密封垫片。

对系统风管的检测,可采用分段检测、汇总分析的方法。在严格安装质量管理的基础上,系统风管的检测以总管和干管为主。低压系统风管采用漏光法检测时,以每10m接缝的漏光点不大于2处,且100m接缝平均不大于16处为合格;中压系统风管,每10m接缝的漏光点不大于1处,且100m接缝平均不大于8处为合格。

2. 管道漏风试验

漏风量测试装置应采用经检验合格的专用测量仪器,正压或负压风管系统与设备的漏风量测试,分正压试验和负压试验两类。一般可采用正压条件下的测试来检验。风管系统漏风量测试可以整体或分段进行。测试时,被测系统的所有开口均应封闭,不应漏风。

低压系统风管的严密性检验,一般按漏光法进行检验,也可直接采用漏风量测试;中压、高压系统风管的严密性检验,应按漏风量试验方法进行漏风量测试。

金属矩形风管漏风量允许值见表 4-132。

表 4-132　　　　金属矩形风管漏风量允许值

序号	项目	允许值[m³/(h·m²)]
1	低压系统风管（$P \leqslant 500Pa$）	$Q \leqslant 0.1056P^{0.65}$
2	中压系统风管（$500 < P \leqslant 1500Pa$）	$Q \leqslant 0.0352P^{0.65}$
3	高压系统风管（$1500 < P \leqslant 3000Pa$）	$Q \leqslant 0.0117P^{0.65}$

注：Q 是指系统风管在相应工作压力下，单位面积风管单位时间内的允许漏风量 [m³/(h·m²)]；P 是指风管系统的工作压力（Pa）。

(三) 工程量计算

风管漏光试验、漏风试验工程量按设计图纸或规范要求以展开面积计算。

第五节　通风空调工程工程量清单编制示例

招标工程量清单封面

　　某办公楼通风空调安装　　 **工程**

招标工程量清单

招　标　人：＿＿＿×××＿＿＿
（单位盖章）

造价咨询人：＿＿＿×××＿＿＿
（单位盖章）

××年×月×日

封一1

第四章　通风空调工程工程量清单编制

招标工程量清单扉页

**　　　　某办公楼通风空调安装　　　　工程**

招标工程量清单

招 标 人：＿＿×××＿＿　　　　造价咨询人：＿＿×××＿＿
　　　　　（单位盖章）　　　　　　　　　　　（单位资质专用章）

法定代表人　　　　　　　　　　　法定代表人
或其授权人：＿＿×××＿＿　　　或其授权人：＿＿×××＿＿
　　　　　（签字或盖章）　　　　　　　　　　（签字或盖章）

编 制 人：＿＿×××＿＿　　　　复 核 人：＿＿×××＿＿
　　（造价人员签字盖专用章）　　　　（造价工程师签字盖专用章）

编制时间：××年×月×日　　　　复核时间：××年×月×日

扉—1

总 说 明

工程名称:某办公楼通风空调安装工程　　　　　　　　　　第　页共　页

1. 工程概况:如建设地址、建设规模、工程特征、交通状况、环保要求等;
2. 工程招标和专业工程发包范围;
3. 工程量清单编制依据;
4. 工程质量、材料、施工等的特殊要求;
5. 其他需要说明的问题。

表—01

分部分项工程和单价措施项目清单与计价表

工程名称:某办公楼通风空调安装工程　　　　标段:　　　　第　页共　页

序号	项目编码	项目名称	项目特征描述	计量单位	工程量	金额(元)		
						综合单价	合价	其中暂估价
1	030701002001	除尘设备	GLG九管除尘器	台	1			
2	030701002002	除尘设备	CLT/A旋风式双筒除尘器	台	1			
3	030701006001	密闭门	钢密闭门,型号T704-71,外形尺寸1200mm×2000mm	个	4			
4	030701003001	空调器	恒温恒湿机,质量350kg,型号YSL-DHS-225,外形尺寸1200mm×1100mm×1900mm,橡胶隔振垫(δ20),落地安装	台	1			
5	030702001001	碳钢通风管道	矩形镀锌薄钢板通风管道,尺寸200mm×200mm,板材厚度δ1.2,法兰咬口连接	m²	77.000			
6	030702001002	碳钢通风管道	矩形镀锌薄钢板通风管道,尺寸400mm×600mm,板材厚度δ1.0,法兰咬口连接	m²	54.000			

第四章　通风空调工程工程量清单编制

续表

序号	项目编码	项目名称	项目特征描述	计量单位	工程量	综合单价	合价	其中暂估价
7	030702001003	碳钢通风管道	矩形镀锌薄钢板通风管道,尺寸1200mm×800mm,板材厚度δ1.0,法兰咬口连接	m^2	20.000			
8	030702001004	碳钢通风管道	矩形镀锌薄钢板通风管道,尺寸1500mm×1200mm,板材厚度δ1.2,法兰咬口连接	m^2	37.000			
9	030703003001	铝碟阀	保温手柄铝碟阀,规格320mm×200mm	个	1			
10	030703003002	铝碟阀	保温手柄铝碟阀,规格320mm×320mm	个	1			
11	030703003003	铝碟阀	保温手柄铝碟阀,规格400mm×400mm	个	1			
12	030703007001	百叶风口	三层百叶风口制作安装3号	个	12			
13	030703007002	百叶风口	连动百叶风口制作安装3号	个	14			
14	030703007003	旋转风口	旋转风口制作安装1号	个	3			
15	030703007004	喷风口	旋转风口制作安装	个	7			
16	030703007005	回风口	回风口制作安装,400mm×120mm	个	14			
17	030703020001	消声器	片式消声器制作安装	个	258			
18	030704001001	通风工程检测、调试	通风系统	系统	1			
19	031301017001	脚手架搭拆	综合脚手架,风管的安装	m^2	357.39			
			本页小计					
			合计					

表-08

总价措施项目清单与计价表

工程名称:某办公楼通风空调安装工程　　　　标段:　　　　　第 页共 页

序号	项目编码	项目名称	计算基础	费率(%)	金额(元)	调整费率(%)	调整后金额(元)	备注
1	031302001001	安全文明施工费	人工费					
2	031302002001	夜间施工增加费						
3	031302004001	二次搬运费						
4	031302005001	冬雨季施工增加费						
5	031302006001	已完工程及设备保护费						
		合　　计						

编制人(造价人员):　　　　　　　　　复核人(造价工程师):

表-11

其他项目清单与计价汇总表

工程名称:某办公楼通风空调安装工程　　　　标段:　　　　　第 页共 页

序号	项目名称	金额(元)	结算金额(元)	备注
1	暂列金额	3000.00		明细详见表-12-1
2	暂估价			
2.1	材料(工程设备)暂估价/结算价	—		明细详见表-12-2
2.2	专业工程暂估价/结算价			明细详见表-12-3
3	计日工			明细详见表-12-4
4	总承包服务费			明细详见表-12-5
5	索赔与现场签证	—		明细详见表-12-6
	合　　计	3000.00		—

表-12

暂列金额明细表

工程名称：某办公楼通风空调安装工程　　　　标段：　　　　第　页共　页

序号	项目名称	计量单位	暂列金额(元)	备注
1	政策性调整和材料价格风险	项	2500.00	
2	其他	项	500.00	
	合　计		3000.00	—

表－12－1

材料(工程设备)暂估单价及调整表

工程名称：某办公楼通风空调安装工程　　　　标段：　　　　第　页共　页

序号	材料(工程设备)名称、规格、型号	计量单位	数量 暂估	数量 确认	暂估(元) 单价	暂估(元) 合价	确认(元) 单价	确认(元) 合价	差额±(元) 单价	差额±(元) 合价	备注
1	恒温恒湿机,质量350kg,型号YSL-DHS-225,外形尺寸1200mm×1100mm×1900mm	台(组)	1		3850.00	3850.00					用于空调器项目
	(其他略)										
	合计					14850.00					

表－12－2

计 日 工 表

工程名称:某办公楼通风空调安装工程　　　标段:　　　第 页共 页

编号	项目名称	单位	暂定数量	实际数量	综合单价（元）	合价(元)	
						暂定	实际
一	人工						
1	通风工	工时	52				
2	其他工种	工时	96				
	人 工 小 计						
二	材料						
1	氧气	m³	25.000				
2	乙炔气	kg	158.00				
	材 料 小 计						
三	施工机械						
1	汽车起重机 8t	台班	35				
2	载重汽车 8t	台班	40				
	施工机械小计						
四、企业管理费和利润							
	总　　计						

表—12—4

规费、税金项目计价表

工程名称:某办公楼通风空调安装工程　　　标段:　　　第 页共 页

序号	项目名称	计算基础	计算基数	计算费率(%)	金额(元)
1	规费	定额人工费			
1.1	社会保险费	定额人工费			
(1)	养老保险费	定额人工费			
(2)	失业保险费	定额人工费			
(3)	医疗保险费	定额人工费			
(4)	工伤保险费	定额人工费			
(5)	生育保险费	定额人工费			

续表

序号	项目名称	计算基础	计算基数	计算费率(%)	金额(元)
1.2	住房公积金	定额人工费			
1.3	工程排污费	按工程所在地环境保护部门收取标准,按实计入规定按实计算			
2	税金	分部分项工程费＋措施项目费＋其他项目费＋规费－按规定不计税的工程设备金额			
合计					

编制人(造价人员):×××　　复核人(造价工程师):×××

表－13

第五章 工程量清单计价

第一节 工程量清单计价一般规定

一、计价方式

(1)使用国有资金投资的建设工程发承包,必须采用工程量清单计价。国有投资的资金包括国家融资资金、国有资金为主的投资资金。

1)国有资金投资的工程建设项目包括:

①使用各级财政预算资金的项目;

②使用纳入财政管理的各种政府性专项建设资金的项目;

③使用国有企事业单位自有资金,并且国有资产投资者实际拥有控制权的项目。

2)国家融资资金投资的工程建设项目包括:

①使用国家发行债券所筹资金的项目;

②使用国家对外借款或者担保所筹资金的项目;

③使用国家政策性贷款的项目;

④国家授权投资主体融资的项目;

⑤国家特许的融资项目。

3)国有资金为主的工程建设项目是指国有资金占投资总额50%以上,或虽不足50%但国有投资者实质上拥有控股权的工程建设项目。

(2)非国有资金投资的建设工程,"13 计价规范"鼓励采用工程量清单计价方式,但是否采用,由项目业主自主确定。

(3) 不采用工程量清单计价的建设工程，应执行"13 计价规范"中除工程量清单等专门性规定外的其他规定。

(4) 实行工程量清单计价应采用综合单价法，不论分部分项工程项目、措施项目、其他项目，还是以单价形式或以总价形式表现的项目，其综合单价的组成内容均包括完成该项目所需的、除规费和税金以外的所有费用。

(5) 根据《中华人民共和国安全生产法》、《中华人民共和国建筑法》、《建设工程安全生产管理条例》、《安全生产许可证条例》等法律、法规的规定，建设部办公厅印发了《建筑工程安全防护、文明施工措施费及使用管理规定》(建办[2005]89 号)，将安全文明施工费纳入国家强制性标准管理范围，其费用标准不予竞争，并规定"投标方安全防护、文明施工措施的报价，不得低于依据工程所在地工程造价管理机构测定费率计算所需费用总额的 90%"。2012 年 2 月 14 日，财政部、国家安全生产监督管理总局印发《企业安全生产费用提取和使用管理办法》(财企[2012]16 号)规定："建设工程施工企业提取的安全费用列入工程造价，在竞标时，不得删减，列入标外管理"。

"13 计价规范"规定措施项目清单中的安全文明施工费必须按国家或省级、行业建设主管部门的规定费用标准计算，招标人不得要求投标人对该项费用进行优惠，投标人也不得将该项费用参与市场竞争。此处的安全文明施工费包括《建筑安装工程费用项目组成》(建标[2013]44 号)中措施费的文明施工费、环境保护费、临时设施费、安全施工费。

(6) 根据《建筑安装工程费用项目组成》(建标[2013]44 号)的规定，规费是政府和有关权力部门规定必须缴纳的费用。税金是国家按照税法预先规定的标准，强制地、无偿地要求纳税人缴纳的费用。它们都是工程造价的组成部分，但是其费用内容和计取标准都不是发、承包人能自主确定的，更不是由市场竞争决定的。因而"13 计价规范"规定："规费和税金必须按国家或省级、行业建设主管部门的规定计算，不得作为竞争性费用"。

二、发包人提供材料和机械设备

《建设工程质量管理条例》第 14 条规定:"按照合同约定,由建设单位采购建筑材料、建筑构配件和设备的,建设单位应当保证建筑材料、建筑构配件和设备符合设计文件和合同要求";《中华人民共和国合同法》第 283 条规定:"发包人未按照约定的时间和要求提供原材料、设备、场地、资金、技术资料的,承包人可以顺延工程日期,并有权要求赔偿停工、窝工等损失。"13 计价规范"根据上述法律条文对发包人提供材料和机械设备的情况进行了如下约定:

(1)发包人提供的材料和工程设备(以下简称甲供材料)应在招标文件中按照规定填写《发包人提供材料和工程设备一览表》,写明甲供材料的名称、规格、数量、单价、交货方式、交货地点等。承包人投标时,甲供材料价格应计入相应项目的综合单价中,签约后,发包人应按合同约定扣除甲供材料款,不予支付。

(2)承包人应根据合同工程进度计划的安排,向发包人提交甲供材料交货的日期计划。发包人应按计划提供。

(3)发包人提供的甲供材料如规格、数量或质量不符合合同要求,或由于发包人原因发生交货日期延误、交货地点及交货方式变更等情况的,发包人应承担由此增加的费用和(或)工期延误,并应向承包人支付合理利润。

(4)发承包双方对甲供材料的数量发生争议不能达成一致的,应按照相关工程的计价定额同类项目规定的材料消耗量计算。

(5)若发包人要求承包人采购已在招标文件中确定为甲供材料的,材料价格应由发承包双方根据市场调查确定,并应另行签订补充协议。

三、承包人提供材料和工程设备

《建设工程质量管理条例》第 29 条规定:"施工单位必须按照工程设计要求、施工技术标准和合同约定,对建筑材料、建筑构配件、设备和商品混凝土进行检验,检验应当有书面记录和专人签字;未经检验

或者检验不合格的,不得使用"。"13 计价规范"根据此法律条文对承包人提供材料和机械设备的情况进行了如下约定:

(1)除合同约定的发包人提供的甲供材料外,合同工程所需的材料和工程设备应由承包人提供,承包人提供的材料和工程设备均应由承包人负责采购、运输和保管。

(2)承包人应按合同约定将采购材料和工程设备的供货人及品种、规格、数量和供货时间等提交发包人确认,并负责提供材料和工程设备的质量证明文件,满足合同约定的质量标准。

(3)对承包人提供的材料和工程设备经检测不符合合同约定的质量标准,发包人应立即要求承包人更换,由此增加的费用和(或)工期延误应由承包人承担。对发包人要求检测承包人已具有合格证明的材料、工程设备,但经检测证明该项材料、工程设备符合合同约定的质量标准,发包人应承担由此增加的费用和(或)工期延误,并向承包人支付合理利润。

四、计价风险

(1)建设工程发承包,必须在招标文件、合同中明确计价中的风险内容及其范围,不得采用无限风险、所有风险或类似语句规定计价中的风险内容及范围。

风险是一种客观存在的、会带来损失的、不确定的状态。它具有客观性、损失性、不确定性的特点,并且风险始终是与损失相联系的。工程施工发包是一种期货交易行为,工程建设本身又具有单件性和建设周期长的特点。在工程施工过程中,影响工程施工及工程造价的风险因素很多,但并非所有的风险都是承包人能预测、能控制和应承担其造成损失的。

工程施工招标发包是工程建设交易方式之一,一个成熟的建设市场应是一个体现交易公平性的市场。在工程建设施工发包中,实行风险共担和合理分摊原则是实现建设市场交易公平性的具体体现,是维护建设市场正常秩序的措施之一。其具体体现则是应在招标文件或合同中对发、承包双方各自应承担的风险内容及其风险范围或幅度进行界定和明确，而不能要求承包人承担所有风险或无限度风险。

根据我国工程建设特点，投标人应完全承担的风险是技术风险和管理风险，如管理费和利润；应有限度承担的是市场风险，如材料价格、施工机械使用费等的风险；应完全不承担的是法律、法规、规章和政策变化的风险。

(2) 由于下列因素出现，影响合同价款调整的，应由发包人承担：

1) 由于国家法律、法规、规章或有关政策出台导致工程税金、规费等发生变化的；

2) 对于根据我国目前工程建设的实际情况，各省、自治区、直辖市建设行政主管部门均根据当地人力资源和社会保障行政主管部门的有关规定发布人工成本信息或人工费调整，对此关系职工切身利益的人工费进行调整的，但承包人对人工费或人工单价的报价高于发布的除外；

3) 按照《中华人民共和国合同法》第63条规定："执行政府定价或者政府指导价的，在合同约定的交付期限内价格调整时，按照交付的价格计价。逾期交付标的物的，遇价格上涨时，按照原价格执行；价格下降时，按照新价格执行。逾期提取标的物或者逾期付款的，遇价格上涨时，按照新价格执行；价格下降时，按照原价格执行"。因此，对政府定价或政府指导价管理的原材料价格按照相关文件规定进行合同价款调整的。

因承包人原因导致工期延误的，应按本书第六章第三节"合同价款调整"中"(一)法律法规变化"和"(七)物价变化"中的有关规定进行处理。

(3) 对于主要由市场价格波动导致的价格风险，如工程造价中的建筑材料、燃料等价格风险，应由发承包双方合理分摊，并按规定填写《承包人提供主要材料和工程设备一览表》作为合同附件；当合同中没有约定，发承包双方发生争议时，应按"13计价规范"的相关规定调整合同价款。

"13计价规范"中提出承包人所承担的材料价格的风险宜控制在5%以内，施工机械使用费的风险可控制在10%以内，超过者予以调整。

(4)由于承包人使用机械设备、施工技术以及组织管理水平等自身原因造成施工费用增加的,应由承包人全部承担。

(5)当不可抗力发生,影响合同价款时,应按本书第六章第三节"合同价款调整"中"(九)不可抗力"的相关规定处理。

第二节 通风空调工程招标与招标控制价编制

一、工程招标概述

(一)工程招标的概念

工程招标是指招标单位(业主)为发包方,根据拟建工程的内容、工期、质量和投资额等技术经济要求,由自己或所委托的咨询公司等编制招标文件,招请有资格和能力的企业或单位参加投标报价,从中择优选取承担可行性研究方案论证、科学试验或勘察、设计、施工等任务的承包单位的一系列工作的总称。

实行招标投标制度,是使工程项目建设任务的委托纳入市场机制,通过竞争择优选定项目的工程承包单位、勘察设计单位、施工单位、监理单位、设备制造供应单位等,达到保证工程质量、缩短建设周期、控制工程造价、提高投资效益的目的,由发包人与承包人通过招标投标签订承包合同的经营制度。

(二)工程招标范围

进行工程招标,招标单位必须根据工程项目的特点,结合自身的管理能力,确定工程的招标范围。

1. 必须招标的范围

《中华人民共和国招标投标法》规定,在中华人民共和国境内进行的下列工程项目必须进行招标:

(1)大型基础设施、公用事业等关系社会公共利益、公众安全的项目。

(2)全部或者部分使用国有资金或者国家融资的项目。

(3)使用国际组织或者外国政府贷款、援助资金的项目。

2. 可以不进行招标的范围

《中华人民共和国招标投标法》规定,属于下列情形之一的,经县级以上地方人民政府建设行政主管部门批准,可以不进行招标:

(1)涉及国家安全、国家秘密的工程。

(2)抢险救灾工程。

(3)利用扶贫资金实行以工代赈、需要使用农民工等特殊情况。

(4)建筑造型有特殊要求的设计。

(5)采用特定专利技术、专有技术进行设计或施工。

(6)停建或者缓建后恢复建设的单位工程,且承包人未发生变更的。

(7)施工企业自建自用的工程,且施工企业资质等级符合工程要求的。

(8)在建工程追加的附属小型工程或者主体加层工程,且承包人未发生变更的。

(9)法律、法规、规章规定的其他情形。

(三)工程招标分类

按照不同的分类方法,工程招标可分为很多种类,见表 5-1。

表 5-1   工程招标分类

序号	分类方法	说明
1	按工程项目建设程序分类	根据工程项目建设程序,招标可分为三类,即工程项目开发招标、勘察设计招标和施工招标。这是由建筑产品交易生产过程的阶段性决定的。 (1)项目开发招标。这种招标是建设单位(业主)邀请工程咨询单位对建设项目进行可行性研究,其"标的物"是可行性研究报告。中标的工程咨询单位必须对自己提供的研究成果认真负责,可行性研究报告应得到建设单位认可。 (2)勘察设计招标。工程勘察设计招标是指招标单位就拟建工程向勘察和设计任务发布通告,以法定方式吸引勘察单位或设计单位参加竞争,经招标单位审查获得投标资格的勘察、设计单位,按照招标文件的要求、在规定的时间内向招标单位填报投标书,招标单位从中择优确定中标单位完成工程勘察或设计任务。 (3)施工招标。工程施工招标则是针对工程施工阶段的全部工作开展的招标,根据工程施工范围大小及专业不同,可分为全部工程招标、单项工程招标和专业工程招标等

第五章　工程量清单计价

续一

序号	分类方法	说　明
2	按工程承包的范围分类	按工程承包的范围,招标可分为项目总承包招标和专项工程承包招标两类。 (1)项目总承包招标。这种招标可分为两种类型,一种是工程项目实施阶段的全过程招标;一种是工程项目全过程招标。前者是在设计任务书已经审完,从项目勘察、设计到交付使用进行一次性招标。后者是从项目的可行性研究到交付使用进行一次性招标,业主提供项目投资和使用要求及竣工、交付使用期限,其可行性研究、勘察设计、材料和设备采购、施工安装、职工培训、生产准备和试生产、交付使用都由一个总承包商负责承包,即所谓"交钥匙工程"。 (2)专项工程承包招标。指在对工程承包招标中,对其中某项比较复杂,或专业性强,施工和制作要求特殊的单项工程,可以单独进行招标的,称为专项工程承包招标
3	按行业部门分类	按行业部门,招标可分为土木工程招标、勘察设计招标、货物设备采购招标、机电设备安装工程招标、生产工艺技术转让招标、咨询服务(工程咨询)招标。土木工程包括铁路、公路、隧道、桥梁、堤坝、电站、码头、飞机场、厂房、剧院、旅馆、医院、商店、学校、住宅等。货物采购包括建筑材料和大型成套设备等。咨询服务包括项目开发性研究、可行性研究、工程监理等。我国财政部经世界银行同意,专门为世界银行贷款项目的招标采购制定了有关方面的标准文本,包括货物采购国内竞争性招标文件范本、土建工程国内竞争性招标文件范本、资格预审文件范本、货物采购国际竞争性招标文件范本、土建工程国际竞争性招标文件范本、生产工艺技术转让招标文件范本、咨询服务合同协议范本、大型复杂工厂与设备的供货和安装监督招标文件范本、总包合同(交钥匙工程)招标文件范本,以便利用世界银行贷款来支持和帮助我国的国民经济建设
4	按工程建设项目的构成分类	按工程建设项目的构成,建设工程招标投标可分为全部工程招标投标、单项工程招标投标、单位工程招标投标、分部工程招标投标、分项工程招标投标。全部工程招标投标,是指对一个工程建设项目的全部工程进行的招标投标。单项工程招标投标,是指对一个工程建设项目中所包含的若干单项工程(如一所学校中的教学楼、图书馆、食堂等)进行的招标投标。单位工程招标投标,是指对一个单项工程所包含的若干单位工程(如一幢房屋)进行的招标投标。分部工程招标投标,是指对一个单位工程(如土建工程)所包含的若干分部工程(如土石方工程、深基坑工程、楼地面工程、装饰工程等)进行的招标投标。分项工程招标投标,是指对一个分部工程(如土石方工程)所包含的若干分项工程(如人工挖地槽、挖地坑、回填土等)进行的招标投标

序号	分类方法	说　明
5	按工程是否具有涉外因素分类	按工程是否具有涉外因素,建设工程招标投标可分为国内工程招标投标和国际工程招标投标。国内工程招标投标,是指对本国没有涉外因素的建设工程进行的招标投标。国际工程招标投标,是指对有不同国家或国际组织参与的建设工程进行的招标投标。国际工程招标投标,包括本国的国际工程(习惯上称涉外工程)招标投标和国外的国际工程招标投标两个部分。国内工程招标投标和国际工程招标投标的基本原则是一致的,但在具体做法上有差异。随着社会经济的发展和国际工程交往的增多,国内工程招标投标和国际工程招标投标在做法上的区别已越来越小

(四)工程招标方式

工程招标方式有公开招标与邀请招标两种。

1. 公开招标

公开招标是指招标人在指定的报刊、电子网络或其他媒体上发布招标公告,吸引众多的投标人参加投标竞争,招标人从中择优选择中标单位的招标方式。公开招标是一种无限制的竞争方式,按竞争程度又可以分为国际竞争性招标和国内竞争性招标。

公开招标方式可为所有的承包商提供一个平等竞争的机会,业主有较大的选择余地,有利于降低工程造价、提高工程质量和缩短工期。但由于参与竞争的承包商可能很多,增加资格预审和评标的工作量较大,也有可能出现故意压低投标报价的投机承包商以低价挤掉对报价严肃认真而报价较高的承包商。因此采用此种招标方式时,业主要加强资格预审,认真评标。

2. 邀请招标

邀请招标也称选择性招标或有限竞争性招标,是指招标人以投标邀请书的方式邀请特定的法人或者其他组织投标,选择一定数目的法人或其他组织(不少于三家)。邀请招标的优点在于:经过选择的投标单位在施工经验、技术力量、经济和信誉上都比较可靠,因而一般能保证进度和质量要求。此外,参加投标的承包商数量少,因而招标时间相对缩短,招标费用也较少。

《中华人民共和国招标投标法》规定,国家重点项目和省、自治区、直辖市的地方重点项目不宜进行公开招标的,经过批准后可以进行邀请招标。

(五)招标程序

1. 工程施工招标流程

工程招标程序根据其工程内容不同而有所不同。《中华人民共和国招标投标法》规定必须进行施工招标的工程的招标流程如图5-1所示,具体包括以下几点:

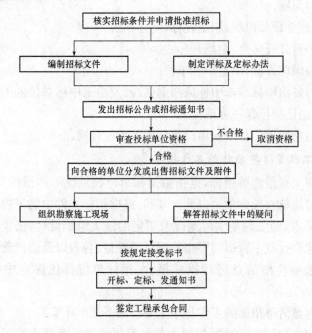

图 5-1 工程施工招标流程示意图

(1)招标单位自行办理招标事宜的,应当建立专门的招标工作机构。

(2)招标单位在发布招标公告或发出投标邀请书的5天前,向工程所在地县级以上地方人民政府建设行政主管部门备案。

(3)准备招标文件和招标控制价(标底),报建设行政主管部门审核或备案。

(4)发布招标公告或发出投标邀请书。

(5)投标单位申请投标。

(6)招标单位审查申请投标单位的资格,并将审查结果通知申请投标单位。

(7)向合格的投标单位分发招标文件。

(8)组织投标单位踏勘现场,召开答疑会,解答投标单位就招标文件提出的问题。

(9)建立评标组织,制定评标、定标办法。

(10)召开开标会,当场开标。

(11)组织评标,决定中标单位。

(12)发出中标和未中标通知书,收回发给未中标单位的图纸和技术资料,退还投标保证金或保函。

(13)招标单位与中标单位签订施工承包合同。

2. 工程量清单招标的工作程序

采用工程量清单招标,是指由招标单位提供统一的招标文件(包括工程量清单),投标单位以此为基础,根据招标文件中的工程量清单和有关要求、施工现场实际情况及拟定的施工组织设计,按企业定额或参照建设行政主管部门发布的现行消耗量定额,以及造价管理机构发布的市场价格信息进行投标报价,招标单位择优选定中标人的过程。

工程量清单招标的工作程序主要有以下几个环节:

(1)在招标准备阶段,招标人首先编制或委托有资质的工程造价咨询单位(或招标代理机构)编制招标文件,包括工程量清单。

(2)工程量清单编制完成后,作为招标文件的一部分,发给各投标单位。投标单位接到招标文件后,可对工程量清单进行简单地复核,如果没有大的错误,即可考虑各种因素进行工程报价。如果发现工程量清单中工程量与有关图纸差异较大,可要求招标单位予以澄清,但投标单位不得擅自变动工程量。

(3)投标报价完成后,投标单位在约定的时间内提交投标文件。

(4)评标委员会根据招标文件确定的评标标准和方法进行评标定标。由于采用了工程量清单计价方法,所有投标单位都站在同一起跑线上,因而竞争更为公平合理。

二、招标文件的组成及内容

招标文件是整个招标过程所遵循的基础性文件,是投标和评标的基础,也是合同的重要组成部分。招标文件是联系、沟通招标人与投标人的桥梁。通常情况下,招标人或其委托的中介机构应在发布招标公告或发出投标邀请书前,根据招标项目的特点和要求编制招标文件。

(一)招标文件的组成

(1)关于编写和提交投标文件的规定。载入这些内容的目的是尽量减少承包商或供应商由于不明确如何编写投标文件而处于不利地位或其投标遭到拒绝的可能。

(2)关于对投标人资格审查的标准及投标文件的评审标准和方法。这是为了提高招标过程的透明度和公平性,所以非常重要,也是不可缺少的。

(3)关于合同的主要条款。其中主要是商务性条款,有利于投标人了解中标后签订合同的主要内容,明确双方的权利和义务。其中,技术要求、投标报价要求和主要合同条款等内容是招标文件的关键内容,统称实质性要求。

(二)招标文件的内容

招标文件的内容包括:招标公告(或招标邀请书)、投标人须知、评标办法、合同条款及格式、工程量清单、图纸、技术标准和要求、投标文件格式、投标人须知前附表规定的其他材料。

1. 招标公告（或招标邀请书）

招标公告（或招标邀请书）是用来邀请资格预审合格的投标人，按规定的时间和条件前来投标的文件。一般包括以下内容：

(1)招标人名称、地址、联系人姓名、电话，委托代理机构进行招标的，还应注明该机构的名称和地址。

(2)工程情况简介，包括项目名称、建筑规模、工程地点、结构类型、装修标准、质量要求、工期要求。

(3)承包方式，材料、设备供应方式。

(4)对投标人资质的要求及应提供的有关文件。

(5)招标日程安排。

(6)招标文件的获取办法，包括发售招标文件的地点、文件的售价及开始和截止出售的时间。

(7)其他要说明的问题。当进行资格预审时，招标文件中应包括投标邀请书，该邀请书可代替资格预审通知书，以明确投标人已具备了在某具体项目某具体标段的投标资格，其他内容包括招标文件的获取及投标文件的递交等。

2. 投标人须知

投标人须知是指导投标人正确地进行投标报价的文件，主要包括对于项目概况的介绍和招标过程的各种具体要求，在正文中的未尽事宜可以通过投标人须知前附表进一步明确，由招标人根据招标项目具体特点和实际需要编制和填写，但务必与招标文件的其他章节相衔接，并不得与投标人须知正文的内容相抵触，否则抵触内容无效。投标人须知的主要内容见表5-2。

表5-2　　　　　　　　投标人须知主要内容

序号	项目	内容
1	招标项目说明	招标项目说明主要是介绍招标项目的情况及合同的有关情况，如项目的数量、规模、用途，合同的名称，包括的范围，合同的数量，合同对项目的要求等。通过上述情况的介绍，使投标人对招标项目有一个整体的了解

续一

序号	项目	内容
2	对投标人的资格要求	招标文件可以重申投标人对本项目投标所应具备的资格,列出要证明其资格的文件。在没有进行资格预审的情况下更是如此
3	资金来源	资金来源是指资金是属于自有资金、财政拨款还是来源于直接融资或者间接融资等。如招标项目的资金来源于贷款,应当在招标文件中描述本项目资金的筹措情况,以及贷款方对招标项目的特别要求。资金来源也可以写进招标项目说明中
4	招标文件的目录	在投标须知中列上招标文件目录,是为了使投标人在收到文件后仔细核对文件内容、文件格式、条款和说明,以证实其得到了所有文件。该项条目应强调由于投标人检查疏忽而遗漏的文件,招标人不承担责任。投标人没有按照招标文件的要求制作投标文件进行投标的,其投标将被拒绝
5	招标文件的补充或修改	招标文件发售给投标人后,在投标截止日期前的任何时候招标人均可以对其中的任何内容或者部分加以补充或者修改。 (1)对投标人书面质疑的解答。投标人研究招标文件和进行现场考察后会对招标文件中的某些问题提出书面质疑,招标人如果对其问题给予书面解答,就此问题的解答应同时送达每一个投标人,但送给其他人的解答不涉及问题的来源以保证公平竞争。 (2)标前会议的解答。标前会议对投标人和即时提出问题的解答,在会后应以会议纪要的形式发给每一个投标人。 (3)补充文件的发送对投标截止日期的影响。在任何时间招标人均可对招标文件的有关内容进行补充或者修改,但应给投标人合理的时间在编制投标书时予以考虑。按照《中华人民共和国招标投标法》规定,澄清或者修改文件应在投标截止日期的15天以前送达每一个投标人。因此若迟于上述时间时投标截止日期应当相应顺延。 (4)补充文件的法律效力。不论是招标人主动提出的对招标文件有关内容的补充或修改,还是对投标人质疑解答的书面文件或标前会议纪要,均构成招标文件的有效组成部分,与原发出的招标文件不一致之处,以文件的发送时间靠后者为准
6	投标语言	特别是国际性招标中,对投标语言做出规定更是必要
7	投标书格式	规定投标人应当提交的投标文件的种类、格式、份数,并规定投标人应当编制投标书套数

续二

序号	项目	内容
8	投标报价和货币的规定	投标报价是投标人说明报价的形式。投标人报价包括单价、总值和投标总价。在招标文件中还应当向投标人说明投标报价是否可以调整。在投标货币方面，要求投标人标明投标价的币种及分别的金额。在支付货币方面，或者全部由招标人规定支付货币，或者由投标人选择一定百分比支付货币。同时，也应当写明兑换率
9	投标文件	这里主要是规定投标人制作的投标书应当包括的文件。包括投标书格式、投标保证金、报价单、资格证明文件、工程项目还有工程量清单等
10	投标截止时间	《中华人民共和国招标投标法》第二十四条规定：招标人应当确定投标人编制投标文件所需要的合理时间，但是，依法必须进行招标的项目，自招标文件开始发出之日起至投标人提交投标文件截止之日止，最短不得少于二十日
11	投标保证金	所谓投标保证金，是指投标人向招标人出具的，以一定金额表示的投标责任担保。也就是说，投标人保证其投标被接受后对其投标书中规定的责任不得撤销或者反悔。否则，招标人将对投标保证金予以没收。招标人可以在招标文件中规定投标人出具保证金，并规定投标保证金的额度，投标保证金的金额可定为标价的2%或者一个指定的金额，该金额相当于所估计合同价的2%。除法律有明确规定外，也可考虑在标价的1%～5%之间确定。在使用信用证、银行保函或者投标保证金时，要规定该文件的有效期限。一般情况下，这些投标保证的形式的有效期要长于投标有效期。该期限的长短要根据投标项目的具体情况来定。对于未中标的投标保证金，应当在发出中标通知书后一定时间内，尽快退还给投标人
12	投标有效期	投标有效期是在投标截止日期后规定的一段时间。在这段时间内招标人应当完成开标、评标、中标。除所有的投标都不符合招标条件的情形外，招标人应组织建设单位与中标人订立合同。招标文件规定中标人需要提交履约保证金的，中标人还应当提交履约保证金

续三

序号	项目	内容
13	开标	这是投标须知中对开标的说明。在所有投标人的法定代表人或授权代表在场的情况下，招标机构将于前附表规定的时间和地点举行开标会议，参加开标的投标人的代表应签名报到，以证明其出席开标会议。 开标时，对在招标文件要求提交投标文件的截止时间前收到的所有投标文件，都当众予以拆封、宣读。但对按规定提交合格撤回通知的投标文件，不予开封。投标人的法定代表人或其授权代表未参加开标会议的，视为自动放弃投标。未按招标文件的规定标志、密封的投标文件，或者在投标截止时间以后送达的投标文件将被作为无效的投标文件对待。 招标人当众宣布对所有投标文件的核查检视结果，并宣读有效投标的投标人名称、投标报价、修改内容、工期、质量、主要材料用量、投标保证金以及招标人认为适当的其他内容
14	评标	评标委员会按照评标办法规定的方法、评审因素、标准和程序对投标文件进行评审。评标办法没有规定的方法、评审因素和标准，不作为评标依据
15	投标文件的修改与撤回	投标人可以在递交投标文件以后，在规定的投标截止时间之前，采用书面形式向招标人递交补充、修改或撤回其投标文件的通知。在投标截止日期以后，不能更改投标文件。投标人的补充、修改或撤回通知，应按投标须知规定编制、密封、加写标志和递交，并在内层包封标明"补充"、"修改"或"撤回"字样。根据投标须知的规定，在投标截止时间与招标文件中规定的投标有效期终止日之间的这段时间内，投标人不能撤回投标文件，否则其投标保证金将不予退还
16	授予合同	投标须知中对授予合同问题的阐释主要有以下几点： (1)授予合同的标准。业主将与投标文件完整且符合招标文件要求，并经审查认为有足够能力和资产来完成本合同，在满足前述各项而投标报价最低的投标者签订合同。 业主有不授予最低投标价的权力。 (2)业主有权力接受任何投标和拒绝任何或所有的投标。业主在签订合同前，有权接受或拒绝任何投标，宣布投标程序无效或拒绝所有投标。对因此而受到影响的投标者不负任何责任，也没有义务向投标者说明原因。 (3)授予合同的通知。在投标有效期期满之前，业主应以电报或电传通知中标者，并用挂号信寄出正式的中标函。 当中标者与业主签订了合同，并提交了履约保证之后，业主应迅速通知其他未中标的投标者。 (4)签订协议。业主向中标者寄发中标函的同时，还应寄去招标文件中所提供的合同协议书格式。中标者应在收到上述文件后在规定时间内派出全权代表与业主签署合同协议书。 (5)履约保证。按合同规定，中标者在收到中标通知后的一定时间内(一般规定 15~20 天)应向业主交纳一份履约保证。如果中标者未能按照业主的规定提交履约保证，则业主有权取消其中标资格，没收其投标保证金，而考虑与另一投标者签订合同或重新招标

3. 评标办法

评标办法是评标委员会的评标专家在评标过程中对所有投标文件的评审依据，评标委员会不能采用招标文件中没有标明的方法和标准进行评标。评标办法可分为经评审的最低投标价法和综合评估法两类。

(1)经评审的最低投标价法是指评标委员会对满足招标文件实质要求的投标文件，根据详细评审标准规定的量化因素及量化标准进行价格折算，按照经评审的投标价由低到高的顺序推荐中标候选人，或根据招标人授权直接确定中标人，但投标报价低于其成本的除外。

(2)综合评估法是指评标委员会对满足招标文件实质性要求的投标文件，按照规定的评分标准进行打分，并按得分由高到低顺序推荐中标候选人，或根据招标人授权直接确定中标人，但投标报价低于其成本的除外。

4. 合同条款及格式

招标人可以采用《标准施工招标文件》(2007版)，或者结合行业合同示范文本的合同条款及格式编制招标项目的合同条款。

《标准施工招标文件》(2007版)的通用合同条款包括了一般约定、发包人义务，监理人，承包人，材料和工程设备，施工设备和临时设施，交通运输，测量，放线，施工安全、治安保卫和环境保护，进度计划，开工和竣工，暂停施工，工程质量，试验和检验，变，价格调整，计量与支付，竣工验收，缺陷责任与保修责任，保险，不可抗力，违约，索赔，争议的解决等共24条。

合同附件格式包括了合同协议书格式、履约担保格式、预付款担保格式等，见表5-3～表5-5。

表 5-3　　　　　　　　　合同协议书

合同协议书

_____(发包人名称,以下简称"发包人")为实施_____(项目名称),已接受_____(承包人名称,以下简称"承包人")对该项目_____标段施工的投标。发包人和承包人共同达成如下协议。

1. 本协议书与下列文件一起构成合同文件:
(1)中标通知书;
(2)投标函及投标函附录;
(3)专用合同条款;
(4)通用合同条款;
(5)技术标准和要求;
(6)图纸;
(7)已标价工程量清单;
(8)其他合同文件。
2. 上述文件互相补充和解释,如有不明确或不一致之处,以合同约定次序在先者为准。
3. 签约合同价:人民币(大写)_____元(¥_____)。
4. 承包人项目经理:_____。
5. 工程质量符合_____标准。
6. 承包人承诺按合同约定承担工程的实施、完成及缺陷修复。
7. 发包人承诺按合同约定的条件、时间和方式向承包人支付合同价款。
8. 承包人应按照监理人指示开工,工期为_____日历天。
9. 本协议书一式_____份,合同双方各执一份。
10. 合同未尽事宜,双方另行签订补充协议。补充协议是合同的组成部分。

发包人:_____(盖单位章)　　　承包人:_____(盖单位章)
法定代表人或其委托代理人:　　　法定代表人或其委托代理人:

_____(签字)　　　　　　　　　_____(签字)
　　　　　　　　　　　　　　　___年___月___日

表 5-4　　　　　　　　　　　　履约担保

履约担保

　　_____(发包人名称)：

　　鉴于_____(发包人名称)(以下简称"发包人")与_____(承包人名称)(以下称"承包人")于___年___月___日参加_____(项目名称)标段施工的投标。我方愿意无条件地、不可撤销地就承包人履行与你方订立的合同,向你方提供担保。

　　1. 担保金额：人民币(大写)_____元(￥_____)。

　　2. 担保有效期：自发包人与承包人签订的合同生效之日起至发包人签发工程接收证书之日止。

　　3. 在本担保有效期内,因承包人违反合同约定的义务给你方造成经济损失时,我方在收到你方以书面形式提出的在担保金额内的赔偿要求后,在7天内无条件支付。

　　4. 发包人和承包人按《通用合同条款》第15条变更合同时,我方承担本担保规定的义务不变。

担保人：_____(盖单位章)
法定代表人或其委托代理人：_____(签字)
地　　址：_____
邮政编码：_____
电　　话：_____
传　　真：_____

___年___月___日

表 5-5　　　　　　　　　预付款担保

预付款担保

　　_____(发包人名称)：

　　根据_____(承包人名称)(以下称"承包人")与_____(发包人名称)(以下简称"发包人")于___年___月___日签订的_____(项目名称)标段施工承包合同，承包人按约定的金额向发包人提交一份预付款担保，即有权得到发包人支付相等金额的预付款。我方愿意就你方提供给承包人的预付款提供担保。

　　1. 担保金额：人民币(大写)_____元(￥_____)。

　　2. 担保有效期：自预付款支付给承包人起生效，至发包人签发的进度付款证书说明已完全扣清止。

　　3. 在本保函有效期内，因承包人违反合同约定的义务而要求收回预付款时，我方在收到你方的书面通知后，在7天内无条件支付。但本保函的担保金额，在任何时候不应超过预付款金额减去发包人按合同约定在向承包人签发的进度付款证书中扣除的金额。

　　4. 发包人和承包人按《通用合同条款》第15条变更合同时，我方承担本保函规定的义务不变。

担保人：_____(盖单位章)
法定代表人或其委托代理人：_____(签字)
地　　址：_____
邮政编码：_____
电　　话：_____
传　　真：_____

___年___月___日

5. 工程量清单

"13 计价规范"规定，采用工程量清单方式招标，工程量清单必须作为招标文件的组成部分，其准确性和完整性由招标人负责。

6. 图纸

招标人在招标阶段给出图纸，是为了投标人拟定施工方案、确定施工方法以及提出替代方案、计算投标报价依据。图纸的详细程序取决于设计深度与合同类型。

7. 技术标准和要求

技术标准和要求是招标文件中一个非常重要的组成部分，其内容应包括：工程的全面描述；工程所采用材料的要求；施工质量要求；工程计量方法；验收标准和规定；其他不可预见因素的规定。

8. 投标文件格式

投标文件格式的作用是为投标人编制投标文件提供固定的格式和编排顺序，以规范投标文件的编制，同时便于评标委员会评标。

9. 规定的其他材料

如需要其他材料，招标人应当在招标文件中规定实质性要求和条件，并用醒目的方式标明。

三、招标控制价编制

1. 招标控制价的概念

招标控制价是招标人根据国家或省级、行业建设主管部门颁发的有关计价依据和办法，按设计施工图纸计算的，对招标工程限定的最高工程造价。

招标控制价是建筑安装工程造价的表现形式之一，是招标人对招标项目在方案、质量、工期、价格、措施等方面的自我预期控制指标或要求，具有特别重要的作用。它既是核实预期投资的依据，更是衡量投标标价的准绳，是评标的主要尺度之一，特别是全部使用国有资金投资或国有资金投资为主的工程建设项目，必须采用工程量清单计价招标,且应编制招标控制价。

2. 招标控制价的作用

(1)我国对国有资金投资项目的投资控制实行的是投资概算审批制度,国有资金投资的工程原则上不能超过批准的投资概算。因此,在工程招标发包时,当编制的招标控制价超过批准的概算,招标人应当将其报原概算审批部门重新审核。

(2)国有资金投资的工程进行招标,根据《中华人民共和国招标投标法》的规定,招标人可以设标底。当招标人不设标底时,为有利于客观、合理的评审投标报价和避免哄抬标价,造成国有资产流失,招标人必须编制招标控制价。

(3)国有资金投资的工程,招标人编制并公布的招标控制价相当于招标人的采购预算,同时要求其不能超过批准的概算,因此,招标控制价是招标人在工程招标时能接受投标人报价的最高限价。

3. 招标控制价编制依据

招标控制价的编制应根据下列依据进行:

(1)"13 计价规范"。

(2)国家或省级、行业建设主管部门颁发的计价定额和计价办法。

(3)建设工程设计文件及相关资料。

(4)拟定的招标文件及招标工程量清单。

(5)与建设项目相关的标准、规范、技术资料。

(6)施工现场情况、工程特点及常规施工方案。

(7)工程造价管理机构发布的工程造价信息,当工程造价信息没有发布时,参照市场价。

(8)其他的相关资料。

按上述依据进行招标控制价编制,应注意以下事项:

(1)使用的计价标准、计价政策应是国家或省、自治区、直辖市建设行政主管部门或行业建设主管部门颁布的计价定额和计价方法。

(2)采用的材料价格应是工程造价管理机构通过工程造价信息发布的材料单价,工程造价信息未发布材料单价的材料,其材料价格应通过市场调查确定。

(3) 国家或省、自治区、直辖市建设行政主管部门或行业建设主管部门对工程造价计价中费用或费用标准有规定的,应按规定执行。

4. 招标控制价编制人员

招标控制价应由具有编制能力的招标人编制,当招标人不具有编制招标控制价的能力时,可委托具有相应资质的工程造价咨询人编制。工程造价咨询人接受招标人委托编制招标控制价,不得再就同一工程接受投标人委托编制投标报价。

所谓具有相应工程造价咨询资质的工程造价咨询人是指根据《工程造价咨询企业管理办法》(建设部令第 149 号)的规定,依法取得工程造价咨询企业资质,并在其资质许可的范围内接受招标人的委托,编制招标控制价的工程造价咨询企业。即取得甲级工程造价咨询资质的咨询人可承担各类建设项目的招标控制价编制,取得乙级(包括乙级暂定)工程造价咨询资质的咨询人,则只能承担 5000 万元以下的招标控制价的编制。

5. 招标控制价编制方法

(1) 综合单价中应包括招标文件中划分的应由投标人承担的风险范围及其费用。招标文件中没有明确的,如是工程造价咨询人编制,应提请招标人明确;如是招标人编制,应予明确。

(2) 分部分项工程和措施项目中的单价项目,应根据拟定的招标文件和招标工程量清单项目中的特征描述及有关要求确定综合单价计算。招标文件中提供了暂估单价的材料,按暂估的单价计入综合单价。

(3) 措施项目中的总价项目应根据拟定的招标文件和常规施工方案采用综合单价计价。措施项目中的安全文明施工费必须按国家或省级、行业建设主管部门的规定计算,不得作为竞争性费用。

(4) 其他项目费应按下列规定计价:

1) 暂列金额。暂列金额应按招标工程量清单中列出的金额填写。

2) 暂估价。暂估价包括材料暂估单价、工程设备暂估单价和专业工程暂估价。暂估价中的材料、工程设备单价应根据招标工程量清单列出的单价计入综合单价。

3)计日工。计日工包括计日工人工、材料和施工机械。在编制招标控制价时,对计日工中的人工单价和施工机械台班单价应按省级、行业建设主管部门或其授权的工程造价管理机构公布的单价计算;材料应按工程造价管理机构发布的工程造价信息中的材料单价计算,工程造价信息未发布材料单价的材料,其价格应按市场调查确定的单价计算。

4)总承包服务费。招标人编制招标控制价时,总承包服务费应根据招标文件中列出的内容和向总承包人提出的要求,按照省级或行业建设主管部门的规定或参照下列标准计算:

①招标人仅要求对分包的专业工程进行总承包管理和协调时,按分包的专业工程估算造价的1.5%计算;

②招标人要求对分包的专业工程进行总承包管理和协调,并同时要求提供配合服务时,根据招标文件中列出的配合服务内容和提出的要求,按分包的专业工程估算造价的3%~5%计算;

③招标人自行供应材料的,按招标人供应材料价值的1%计算。

(5)招标控制价的规费和税金必须按国家或省级、行业建设主管部门的规定计算。

6. 投诉与处理

(1)投标人经复核认为招标人公布的招标控制价未按照"13计价规范"的规定进行编制的,应在招标控制价公布后5天内向招投标监督机构和工程造价管理机构投诉。

(2)投诉人投诉时,应当提交由单位盖章和法定代表人或其委托人签名或盖章的书面投诉书。投诉书应包括下列内容:

1)投诉人与被投诉人的名称、地址及有效联系方式;

2)投诉的招标工程名称、具体事项及理由;

3)投诉依据及有关证明材料;

4)相关的请求及主张。

(3)投诉人不得进行虚假、恶意投诉,阻碍招投标活动的正常进行。

(4)工程造价管理机构在接到投诉书后应在2个工作日内进行审

查,对有下列情况之一的,不予受理:
　　1)投诉人不是所投诉招标工程招标文件的收受人;
　　2)投诉书提交的时间不符合上述第(1)条规定的;
　　3)投诉书不符合上述第(2)条规定的;
　　4)投诉事项已进入行政复议或行政诉讼程序的。
　　(5)工程造价管理机构应在不迟于结束审查的次日将是否受理投诉的决定书面通知投诉人、被投诉人以及负责该工程招投标监督的招投标管理机构。
　　(6)工程造价管理机构受理投诉后,应立即对招标控制价进行复查,组织投诉人、被投诉人或其委托的招标控制价编制人等单位人员对投诉问题逐一核对。有关当事人应当予以配合,并应保证所提供资料的真实性。
　　(7)工程造价管理机构应当在受理投诉的 10 天内完成复查,特殊情况下可适当延长,并做出书面结论通知投诉人、被投诉人及负责该工程招投标监督的招投标管理机构。
　　(8)当招标控制价复查结论与原公布的招标控制价误差大于$\pm 3\%$时,应当责成招标人改正。
　　(9)招标人根据招标控制价复查结论需要重新公布招标控制价的,其最终公布的时间至招标文件要求提交投标文件截止时间不足 15 天的,应相应延长投标文件的截止时间。

第三节　通风空调工程投标与投标报价编制

一、工程投标概述

1. 工程投标的概念

　　工程投标是指经审查获得投标资格的投标人,以同意招标人的招标文件所提出的条件为前提,经过广泛的市场调查掌握一定的信息并结合自身情况(能力、经营目标等),以投标报价的竞争形式获取工程任务的过程。

投标是企业取得工程施工合同的主要途径,投标文件就是对业主发出的要约的承诺。投标人一旦提交了投标文件,就必须在招标文件规定的期限内信守其承诺,不得随意退出投标竞争。因为投标是一种法律行为,投标人必须承担中途反悔撤出的经济和法律责任。

2. 投标程序

工程量清单计价下投标程序如图 5-2 所示。

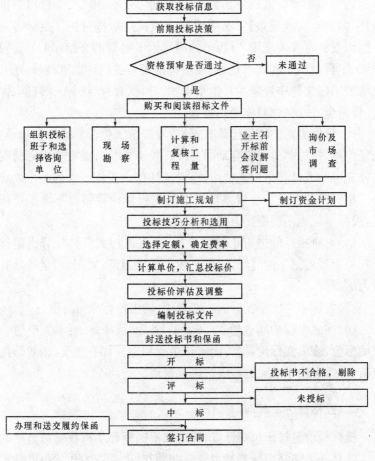

图 5-2　工程量清单计价下投标程序

3. 投标中应注意的问题

投标人在参与投标活动时应注意以下几点：

(1) 公开招标的工程，承包者在接到资格预审合格的通知以后，或采用邀请招标方式的投标者在收到招标者的投标邀请信后，即可按规定购买标书。

(2) 取得招标文件后，投标者首先要详细弄清全部内容，然后对现场进行实地勘察。重点要了解劳动力、道路、水、电、大宗材料等供应条件，以及水文地质条件，必要时地下情况应取样分析。招标者有义务组织投标者参观现场，对提出的问题给予必要的介绍和解答。除对图纸、工程量清单和技术规范、质量标准等要进行详细审核外，还必须搞清楚招标文件中规定的其他事项如：开标、评标、决标、保修期、保证金、保留金、竣工日期、拖期罚款等。

(3) 投标者对工程量要认真审核，发现重大错误应通知招标单位，未经许可，投标单位无权变动和修改。投标单位可以根据实际情况提出补充说明或计算出相关费用，写成函件作为投标文件的一个组成部分。招标单位对于工程量差错而引起的投标计算错误不承担任何责任，投标单位也不能据此索赔。

(4) 对所投标的进行正确估价后，可根据相关资料计算出最佳工期和可能提前完工的时间，以供决策。报出工期、费用、质量等具有竞争力的报价。

(5) 投标单位准备投标的一切费用，均由投标单位自理。

(6) 注意投标的职业道德，不得行贿，营私舞弊，更不能串通一气哄抬标价，或出卖标价，损害国家和企业利益。如有违反，即取消投标资格，严重者给予必要的经济与法律制裁。

二、投标报价及其前期工作

投标报价是指承包商计算、确定和报送招标工程投标总价格的活动。它是业主选择中标者的主要标准，同时也是业主和承包商就工程标价进行承包合同谈判的基础，直接关系到承包商投标的成败。

投标报价也是投标单位根据招标文件及有关计价办法,计算出投标报价,并在此基础上研究投标策略,提出更有竞争力的报价。投标报价对投标单位竞标的成败和将来实施工程的盈亏起着决定性的作用。

投标报价的前期工作主要是指确定投标报价的准备工作,主要内容见表 5-6。

表 5-6　　　　　　　　　投标报价前期工作内容

序号	项目	内　　容
1	搜集、熟悉资料	投标报价前,应搜集并熟悉下列基础资料: (1)招标单位提供的招标文件、工程设计图纸、有关技术说明书。 (2)国家及地区建设行政主管部门颁布的工程预算定额、单位估价表及与之配套的费用定额,工程量清单计价规范。 (3)当时当地的市场人工、材料、机械价格信息。 (4)企业内部的资源消耗量标准
2	调查投标环境	投标环境主要包括自然环境和经济环境两个方面。 (1)自然环境是指施工现场的水文、地质等自然条件,所有对工程施工带来影响的自然条件都要在投标报价中予以考虑。 (2)经济环境是指投标单位在众多投标竞争者中所处的位置。其他投标竞争者的数量以及其工程管理水平的高低,都是工程招标过程竞争激烈程度的决定性因素。在进行投标报价前,投标单位应尽量做到知己知彼,这样才能更有把握地做出竞标能力强的工程投标报价
3	制订合理的施工方案	施工方案在制订时,主要考虑施工方法、施工机具的配置、各工种的安排、现场施工人员的平衡、施工进度安排、施工现场的安全措施等。一个好的施工方案,可以大大降低投标报价,使报价的竞标力增强,而且它也是招标单位考虑投标方是否中标的一个重要因素

三、投标报价编制

1. 一般规定

(1)投标价应由投标人或受其委托具有相应资质的工程造价咨询人编制。

(2)投标价中除"13计价规范"中规定的规费、税金及措施项目清单中的安全文明施工费应按国家或省级、行业建设主管部门的规定计价,不得作为竞争性费用外,其他项目的投标报价由投标人自主决定。

(3)投标人的投标报价不得低于工程成本。《中华人民共和国反不正当竞争法》第十一条规定:"经营者不得以排挤竞争对手为目的,以低于成本的价格销售商品"。《中华人民共和国招标投标法》第四十一规定:"中标人的投标应当符合下列条件……(二)能够满足招标文件的实质性要求,并且经评审的投标价格最低;但是投标价格低于成本的除外"。《评标委员会和评标方法暂行规定》(国家计委等七部委第12号令)第二十一条规定:"在评标过程中,评标委员会发现投标人的报价明显低于其他投标报价或者在设有标底时明显低于标底的,使得其投标报价可能低于其个别成本的,应当要求该投标人做出书面说明并提供相关证明材料。投标人不能合理说明或者不能提供相关证明材料的,由评标委员会认定该投标人以低于成本报价竞标,其投标应作废标处理"。

(4)实行工程量清单招标,招标人在招标文件中提供工程量清单,其目的是使各投标人在投标报价中具有共同的竞争平台。因此,要求投标人必须按招标工程量清单填报价格,工程量清单的项目编码、项目名称、项目特征、计量单位、工程数量必须与招标人招标文件中提供的招标工程量清单一致。

(5)根据《中华人民共和国政府采购法》第三十六条规定:"在招标采购中,出现下列情形之一的,应予废标……(三)投标人的报价均超过了采购预算,采购人不能支付的"。《中华人民共和国招标投标法实施条例》第五十一条规定:"有下列情形之一者,评标委员会应当否决其投标:……(五)投标报价低于成本或者高于招标文件设定的最高投标限价"。对于国有资金投资的工程,其招标控制价相当于政府采购中的采购预算,且其定义就是最高投标限价,因此投标人的投标报价不能高于招标控制价,否则,应予废标。

2. 投标报价编制依据

(1)"13计价规范"。

(2)国家或省级、行业建设主管部门颁发的计价办法。

(3)企业定额,国家或省级、行业建设主管部门颁发的计价定额和计价办法。

(4)招标文件、招标工程量清单及其补充通知、答疑纪要。

(5)建设工程设计文件及相关资料。

(6)施工现场情况、工程特点及投标时拟定的施工组织设计或施工方案。

(7)与建设项目相关的标准、规范等技术资料。

(8)市场价格信息或工程造价管理机构发布的工程造价信息。

(9)其他的相关资料。

3. 投标报价编制方法

(1)综合单价中应考虑招标文件中要求投标人承担的风险内容及其范围(幅度)产生的风险费用,招标文件中没有明确的,应提请招标人明确。在施工过程中,当出现的风险内容及其范围(幅度)在合同约定的范围内时,合同价款不作调整。

(2)分部分项工程和措施项目中的单价项目,应根据招标文件和招标工程量清单项目中的特征描述确定综合单价。招标工程量清单的项目特征描述是确定分部分项工程和措施项目中的单价的重要依据之一,投标人投标报价时应依据招标工程量清单项目的特征描述确定清单项目的综合单价。招投标过程中,当出现招标工程量清单项目特征描述与设计图纸不符时,投标人应以招标工程量清单的项目特征描述为准,确定投标报价的综合单价。当施工中施工图纸或设计变更与招标工程量清单的项目特征描述不一致时,发承包双方应按实际施工的项目特征,依据合同约定重新确定综合单价。

招标文件中提供了暂估单价的材料,应按暂估的单价计入综合单价;综合单价中应考虑招标文件中要求投标人承担的风险内容及其范围(幅度)产生的风险费用。在施工过程中,当出现的风险内容及其范围(幅度)在合同约定的范围内时,工程价款不做调整。

(3)投标人可根据工程实际情况并结合施工组织设计,对招标人所列的措施项目进行增补。由于各投标人拥有的施工装备、技术水平和采用的施工方法有所差异,招标人提出的措施项目清单是根据一般情况确定的,没有考虑不同投标人的"个性",投标人投标时应根据自身编制的投标施工组织设计或施工方案确定措施项目,对招标人提供的措施项目进行调整。投标人根据投标施工组织设计或施工方案调整和确定的措施项目应通过评标委员会的评审。

措施项目中的总价项目应采用综合单价计价。其中安全文明施工费应按国家或省级、行业建设主管部门的规定确定,且不得作为竞争性费用。

(4)其他项目应按下列规定报价:

1)暂列金额应按招标工程量清单中列出的金额填写,不得变动;

2)材料、工程设备暂估价应按招标工程量清单中列出的单价计入综合单价,不得变动和更改;

3)专业工程暂估价应按招标工程量清单中列出的金额填写,不得变动和更改;

4)计日工应按招标工程量清单中列出的项目和数量,自主确定综合单价并计算计日工金额;

5)总承包服务费应依据招标工程量清单中列出的专业工程暂估价内容和供应材料、设备情况,按照招标人提出协调、配合与服务要求和施工现场管理需要自主确定。

(5)规费和税金应按国家或省级、行业建设主管部门的规定计算,不得作为竞争性费用。规费和税金的计取标准是依据有关法律、法规和政策规定制定的,具有强制性。投标人是法律、法规和政策的执行者,不能改变,更不能制定,而必须按照法律、法规、政策的有关规定执行。

(6)招标工程量清单与计价表中列明的所有需要填写单价和合价的项目,投标人均应填写且只允许有一个报价。未填写单价和合价的项目,可视为此项费用已包含在已标价工程量清单中其他项目的单价和合价之中。当竣工结算时,此项目不得重新组价予以调整。

(7)实行工程量清单招标,投标人的投标总价应当与组成已标价工程量清单的分部分项工程费、措施项目费、其他项目费和规费、税金的合计金额相一致,即投标人在投标报价时,不能进行投标总价优惠(或降价、让利),投标人对招标人的任何优惠(或降价、让利)均应反映在相应清单项目的综合单价中。

4. 投标报价编制注意问题

(1)掌握"13计价规范"的各项规定,明确各清单项目所含的工作内容和要求、各项费用的组成等。投标时仔细研究清单项目的描述,真正把自身的管理优势、技术优势、资源优势等落实到清单项目报价中。

(2)注意建立企业内部定额,提高自主报价能力。企业定额是指根据本企业施工技术和管理水平以及有关工程造价资料制定的,供本企业使用的人工、材料和机械台班的消耗量标准。通过制定企业定额,施工企业可以准确地计算出完成项目所需耗费的成本与工期,从而可以在投标报价时做到心中有数,避免盲目报价导致最终亏损现象的发生。

(3)在投标报价书中,没有填写单价和合价的项目将不予支付,因此投标企业应仔细填写每一单项的单价和合价,做到报价时不漏项不缺项。

(4)若需编制技术标及相应报价,应避免技术标报价与商务标报价出现重复现象,尤其是技术标中已经包括的措施项目,投标时应正确区分。

(5)掌握一定的投标策略和技巧。根据各种影响因素和工程具体情况,灵活机动的调整报价,提高企业的市场竞争力。

四、投标报价决策与策略

1. 投标报价决策

投标报价决策,实际就是解决投标过程中的对策问题,决策贯穿竞争的全过程,对于招标投标中的各个主要环节,都必须及时做出正确的决策,才能取得竞争的全胜。在招标市场的激烈竞争中,承包商必须重视投标报价决策问题的研究,投标报价决策是企业经营成败的关键。

投标报价决策的主要内容包括以下四个方面:

(1)分析本企业在现有资源条件下,在一定时间内,应当和可以承揽的工程任务数量。

(2)对可投标工程的选择和决定。当只有一项工程可供投标时,决定是否投标;有若干项工程可供投标时,正确选择投标对象,决定向哪个或哪几个工程投标。

(3)确定进行某工程项目投标后,在满足招标单位对工程质量和工期要求的前提下,对工程成本的估价做出决策,即对本企业的技术优势和实力结合实际工程做出合理的评价。

(4)在收集各方信息的基础上,从竞争谋略的角度确定高价、微利、保本等方面的投标报价决定。

2. 投标报价策略

投标报价策略是指投标人在投标竞争中的系统工作部署及其参与投标竞争的方式和手段。承包商参加投标竞争,能否战胜对手而获得施工合同,在很大程度上取决于自身能否运用正确灵活的投标策略来指导投标全过程。

投标报价策略主要是"把握形势,以长胜短,掌握主动,随机应变"。在实际投标过程中,常用的投标报价策略见表5-7。

表 5-7　　　　　　　　　常用投标报价策略

序号	类别	说　明
1	根据招标项目的不同特点采用不同报价	投标报价时,既要考虑自身的优势和劣势,又要分析招标项目的特点。按照工程项目的不同特点、类别、施工条件等来选择报价策略
2	不平衡报价法	这一方法是指一个工程项目总报价基本确定后,通过调整内部各个项目的报价,以期既不提高总报价、不影响中标,又能在结算时得到更理想的经济效益
3	计日工单价的报价	如果是单纯报价计日工单价,而且不计入总价中,可以报高些,以便在招标人额外用工或使用施工机械时多盈利。但如果计日工单价要计入总报价时,则需具体分析是否报高价,以免抬高总报价
4	可供选择的项目的报价	有些工程项目的分项工程,招标人可能要求按某一方案报价,而后再提供几种可供选择方案的比较报价。投标人投标应对不同规格情况下的价格进行调查,对于将来有可能被选择使用的规格应适当提高其报价;对于技术难度大的可将价格有意抬得更高一些,以阻挠招标人选用 由于"可供选择项目"只有招标人才有权进行选择,所以,虽然适当提高了可供选择项目的报价,并不意味着肯定可以取得较好的利润,只是提供了一种可能性,一旦招标人今后选用,投标人即可得到额外加价的利益
5	多方案报价法	对于一些工程范围不很明确,条款不清楚或很不公正,或技术规范要求过于苛刻的招标文件,则要在充分估计投标风险的基础上按原招标文件报一个价,然后再提出如某某条款做某些变动,报价可降低多少,由此可报出一个较低的价

续表

序号	类别	说明
6	暂列金额的报价	(1)由于暂列总价款是固定的,对各投标人的总报价水平竞争力没有任何影响,因此,投标时应当对暂列金额的单价适当提高。 (2)招标人列出了暂列金额项目的数量,但并没有限制这些工程量的估价总价款,要求投标人既列出单价,也应按暂列金额项目的数量计算总价,将来结算付款时可按实际完成的工程量和所报单价支付。这种情况下,投标人必须慎重考虑。如果单价定得高了,同其他工程量计价一样,将会增大总报价,影响投标报价的竞争力;如果单价定得低了,将来这类工程量增大,将会影响收益。一般来说,这类工程量可以采用正常价格。如果投标人估计今后实际工程量肯定会增大,则可适当提高单价,使将来可增加额外收益。 (3)只有暂列金额的一笔固定总金额,将来这笔金额做什么用,由招标人确定。这种情况对投标竞争没有实际意义,按招标文件要求将规定的暂列金额列入总报价即可
7	增加建议方案	有时招标文件中规定,可以提出建议方案,即可以修改原设计方案,提出投标者的方案。这时投标者应组织一批有经验的设计和施工工程师,对原招标文件的设计和施工方案进行仔细研究,提出更合理的方案以吸引业主方,促成自己的方案中标。这种新的建议方案要可以降低总造价、提前竣工或使工程运用更合理。但要注意的是,一定要对原招标方案标价,以供采购方比较。增加建议方案时,不要将方案写得太具体,保留方案的关键技术,防止业主方将此方案交给其他承包商。同时要强调的是,建议方案一定要比较成熟,或过去有这方面的实践经验。避免仅为中标而匆忙提出一些没有把握的建议方案,而引起很多的后患

第四节 竣工结算编制

一、工程竣工结算及其作用

工程竣工结算是指一个单位或单项建筑安装工程完工,并经发包人及有关部门验收移交后办理的工程价款清算。它是工程的最终造价、实际造价。

工程竣工结算，意味着承发包双方经济关系的最终结束和财务往来结清。结算根据"工程结算书"和"工程价款结算账单"进行。前者是承包商根据合同条文、合同造价、设计变更增（减）项目、现场经济签证费用和施工期间国家有关政策性费用调整文件编制确定的工程最终造价的经济文件，是向业主应收的全部工程价款；后者表示承包单位已向业主收取的工程款。以上两者由承包商在工程竣工验收点交后编制，送业主审查无误、并征得有关部门审查同意后，由承发包单位共同办理竣工结算手续，才能进行工程结算。

工程竣工结算的作用主要表现为以下几个方面：

(1) 竣工结算是确定工程最终造价，完结发包人与承包人合同关系的经济责任的依据。

(2) 竣工结算为承包人确定工程的最终收入，是承包人经济核算和考核工程成本的依据。

(3) 竣工结算反映建筑安装工程工作量和实物量的实际完成情况，是发包人编报竣工决算的依据。

(4) 竣工结算反映建筑安装工程实际造价，是编制概算定额、概算指标的基础资料。

二、竣工结算编制一般规定

(1) 工程完工后，发承包双方必须在合同约定时间内办理工程竣工结算。合同中没有约定或约定不清的，按"13 计价规范"中有关规定处理。

(2) 工程竣工结算应由承包人或受其委托具有相应资质的工程造价咨询人编制，并应由发包人或受其委托具有相应资质的工程造价咨询人核对。实行总承包的工程，由总承包人对竣工结算的编制负总责。

(3) 当发承包双方或一方对工程造价咨询人出具的竣工结算文件有异议时，可向工程造价管理机构投诉，申请对其进行执业质量鉴定。

(4)工程造价管理机构对投诉的竣工结算文件进行质量鉴定,宜按本章第五节的相关规定进行。

(5)根据《中华人民共和国建筑法》第六十一条规定:"交付竣工验收的建筑工程,必须符合规定的建筑工程质量标准,有完整的工程技术经济资料和经签署的工程保修书,并具备国家规定的其他竣工条件",由于竣工结算是反映工程造价计价规定执行情况的最终文件,竣工结算办理完毕,发包人应将竣工结算文件报送工程所在地或有该工程管辖权的行业管理部门的工程造价管理机构备案。竣工结算文件应作为工程竣工验收备案、交付使用的必备文件。

三、竣工结算编制

(一)竣工结算编制依据

(1)"13 计价规范"。
(2)工程合同。
(3)发承包双方实施过程中已确认的工程量及其结算的合同价款。
(4)发承包双方实施过程中已确认调整后追加(减)的合同价款。
(5)建设工程设计文件及相关资料。
(6)投标文件。
(7)其他依据。

(二)竣工结算编制方法

(1)分部分项工程和措施项目中的单价项目应依据发承包双方确认的工程量与已标价工程量清单的综合单价计算;发生调整的,应以发承包双方确认调整的综合单价计算。

(2)措施项目中的总价项目应依据已标价工程量清单的项目和金额计算;发生调整的,应以发承包双方确认调整的金额计算,其中安全文明施工费应按照国家或省级、行业建设主管部门的规定计算。施工过程中,国家或省级、行业建设主管部门对安全文明施工费进行了调整的,措施项目费中和安全文明施工费应作相应调整。

（3）办理竣工结算时，其他项目费的计算应按以下要求进行计价：

1）计日工的费用应按发包人实际签证确认的数量和合同约定的相应项目综合单价计算。

2）当暂估价中的材料、工程设备是招标采购的，其单价按中标价在综合单价中调整。当暂估价中的材料、设备为非招标采购的，其单价按发承包双方最终确认的单价在综合单价中调整。当暂估价中的专业工程是招标发包的，其专业工程费按中标价计算。当暂估价中的专业工程为非招标发包的，其专业工程费按发承包双方与分包人最终确认的金额计算。

3）总承包服务费应依据已标价工程量清单金额计算，发承包双方依据合同约定对总承包服务进行了调整，应按调整后的金额计算。

4）索赔事件产生的费用在办理竣工结算时应在其他项目费中反映。索赔费用的金额应依据发承包双方确认的索赔事项和金额计算。

5）现场签证发生的费用在办理竣工结算时应在其他项目费中反映。现场签证费用金额依据发承包双方签证资料确认的金额计算。

6）合同价款中的暂列金额在用于各项价款调整、索赔与现场签证后，若有余额，则余额归发包人，若出现差额，则由发包人补足并反映在相应的工程价款中。

（4）规费和税金应按国家或省级、行业建设主管部门对规费和税金的计取标准计算。规费中的工程排污费应按工程所在地环境保护部门规定的标准缴纳后按实列入。

（5）由于竣工结算与合同工程实施过程中的工程计量及其价款结算、进度款支付、合同价款调整等具有内在联系，因此，发承包双方在合同工程实施过程中已经确认的工程计量结果和合同价款，在竣工结算办理中应直接进入结算，从而简化结算流程。

四、竣工结算办理的有关规定

竣工结算的编制与核对是工程造价计价中发承包双方应共同完成的重要工作。按照交易的一般原则，任何交易结束，都应做到钱、货两清，工程建设也不例外。工程施工的发承包活动作为期货交易行为，当工程竣工验收合格后，承包人将工程移交给发包人时，发承包双方应将工程价款结算清楚，即竣工结算办理完毕。

(1) 合同工程完工后，承包人应在经发承包双方确认的合同工程期中价款结算的基础上汇总编制完成竣工结算文件，应在提交竣工验收申请的同时向发包人提交竣工结算文件。

承包人未在合同约定的时间内提交竣工结算文件，经发包人催告后14天内仍未提交或没有明确答复的，发包人有权根据已有资料编制竣工结算文件，作为办理竣工结算和支付结算款的依据，承包人应予以认可。

因承包人无正当理由在约定时间内未递交竣工结算书，造成工程结算价款延期支付的，责任由承包人承担。

(2) 发包人应在收到承包人提交的竣工结算文件后的28天内核对。发包人经核实，认为承包人还应进一步补充资料和修改结算文件，应在上述时限内向承包人提出核实意见，承包人在收到核实意见后的28天内应按照发包人提出的合理要求补充资料，修改竣工结算文件，并应再次提交给发包人复核后批准。

(3) 发包人应在收到承包人再次提交的竣工结算文件后的28天内予以复核，将复核结果通知承包人，并应遵守下列规定：

1) 发包人、承包人对复核结果无异议的，应在7天内在竣工结算文件上签字确认，竣工结算办理完毕；

2) 发包人或承包人对复核结果认为有误的，无异议部分按照本条第1) 款规定办理不完全竣工结算；有异议部分由发承包双方协商解决；协商不成的，应按照合同约定的争议解决方式处理。

(4)《最高人民法院关于审理建设工程施工合同纠纷案件适用法律问题的解释》（法释[2004]14号）第二十条规定："当事人约定，发包人收到竣工结算文件后，在约定期限内不予答复，视为认可竣工结算文件的，按照约定处理。承包人请求按照竣工结算文件结算工程价款的，应予支持"。根据这一规定，要求发承包双方不仅应在合同中约定竣工结算的核对时间，并应约定发包人在约定时间内对竣工结算不予答复，视为认可承包人递交的竣工结算。"13 计价规范"对发包人未在竣工结算中履行核对责任的后果进行了规定，即：发包人在收到承包人竣工结算文件后的 28 天内，不核对竣工结算或未提出核对意见的，应视为承包人提交的竣工结算文件已被发包人认可，竣工结算办理完毕。

(5) 承包人在收到发包人提出的核实意见后的 28 天内，不确认也未提出异议，应视为发包人提出的核实意见已被承包人认可，竣工结算办理完毕。

(6) 发包人委托工程造价咨询人核对竣工结算的，工程造价咨询人应在 28 天内核对完毕，核对结论与承包人竣工结算文件不一致的，应提交给承包人复核；承包人应在 14 天内将同意核对结论或不同意见的说明提交工程造价咨询人。工程造价咨询人收到承包人提出的异议后，应再次复核，复核无异议的，应在 7 天内在竣工结算文件上签字确认，竣工结算办理完毕；复核后仍有异议的，对于无异议部分按照规定办理不完全竣工结算；有异议部分由发承包双方协商解决；协商不成的，应按照合同约定的争议解决方式处理。

承包人逾期未提出书面异议的，应视为工程造价咨询人核对的竣工结算文件已经承包人认可。

(7) 对发包人或发包人委托的工程造价咨询人指派的专业人员与承包人指派的专业人员经核对后无异议并签名确认的竣工结算文件，除非发承包人能提出具体、详细的不同意见，发承包人都应在竣工结算文件上签名确认，如其中一方拒不签认的，按下列规定办理：

1) 若发包人拒不签认的，承包人可不提供竣工验收备案资料，并有权拒绝与发包人或其上级部门委托的工程造价咨询人重新核对竣工结算文件。

2) 若承包人拒不签认的，发包人要求办理竣工验收备案的，承包人不得拒绝提供竣工验收资料，否则，由此造成的损失，承包人承担相应责任。

(8) 合同工程竣工结算核对完成,发承包双方签字确认后,发包人不得要求承包人与另一个或多个工程造价咨询人重复核对竣工结算。这可以有效地解决了工程竣工结算中存在的一审再审、以审代拖、久审不结的现象。

(9) 发包人对工程质量有异议,拒绝办理工程竣工结算的,已竣工验收或已竣工未验收但实际投入使用的工程,其质量争议应按该工程保修合同执行,竣工结算应按合同约定办理;已竣工未验收且未实际投入使用的工程以及停工、停建工程的质量争议,双方应就有争议的部分委托有资质的检测鉴定机构进行检测,并应根据检测结果确定解决方案,或按工程质量监督机构的处理决定执行后办理竣工结算,无争议部分的竣工结算应按合同约定办理。

第五节 工程造价鉴定

发承包双方在履行施工合同过程中,由于不同的利益诉求,有一些施工合同纠纷需要采用仲裁、诉讼的方式解决,工程造价鉴定在一些施工合同纠纷案件处理中就成了裁决、判决的主要依据。

一、一般规定

(1) 在工程合同价款纠纷案件处理中,需做工程造价司法鉴定的,应根据《工程造价咨询企业管理办法》(建设部令第149号)第二十条的规定,委托具有相应资质的工程造价咨询人进行。

(2) 工程造价咨询人接受委托时提供工程造价司法鉴定服务,不仅应符合建设工程造价方面的规定,还应按仲裁、诉讼程序和要求进行,并应符合国家关于司法鉴定的规定。

(3) 按照《注册造价工程师管理办法》(建设部令第150号)的规定,工程计价活动应由造价工程师担任。《建设部关于对工程造价司法鉴定有关问题的复函》(建办标函[2005]155号)第二条规定:"从事工程造价司法鉴定的人员,必须具备注册造价工程师执业资格,并只得在其注册的机构从事工程造价司法鉴定工作,否则不具有在该机构的工程造价成果文件上签字的权力"。鉴于进入司法程序的工程造价鉴定的难度一般较大,因此,工程造价咨询人进行工程造价司法鉴定时,应指派专业对口、经验丰富的注册造价工程师承担鉴定工作。

(4)工程造价咨询人应在收到工程造价司法鉴定资料后10天内,根据自身专业能力和证据资料判断能否胜任该项委托,如不能,应辞去该项委托。工程造价咨询人不得在鉴定期满后以上述理由不做出鉴定结论,影响案件处理。

(5)为保证工程造价司法鉴定的公正进行,接受工程造价司法鉴定委托的工程造价咨询人或造价工程师如是鉴定项目一方当事人的近亲属或代理人、咨询人以及其他关系可能影响鉴定公正的,应当自行回避;未自行回避,鉴定项目委托人以该理由要求其回避的,必须回避。

(6)《最高人民法院关于民事诉讼证据的若干规定》(法释[2001]33号)第五十九条规定:"鉴定人应当出庭接受当事人质询",因此,工程造价咨询人应当依法出庭接受鉴定项目当事人对工程造价司法鉴定意见书的质询。如确因特殊原因无法出庭的,经审理该鉴定项目的仲裁机关或人民法院准许,可以书面形式答复当事人的质询。

二、取证

(1)工程造价的确定与当时的法律法规、标准定额以及各种要素价格具有密切关系,为做好一些基础资料不完备的工程鉴定,工程造价咨询人进行工程造价鉴定工作,应自行收集以下(但不限于)鉴定资料:

1)适用于鉴定项目的法律、法规、规章、规范性文件以及规范、标准、定额;

2)鉴定项目同时期同类型工程的技术经济指标及其各类要素价格等。

(2)真实、完整、合法的鉴定依据是做好鉴定项目工程造价司法工

作鉴定的前提。工程造价咨询人收集鉴定项目的鉴定依据时,应向鉴定项目委托人提出具体书面要求,其内容包括:

1) 与鉴定项目相关的合同、协议及其附件;
2) 相应的施工图纸等技术经济文件;
3) 施工过程中的施工组织、质量、工期和造价等工程资料;
4) 存在争议的事实及各方当事人的理由;
5) 其他有关资料。

(3) 根据最高人民法院规定"证据应当在法庭上出示,由当事人质证。未经质证的证据,不能作为认定案件事实的依据(法释[2001]33号)",工程造价咨询人在鉴定过程中要求鉴定项目当事人对缺陷资料进行补充的,应征得鉴定项目委托人同意,或者协调鉴定项目各方当事人共同签认。

(4) 根据鉴定工作需要现场勘验的,工程造价咨询人应提请鉴定项目委托人组织各方当事人对被鉴定项目所涉及的实物标的进行现场勘验。

(5) 勘验现场应制作勘验记录、笔录或勘验图表,记录勘验的时间、地点、勘验人、在场人、勘验经过、结果,由勘验人、在场人签名或者盖章确认。绘制的现场图应注明绘制的时间、测绘人姓名、身份等内容。必要时应采取拍照或摄像取证,留下影像资料。

(6) 鉴定项目当事人未对现场勘验图表或勘验笔录等签字确认的,工程造价咨询人应提请鉴定项目委托人决定处理意见,并在鉴定意见书中做出表述。

三、鉴定

(1)《最高人民法院关于审理建设工程施工合同纠纷案件适用法律问题的解释》(法释[2004]14号)第十六条一款规定:"当事人对建设工程的计价标准或者计价方法有约定的,按照约定结算工程价款",因此,如鉴定项目委托人明确告之合同有效,工程造价咨询人就必须依据合同约定进行鉴定,不得随意改变发承包双方合法的合意,不能以专业技术方面的惯例来否定合同的约定。

(2)工程造价咨询人在鉴定项目合同无效或合同条款约定不明确的情况下应根据法律法规、相关国家标准和"13计价规范"的规定,选择相应专业工程的计价依据和方法进行鉴定。

(3)为保证工程造价鉴定的质量,尽可能将当事人之间的分歧缩小直至化解,为司法调解、裁决或判决提供科学合理的依据,工程造价咨询人出具正式鉴定意见书之前,可报请鉴定项目委托人向鉴定项目各方当事人发出鉴定意见书征求意见稿,并指明应书面答复的期限及其不答复的相应法律责任。

(4)工程造价咨询人收到鉴定项目各方当事人对鉴定意见书征求意见稿的书面复函后,应对不同意见认真复核,修改完善后再出具正式鉴定意见书。

(5)工程造价咨询人出具的工程造价鉴定书应包括下列内容:
1)鉴定项目委托人名称、委托鉴定的内容;
2)委托鉴定的证据材料;
3)鉴定的依据及使用的专业技术手段;
4)对鉴定过程的说明;
5)明确的鉴定结论;
6)其他需说明的事宜;
7)工程造价咨询人盖章及注册造价工程师签名盖执业专用章。

(6)进入仲裁或诉讼的施工合同纠纷案件,一般都有明确的结案时限,为避免影响案件的处理,工程造价咨询人应在委托鉴定项目的鉴定期限内完成鉴定工作,如确因特殊原因不能在原定期限内完成鉴定工作时,应按照相应法规提前向鉴定项目委托人申请延长鉴定期限,并应在此期限内完成鉴定工作。

经鉴定项目委托人同意等待鉴定项目当事人提交、补充证据的,质证所用的时间不应计入鉴定期限。

(7)对于已经出具的正式鉴定意见书中有部分缺陷的鉴定结论,工程造价咨询人应通过补充鉴定做出补充结论。

第六节　工程量清单计价格式

一、工程计价表格的形式及填写要求

(一)工程计价文件封面

1. 招标控制价封面(封—2)

招标控制价封面应填写招标工程项目的具体名称,招标人应盖单位公章,如委托工程造价咨询人编制,还应加盖工程造价咨询人所在单位公章。

招标控制价封面样式见表5-8。

表 5-8　　　　　　　招标控制价封面

```
┌─────────────────────────────────────────┐
│  _____工程            │
│                                          │
│           招标控制价                      │
│                                          │
│                                          │
│         招　标　人：_____          │
│              (单位盖章)                   │
│                                          │
│         造价咨询人：_____          │
│              (单位盖章)                   │
│                                          │
│              年    月    日               │
└─────────────────────────────────────────┘
```

封—2

2. 投标总价封面(封—3)

投标总价封面应填写投标工程项目的具体名称,投标人应盖单位公章。

投标总价封面样式见表 5-9。

表 5-9　　　　　　　　　投标总价封面

_____工程
投 标 总 价
投　标　人：_____
（单位盖章）
年　月　日

封—3

3. 竣工结算书封面(封—4)

竣工结算书封面应填写竣工工程的具体内容名称,发承包双方应盖单位公章,如委托工程造价咨询人办理的,还应加盖工程造价咨询人所在单位公章。

竣工结算书封面样式见表 5-10。

表 5-10　　　　　　　竣工结算书封面

_____工程
竣工结算书
发　包　人：_____ （单位盖章）
承　包　人：_____ （单位盖章）
造价咨询人：_____ （单位盖章）
年　月　日

封—4

4. 工程造价鉴定意见书封面(封—5)

工程造价鉴定意见书封面应填写鉴定工程项目的具体名称，填写意见书文号，工程造价自选人盖所在单位公章。

工程造价鉴定意见书封面样式见表 5-11。

表 5-11　　　工程造价鉴定意见书封面

```
_____工程

        编号：××[2×××]××号



          工程造价鉴定意见书



        造价咨询人：_____
                （单位盖章）




            年　月　日
```

封—5

(二)工程计价文件扉页

1. 招标控制价扉页(扉—2)

招标控制价扉页的封面由招标人或招标人委托的工程造价自选人编制招标控制价时填写。

招标人自行编制招标控制价的，编制人员必须是在招标人单位注册的造价人员，由招标人盖单位公章，法定代表人或其授权人签字或盖章；当编制人是注册造价工程师时，由其签字盖执业专用章；当编制人是造价员时，由其在编制人栏签字盖专用章，并应由注册造价工程师复核，在复核人栏签字盖执业专用章。

招标人委托工程造价咨询人编制招标控制价时,编制人员必须是在工程造价咨询人单位注册的造价人员。由工程造价咨询人盖单位资质专用章,法定代表人或其授权人签字或盖章;当编制人是注册造价工程师时,由其签字盖执业专用章;当编制人是造价员时,由其在编制人栏签字盖专用章,并应由注册造价工程师复核,在复核人栏签字盖执业专用章。

招标控制价扉页样式见表 5-12。

表 5-12　　　　　　　招标控制价扉页

_____ 工程

招标控制价

招标控制价(小写):_____

　　　　　(大写):_____

招　标　人:_____　　造价咨询人:_____
　　　　(单位盖章)　　　　　　　　　　　　　(单位资质专用章)

法定代表人　　　　　　　　　　　　　　法定代表人
或其授权人:_____　　或其授权人:_____
　　　　(签字或盖章)　　　　　　　　　　　　(签字或盖章)

编　制　人:_____　　复　核　人:_____
　　(造价人员签字盖专用章)　　　　　　(造价工程师签字盖专用章)

编制时间:　　年　月　日　　　　　　　复核时间:　　年　月　日

扉—2

第五章 工程量清单计价

2. 投标总价扉页（扉—3）

投标总价扉页由投标人编制投标报价填写。

投标人编制投标报价时，编制人员必须是在投标人单位注册的造价人员。由投标人盖单位公章，法定代表人或其授权签字或盖章，编制的造价人员（造价工程师或造价员）签字盖执业专用章。

投标总价扉页样式见表5-13。

表 5-13　　　　　　　　投标总价扉页

投 标 总 价

招标人：_____

工程名称：_____

投标总价（小写）：_____

（大写）：_____

投标人：_____

（单位盖章）

法定代表人
或其授权人：_____

（签字或盖章）

编制人：_____

（造价人员签字盖专用章）

时间：　　年　　月　　日

扉—3

3. 竣工结算总价扉页（扉—4）

承包人自行编制竣工结算总价，编制人员必须是承包人单位注册的造价人员。由承包人盖单位公章，法定代表人或其授权人签字或盖章；编制的造价人员（造价工程师或造价员）签字盖执业专用章。

发包人自行核对竣工结算时，核对人员必须是在发包人单位注册的造价工程师。由发包人盖单位公章，法定代表人或其授权人签字或盖章，核对的造价工程师签字盖执业专用章。

发包人委托工程造价咨询人核对竣工结算时，核对人员必须是在工程造价咨询人单位注册的造价工程师。由发包人盖单位公章，法定代表人或其授权人签字盖章的；工程造价咨询人盖单位资质专用章，法定代表人或其授权人签字或盖章；核对的造价工程师签字盖执业专用章。

除非出现发包人拒绝或不答复承包人竣工结算书的特殊情况，竣工结算办理完毕后，竣工结算总价封面发承包双方的签字、盖章应当齐全。

竣工结算总价扉页样式见表 5-14。

表 5-14　　　　　　　竣工结算总价扉页

_____工程

竣工结算总价

签约合同价(小写)：_____　　(大写)：_____
竣工结算价(小写)：_____　　(大写)：_____

发　包　人：_____　　承　包　人：_____　　造价咨询人：_____
　　(单位盖章)　　　　　　(单位盖章)　　　　　(单位资质专用章)

法定代表人　　　　　　法定代表人　　　　　　法定代表人
或其授权人：_____　　或其授权人：_____　　或其授权人：_____
　(签字或盖章)　　　　　(签字或盖章)　　　　　(签字或盖章)

编　制　人：_____　　　　　　核　对　人：_____
　(造价人员签字盖专用章)　　　　(造价工程师签字盖专用章)

编制时间：　年　月　日　　　　核对时间：　年　月　日

扉—4

4. 工程造价鉴定意见书扉页(扉—5)

工程造价鉴定意见书扉页应填写工程造价鉴定项目的具体名称，工程造价咨询人应盖单位资质专用章，法定代表人或其授权人签字或盖章，造价工程师签字盖执业专用章。

工程造价鉴定意见书样式见表 5-15。

表 5-15   工程造价鉴定意见书扉页

```
_____工程

        工程造价鉴定意见书


    鉴定结论：

    造价咨询人：_____
                （盖单位章及资质专用章）

    法定代表人：_____
                    （签字或盖章）

    造价工程师：_____
                    （签字盖专用章）

            年    月    日
```

扉—5

(三)工程计价总说明(表—01)

工程计价总说明样式参见表 3-4。

(四)工程计价汇总表

1. 建设项目招标控制价/投标报价汇总表(表—02)

由于编制招标控制价和投标报价包含的内容相同，只是对价格的处理不同,因此,招标控制价和投标报价汇总表使用统一表格。实践中,对招标控制价或投标报价可分别印制建设项目招标控制价和投标报价汇总表。

建设项目招标控制价/投标报价汇总表样式见表 5-16。

表 5-16　　　　　建设项目招标控制价/投标报价汇总表

工程名称:　　　　　　　　　　　　　　　　　　　第 页共 页

序号	单项工程名称	金额(元)	其中:(元)		
			暂估价	安全文明施工费	规费
	合　计				

注:本表适用于建设项目招标控制价的汇总。

表—02

2. 单项工程招标控制价/投标报价汇总表(表—03)

单项工程招标控制价/投标报价汇总表样式见表 5-17。

表 5-17　　　　　　单项工程招标控制价汇总表

工程名称:　　　　　　　　　　　　　　　　　　　第 页共 页

序号	单位工程名称	金额(元)	其　中:(元)		
			暂估价	安全文明施工费	规费
	合　计				

注:本表适用于单项工程招标控制价或投标报价的汇总。暂估价包括分部分项工程中的暂估价和专业工程暂估价。

表—03

3. 单位工程招标控制价/投标报价汇总表(表—04)

单位工程招标控制价/投标报价汇总表样式见表 5-18。

表 5-18　　单位工程招标控制价/投标报价汇总表

工程名称：　　　　　　　　　标段：　　　　　　　　第　页共　页

序号	汇 总 内 容	金额(元)	其中:暂估价(元)
1	分部分项工程		
1.1			
1.2			
1.3			
2	措施项目		—
2.1	其中:安全文明施工费		—
3	其他项目		—
3.1	其中:暂列金额		—
3.2	其中:专业工程暂估价		—
3.3	其中:计日工		—
3.4	其中:总承包服务费		—
4	规费		—
5	税金		—
招标控制价合计=1+2+3+4+5			

注:本表适用于单位工程招标控制价或投标报价的汇总,如无单位工程划分,单项工程也使用本表汇总。

表—04

4. 建设项目竣工结算汇总表(表—05)

建设项目竣工结算汇总表样式见表 5-19。

表 5-19　　　　　　　　建设项目竣工结算汇总表

工程名称：　　　　　　　　　　　　　　　　　　　第　页共　页

序号	单项工程名称	金额(元)	其　　中:(元)	
			安全文明施工费	规费
	合　计			

表—05

5. 单项工程竣工结算汇总表(表—06)

单项工程竣工结算汇总表样式见表 5-20。

表 5-20　　　　　　　　单项工程竣工结算汇总表

工程名称：　　　　　　　　　　　　　　　　　　　第　页共　页

序号	单位工程名称	金额(元)	其　　中:(元)	
			安全文明施工费	规费
	合　计			

表—06

6. 单位工程竣工结算汇总表(表—07)

单位工程竣工结算汇总表样式见表 5-21。

表 5-21　　　　　　单位工程竣工结算汇总表

工程名称：　　　　　　　　　标段：　　　　　　　　第　页共　页

序号	汇总内容	金额(元)
1	分部分项工程	
1.1		
1.2		
1.3		
2	措施项目	
2.1	其中:安全文明施工费	
3	其他项目	
3.1	其中:专业工程结算价	
3.2	其中:计日工	
3.3	其中:总承包服务费	
3.4	其中:索赔与现场签证	
4	规费	
5	税金	
竣工结算总价合计＝1＋2＋3＋4＋5		

注：如无单位工程划分,单项工程也使用本表汇总。

表－07

(五)分部分项工程和措施项目计价表

1. 分部分项工程和单价措施项目清单与计价表(表—08)

分部分项工程和单价措施项目计价表样式参见表 3-5。

2. 综合单价分析表(表—09)

工程量清单单价分析表是评标委员会评审和判别综合单价组成和价格完整性、合理性的主要基础,对因工程变更、工程量偏差等原因调整综合单价也是必不可少的基础单价数据来源。采用经评审的最低投标法评标时,综合单价分析表的重要性更为突出。

综合单价分析表反映了构成每一个清单项目综合单价的各个价格要素的价格及主要的工、料、机消耗量。投标人在投标报价时,需每一个清单项目进行组价,为了使组价工作具有可追溯性(回复评标置疑时尤其需要),需要表明每一个数据的来源。

综合单价分析表一般随投标文件一同提交,作为竞标价的工程量清单的组成部分,以便中标后,作为合同文件的附属文件。投标人须知中需要就分析表提交的方式做出规定,该规定需要考虑是否有必要对分析表的合同地位给予定义。

编制综合单价分析表时,对辅助性材料不必细列,可归并到其他材料费中以金额表示。

编制招标控制价,使用综合单价分析表应填写使用的省级或行业建设主管部门发布的计价定额名称。编制投标报价,使用综合单价分析表可填写使用的企业定额名称,也可填写省级或行业建设主管部门发布的计价定额,如不使用则不填写。

编制工程结算时,应在已标价工程量清单中的综合单价分析表中将确定的调整过后人工单价、材料单价等进行置换,形成调整后的综合单价。

综合单价分析表样式见表 5-22。

第五章 工程量清单计价

表 5-22   综合单价分析表

工程名称：　　　　　　　　　标段：　　　　　　　　第　页共　页

项目编码		项目名称		计量单位		工程量		
清单综合单价组成明细								
定额编号	定额项目名称	定额单位	数量	单价			人工费	材料费	机械费	管理费和利润
				人工费	材料费	机械费	管理费和利润				

（此表结构按图示保留）

定额编号	定额项目名称	定额单位	数量	人工费	材料费	机械费	管理费和利润	人工费	材料费	机械费	管理费和利润
人工单价				小　　计								
元/工日				未计价材料费								
清单项目综合单价												
材料费明细	主要材料名称、规格、型号				单位	数量	单价（元）	合价（元）	暂估单价（元）	暂估合价（元）		
	其他材料费						—		—			
	材料费小计											

注：1. 如不使用省级或行业建设主管部门发布的计价依据，可不填定额编号、名称等。
　　2. 招标文件提供了暂估单价的材料，按暂估的单价填入表内"暂估单价"栏及"暂估合价"栏。

表—09

3. 综合单价调整表(表—10)

综合单价调整表适用于各种合同约定调整因素出现时调整综合单价，各种调整依据应依附于表后。填写时应注意，项目编码和项目名称必须与已标价工程量清单操持一致，不得发生错漏，以免发生争议。

综合单价调整表样式见表 5-23。

表 5-23　　　　　　　　综合单价调整表

工程名称：　　　　　　　标段：　　　　　　　第　页共　页

序号	项目编号	项目名称	已标价清单综合单价(元)					调整后综合单价(元)				
			综合单价	其中				综合单价	其中			
				人工费	材料费	机械费	管理费和利润		人工费	材料费	机械费	管理费和利润

造价工程师(签章)：　　　　　　　　造价人员(签章)：

发包人代表(签章)：　　　　　　　承包人代表(签章)：

日期：　　　　　　　　　　　　　日期：

注：综合单价调整应附调整依据。

表—10

4. 总价措施项目清单与计价表(表—11)

总价措施项目清单与计价表样式参见表 3-6。

(六)其他项目计价表

1. 其他项目清单与计价汇总表(表—12)

其他项目清单与计价汇总表参照表 3-7。

2. 暂列金额明细表(表—12—1)

暂列金额明细表参照表 3-8。

3. 材料(工程设备)暂估单价及调整表(表—12—2)

材料(工程设备)暂估单价及调整表参照表 3-9。

4. 专业工程暂估价及结算价表(表—12—3)

专业工程暂估价及结算价表样式参见表 3-10。

5. 计日工表(表—12—4)

计日工表样式参见表 3-11。

第五章 工程量清单计价

6. 总承包服务费计价表(表—12—5)

总承包服务费计价表样式参见表 3-12。

7. 索赔与现场签证计价汇总表(表—12—6)

索赔与现场签证计价汇总表是对发承包双方签证双方认可的"费用索赔申请(核准)表"和"现场签证表"的汇总。

索赔与现场签证计价汇总表样式见表 5-24。

表 5-24　　　　　索赔与现场签证计价汇总表

工程名称：　　　　　　　标段：　　　　　　　第　页共　页

序号	签证及索赔项目名称	计量单位	数量	单价(元)	合价(元)	索赔及签证依据
—	本页小计					—
—	合　计					—

注：签证及索赔依据是指经双方认可的签证单和索赔依据的编号。

表—12—6

8. 费用索赔申请(核准)表(表—12—7)

填写费用索赔申请(核准)表时，承包人代表应按合同条款的约定，阐述原因，附上索赔证据、费用计算报发包人，经监理工程师复核(按发包人的授权不论是监理工程师或发包人现场代表均可)，经造价工程师(此处造价工程师可以是发包人现场管理人员，也可以是发包人委托的工程造价咨询企业的人员)，经发包人审核后生效，该表以在选择栏中的"□"内做标识"√"表示。

费用索赔申请(核准)表样式见表 5-25。

表 5-25　　　　　　　　　费用索赔申请(核准)表

工程名称：	标段：	编号：

致：_____(发包人全称)

　　根据施工合同条款_____条的约定，由于_____原因，我方要求索赔金额(大写)_____元,(小写_____元),请予核准。

附：1. 费用索赔的详细理由和依据：

　　2. 索赔金额的计算：

　　3. 证明材料：

承包人(章)

造价人员_____　　　承包人代表_____　　　日　期_____

复核意见： 　　根据施工合同条款_____条的约定，你方提出的费用索赔申请经复核： □不同意此项索赔，具体意见见附件。 □同意此项索赔，索赔金额的计算，由造价工程师复核。 　　　　　　监理工程师_____ 　　　　　　日　期_____	复核意见： 　　根据施工合同条款_____条的约定,你方提出的费用索赔申请经复核,索赔金额为(大写)_____元,(小写)_____元。 　　　　　　造价工程师_____ 　　　　　　日　期_____

审核意见：

□不同意此项索赔。

□同意此项索赔，与本期进度款同期支付。

发包人(章)

发包人代表_____

日　期_____

注：1. 在选择栏中的"□"内做标识"√"。

　　2. 本表一式四份,由承包人填报,发包人、监理人、造价咨询人、承包人各存一份。

表—12—7

9. 现场签证表(表—12—8)

　　现场签证表是对"计日工"的具体化,考虑到招标时,招标人对计日工项目的预估难免会有遗漏,带来实际施工发生后,无相应的计日工单价时,现场签证只能包括单价一并处理。因此,在汇总时,有计日工单价的,可归并于计日工,如无计日工单价,归并于现场签证,以示区别。

现场签证表样式见表 5-26。

表 5-26　　　　　　　现场签证表

工程名称：		标段：		编号：	
施工部位			日　　期		

致：_____（发包人全称）

　　根据_____（指令人姓名）　年　月　日的口头指令或你方_____（或监理人）　年　月　日的书面通知,我方要求完成此项工作应支付价款金额为(大写)_____元(小写_____元)，请予核准。

附:1. 签证事由及原因：

　　2. 附图及计算式：

承包人(章)

造价人员_____　　承包人代表_____　　日　　期_____

复核意见： 你方提出的此项签证申请经复核： □不同意此项签证,具体意见见附件。 □同意此项签证,签证金额的计算,由造价工程师复核。 监理工程师_____ 日　　期_____	复核意见： □此项签证按承包人中标的计日工单价计算,金额为(大写)_____元,(小写_____元)。 □此项签证因无计日工单价,金额为(大写)_____元,(小写_____)。 造价工程师_____ 日　　期_____
审核意见： □不同意此项签证。 □同意此项签证,价款与本期进度款同期支付。	 发包人(章) 发包人代表_____ 日　　期_____

注:1. 在选择栏中的"□"内做标识"√"。

　　2. 本表一式四份,由承包人在收到发包人(监理人)的口头或书面通知后填写,发包人、监理人、造价咨询人、承包人各存一份。

表—12—8

(七)规费、税金项目计价表(表-13)

规费、税金项目计价表样式参见表 3-13。

(八)工程计量申请(核准)表(表-14)

工程计量申请(核准)表填写的"项目编码"、"项目名称"、"计量单位"应与已标价工程量清单中一致,承包人应在合同约定的计量周期结束时,将申报数量填写在申报数量栏,发包人核对后如与承包人填写的数量不一致,则在核实数量栏填上核实数量,经发承包双方共同核对确认的计量结果填在确认数量栏。

工程计量申请(核准)表样式见表5-27。

表 5-27 工程计量申请(核准)表

工程名称: 标段: 第 页共 页

序号	项目编码	项目名称	计量单位	承包人申请数量	发包人核实数量	发承包人确认数量	备注

承包人代表:	监理工程师:	造价工程师:	发包人代表:
日期:	日期:	日期:	日期:

表-14

(九)合同价款支付申请(核准)表

合同价款支付申请(复核)表是合同履行、价款支付的重要凭证。"13计价规范"对此类表格共设计了5种,包括专用于预付款支付的《预付款支付申请(核准)表》(表-15)、用于施工过程中无法计量的总价项目及总价合同进度款支付的《总价项目进度款支付分解表》(表-16)、专用于进度款支付的《进度款支付申请(核准)表》(表-17)、专用于竣工结算价款支付的《竣工结算款支付申请(核准)表》(表-18)和用于缺陷责任期到期,承包人履行了工程缺陷修复责任后,对其预留的质量保证金最终结算的《最终结清支付申请(核准)表》(表-19)。

合同价款支付申请(复核)表包括的5种表格,均由承包人代表在每个计量周期结束后向发包人提出,由发包人授权的现场代表复核工程量,由发包人授权的造价工程师复核应付款项,经发包人批准实施。

第五章　工程量清单计价

1. 预付款支付申请(核准)表(表—15)

预付款支付申请(核准)表样式见表 5-28。

表 5-28　　　　　　　　　　预付款支付申请(核准)表

工程名称：　　　　　　　　标段：　　　　　　　　编号：

致：_____(发包人全称)
我方根据施工合同的约定,现申请支付工程预付款额为(大写)_____(小写_____),请予核准。

序号	名　　称	申请金额(元)	复核金额(元)	备　注
1	已签约合同价款金额			
2	其中:安全文明施工费			
3	应支付的预付款			
4	应支付的安全文明施工费			
5	合计应支付的预付款			

承包人(章)

造价人员_____　承包人代表_____　　　日　期_____

复核意见： □与合同约定不相符,修改意见见附件。 □与合同约定相符,具体金额由造价工程师复核。 　　　监理工程师_____ 　　　　　　日　期_____	复核意见： 　你方提出的支付申请经复核,应支付预付款金额为(大写)_____(小写_____)。 　　　造价工程师_____ 　　　　　　日　期_____
审核意见： □不同意。 □同意,支付时间为本表签发后的 15 天内。 　　　　　　　　　　　　　　　　　　　发包人(章) 　　　　　　　　　　　　　　　　　　　发包人代表_____ 　　　　　　　　　　　　　　　　　　　　　日　期_____	

注：1. 在选择栏上的"□"内做标识"√"。
　　2. 本表一式四份,由承包人填报,发包人、监理人、造价咨询人、承包人各存一份。

2. 总价项目进度款支付分解表(表—16)

总价项目进度款支付分解表样式见表 5-29。

表 5-29　　　　　　　　总价项目进度款支付分解表

工程名称：　　　　　　　标段：　　　　　　　　单位：元

序号	项目名称	总价金额	首次支付	二次支付	三次支付	四次支付	五次支付
	安全文明施工费						
	夜间施工增加费						
	二次搬运费						
	社会保险费						
	住房公积金						
	合　　计						

编制人(造价人员)：　　　　　　　　　　复核人(造价工程师)：

注：1. 本表应由承包人在投标报价时根据发包人在招标文件明确的进度款支付周期与报价填写，签订合同时，发承包双方可就支付分解协商调整后作为合同附件。
　　2. 单价合同使用本表，"支付"栏时间应与单价项目进度款支付周期相同。
　　3. 总价合同使用本表，"支付"栏时间应与约定的工程计量周期相同。

表—16

3. 进度款支付申请(核准)表(表—17)

进度款支付申请(核准)表样式见表 5-30。

表 5-30　　　　　　　进度款支付申请(核准)表

工程名称：　　　　　　　标段：　　　　　　　编号：

致：_____(发包人全称)

我方于_____至_____期间已完成了_____工作，根据施工合同的约定，现申请支付本周期的合同款额为(大写)_____(小写_____)，请予核准。

序号	名　称	实际金额（元）	申请金额（元）	复核金额（元）	备注
1	累计已完成的合同价款				
2	累计已实际支付的合同价款				
3	本周期合计完成的合同价款				
3.1	本周期已完成单价项目的金额				
3.2	本周期应支付的总价项目的金额				
3.3	本周期已完成的计日工价款				
3.4	本周期应支付的安全文明施工费				
3.5	本周期应增加的合同价款				
4	本周期合计应扣减的金额				
4.1	本周期应抵扣的预付款				
4.2	本周期应扣减的金额				
5	本周期应支付的合同价款				

附：上述 3、4 详见附件清单。

　　　　　　　　　　　　　　　　　　　　　承包人(章)
　　造价人员_____　承包人代表_____　日　期_____

复核意见：	复核意见：
□与实际施工情况不相符，修改意见见附件。 □与实际施工情况相符，具体金额由造价工程师复核。	你方提出的支付申请经复核，本周期已完成合同款额为(大写)_____(小写_____)，本周期应会支付金额为(大写)_____(小写_____)。
监理工程师_____ 日　期_____	造价工程师_____ 日　期_____

审核意见：
□不同意。
□同意，支付时间为本表签发后的 15 天内。

　　　　　　　　　　　　　　　　　　　　　发包人(章)
　　　　　　　　　　　　　　　　　　　　　发包人代表_____
　　　　　　　　　　　　　　　　　　　　　日　期_____

注：1. 在选择栏中的"□"内做标识"√"。
　　2. 本表一式四份，由承包人填报，发包人、监理人、造价咨询人、承包人各存一份。

表—17

4. 竣工结算款支付申请(核准)表(表—18)

竣工结算款支付申请(核准)表样式见表 5-31。

表 5-31　　　　　　　竣工结算款支付申请(核准)表

工程名称：　　　　　　　标段：　　　　　　　编号：

致：_____(发包人全称)

我方于_____至_____期间已完成合同约定的工作,工程已经完工,根据施工合同的约定,现申请支付竣工结算合同款额为(大写)_____(小写_____),请予核准。

序号	名　称	申请金额(元)	复核金额(元)	备注
1	竣工结算合同价款总额			
2	累计已实际支付的合同价款			
3	应预留的质量保证金			
4	应支付的竣工结算款金额			

承包人(章)

造价人员_____　承包人代表_____　　　日　期_____

复核意见： □与实际施工情况不相符,修改意见见附件。 □与实际施工情况相符,具体金额由造价工程师复核。 监理工程师_____ 　日　　期_____	复核意见： 　你方提出的竣工结算款支付申请经复核,竣工结算款总额为(大写)_____(小写_____),扣除前期支付以及质量保证金后应支付金额为(大写)_____(小写_____)。 造价工程师_____ 　日　　期_____
审核意见： □不同意。 □同意,支付时间为本表签发后的 15 天内。 　　　　　　　　　　　　　　　　　　发包人(章) 　　　　　　　　　　　　　　　　　　发包人代表_____ 　　　　　　　　　　　　　　　　　　　日　　期_____	

注：1. 在选择栏中的"□"内做标识"√"。
　　2. 本表一式四份,由承包人填报,发包人、监理人、造价咨询人、承包人各存一份。

第五章 工程量清单计价

5. 最终结清支付申请(核准)表(表—19)

最终结清支付申请(核准)表样式见表 5-32。

表 5-32 最终结清支付申请(核准)表

工程名称：　　　　　　　　标段：　　　　　　　　编号：

致：_____　　　　　　　　　　　　　　　　　　　（发包人全称）

我方于_____至_____期间已完成了缺陷修复工作,根据施工合同的约定,现申请支付最终结清合同款额为(大写)_____(小写_____),请予核准。

序号	名　称	申请金额（元）	复核金额（元）	备注
1	已预留的质量保证金			
2	应增加因发包人原因造成缺陷的修复金额			
3	应扣减承包人不修复缺陷、发包人组织修复的金额			
4	最终应支付的合同价款			

上述3、4详见附件清单。

　　　　　　　　　　　　　　　　　　　　　　　承包人(章)
　　造价人员_____　承包人代表_____　　日　期_____

复核意见： □与实际施工情况不相符,修改意见见附件。 □与实际施工情况相符,具体金额由造价工程师复核。 　　　　监理工程师_____ 　　　　日　　期_____	复核意见： 你方提出的支付申请经复核,最终应支付金额为（大写）_____（小写）_____。 　　　　造价工程师_____ 　　　　日　　期_____
审核意见： □不同意。 □同意,支付时间为本表签发后的 15 天内。 　　　　　　　　　　　　　　　　　　　发包人(章) 　　　　　　　　　　　　　　　　　　　发包人代表_____ 　　　　　　　　　　　　　　　　　　　日　　期_____	

注：1. 在选择栏中的"□"内做标识"√"。如监理人已退场,监理工程师栏可空缺。
　　2. 本表一式四份,由承包人填报,发包人、监理人、造价咨询人、承包人各存一份。

(十)主要材料、工程设备一览表

主要材料、工程设备一览表样式参见表 3-14～表 3-16。

二、工程计价表格的使用范围

1. 招标控制价、投标报价、竣工结算编制

(1)招标控制价使用表格包括：封－2、扉－2、表－01、表－02、表－03、表－04、表－08、表－09、表－11、表－12(不含表－12－6～表－12－8)、表－13、表－20、表－21 或表－22。

(2)投标报价使用的表格包括：封－3、扉－3、表－01、表－02、表－03、表－04、表－08、表－09、表－11、表－12(不含表－12－6～表－12－8)、表－13、表－16，招标文件提供的表－20、表－21 或表－22。

(3)竣工结算使用的表格包括：封－4、扉－4、表－01、表－05、表－06、表－07、表－08、表－09、表－10、表－11、表－12、表－13、表－14、表－15、表－16、表－17、表－18、表－19、表－20、表－21 或表－22。

(4)扉页应按规定的内容填写、签字、盖章，除承包人自行编制的投标报价和竣工结算外，受委托编制的招标控制价、投标报价、竣工结算，由造价员编制的应由负责审核的造价工程师签字、盖章以及工程造价咨询人盖章。

2. 工程造价鉴定

(1)工程造价鉴定使用表格包括：封－5、扉－5、表－01、表－05～表－20、表－21 或表－22。

(2)扉页应按规定内容填写、签字、盖章，应有承担鉴定和负责审核注册造价工程师签字、盖执业专用章。

第七节　通风空调工程投标报价编制实例

投标总价封面

　　　某办公楼通风空调安装　　　工程

投标总价

投 标 人：　　　　×××　　　　
（单位盖章）

××年×月×日

投标总价扉页

投标总价

招 标 人：_____×××_____

工 程 名 称：___某办公楼通风空调安装___

投标总价(小写):_____213479.99_____

　　　　(大写):__贰拾壹万叁仟肆佰柒拾玖元玖角玖分__

投 标 人：_____×××_____
　　　　　　　（单位盖章）

法定代表人
或其授权人：_____×××_____
　　　　　　　（签字或盖章）

编 制 人：_____×××_____
　　　　　（造价人员签字盖专用章）

编 制 时 间：××年×月×日

扉—3

第五章 工程量清单计价

总 说 明

工程名称:某办公楼通风空调安装工程　　　　　　第　页共　页

1. 编制依据

1.1 建设方提供的工程施工图、《某办公楼通风空调安装工程投标邀请书》、《投标须知》、《某办公楼通风空调安装工程招标答疑》等一系列招标文件。

1.2 ××市建设工程造价管理站××××年第×期发布的材料价格,并参照市场价格。

2. 采用的施工组织设计。

3. 报价需要说明的问题:

3.1 该工程因无特殊要求,故采用一般施工方法。

3.2 因考虑到市场材料价格近期波动不大,故主要材料价格在××市建设工程造价管理站××××年第×期发布的材料价格基础上下浮3%。

3.3 综合公司经济现状及竞争力,公司所报费率如下:(略)

3.4 税金按 3.413% 计取。

4. 措施项目的依据。

5. 其他有关内容的说明等。

表—01

建设项目投标报价汇总表

工程名称:某办公楼通风空调安装工程　　　　　　第　页共　页

序号	单项工程名称	金额(元)	其　中:(元)		
			暂估价	安全文明施工费	规费
1	某办公楼通风空调安装工程	213479.99	14850.00	9188.90	10475.33
	合计	213479.99	14850.00	9188.90	10475.33

表—02

单项工程投标报价汇总表

工程名称：某办公楼通风空调安装工程　　　　　　　　第　页共　页

序号	单项工程名称	金额(元)	其中		
			暂估价	安全文明施工费	规费
1	某办公楼通风空调安装工程	213479.99	14850.00	9188.90	10475.33
	合计	213479.99	14850.00	9188.90	10475.33

表—03

单位工程投标报价汇总表

工程名称：某办公楼通风空调安装工程　　　标段：　　　第　页共　页

序号	单项工程名称	金额(元)	其中:暂估价(元)
1	分部分项工程	153148.23	14850.00
1.1	附录G 通风空调工程	153148.23	14850.00
1.2			—
1.3			—
1.4			—
1.5			—
2	措施项目	23962.17	
2.1	其中:安全文明施工费	9188.90	—
3	其他项目	18854.64	
3.1	其中:暂列金额	3000.00	—
3.2	其中:专业工程暂估价		—
3.3	其中:计日工	15854.64	—
3.4	其中:总承包服务费	0.00	—
4	规费	10475.33	—
5	税金	7039.62	—
投标报价合计＝1＋2＋3＋4＋5		213479.99	14850.00

表—04

分部分项工程和单价措施项目清单与计价表

工程名称：某办公楼通风空调安装工程　　　　标段：　　　　　第 页共 页

序号	项目编码	项目名称	项目特征描述	计量单位	工程量	金额（元）		其中 暂估价
						综合单价	合价	
1	030701002001	除尘设备	GLG 九管除尘器	台	1	6500.00	6500.00	4000.00
2	030701002002	除尘设备	CLT/A 旋风式双筒除尘器	台	1	5000.03	5000.03	3000.00
3	030701006001	密闭门	钢密闭门，型号 T704-71，外形尺寸 1200mm×2000mm	个	4	710.00	2840.00	
4	030701003001	空调器	恒温恒湿机，质量 350kg，型号 YSL-DHS-225，外形尺寸 1200mm×1100mm×1900mm，橡胶隔振垫（δ20），落地安装	台	1	8580.00	8580.00	3850.00
5	030702001001	碳钢通风管道	矩形镀锌薄钢板通风管道，尺寸 200mm×200mm，板材厚度 δ1.2，法兰咬口连接	m²	77.000	120.00	9240.00	
6	030702001002	碳钢通风管道	矩形镀锌薄钢板通风管道，尺寸 400mm×600mm，板材厚度 δ1.0，法兰咬口连接	m²	54.000	103.02	5563.08	
7	030702001003	碳钢通风管道	矩形镀锌薄钢板通风管道，尺寸 1200mm×800mm，板材厚度 δ1.0，法兰咬口连接	m²	20.000	152.31	3046.20	
8	030702001004	碳钢通风管道	矩形镀锌薄钢板通风管道，尺寸 1500mm×1200mm，板材厚度 δ1.2，法兰咬口连接	m²	37.000	130.22	4818.14	

续表

序号	项目编码	项目名称	项目特征描述	计量单位	工程量	金额(元)		其中
						综合单价	合价	暂估价
9	030703003001	铝碟阀	保温手柄铝碟阀,规格320mm×200mm	个	1	70.21	70.21	
10	030703003002	铝碟阀	保温手柄铝碟阀,规格320mm×320mm	个	1	78.34	78.34	
11	030703003003	铝碟阀	保温手柄铝碟阀,规格400mm×400mm	个	1	100.48	100.48	
12	030703007001	百叶风口	三层百叶风口制作安装3号	个	12	133.21	1598.52	1000.00
13	030703007002	百叶风口	连动百叶风口制作安装3号	个	14	83.98	1175.72	
14	030703007003	旋转风口	旋转风口制作安装1号	个	3	210.42	631.26	
15	030703007004	喷风口	旋转风口制作安装	个	7	980.23	6861.61	
16	030703007005	回风口	回风口制作安装,400mm×120mm	个	14	382.72	5358.08	3000.00
17	030703020001	消声器	片式消声器制作安装	个	258	336.00	86688.00	
18	030704001001	通风工程检测、调试	通风系统	系统	1	4998.56	4998.56	
19	031301017001	脚手架搭拆	综合脚手架,风管的安装	m²	357.39	21.36	7633.85	
			本页小计					
			合计				160782.08	14850.00

注:为计取规费等使用,可在表中增设其中:"定额人工费"。

第五章 工程量清单计价

综合单价分析表

工程名称:某办公楼通风空调安装工程　　　　标段:　　　　　　第 页共 页

项目编码	030701006001		项目名称		密闭门	计量单位	个	工程量	4
清单综合单价组成明细									

定额编号	定额名称	定额单位	数量	单价				合价			
				人工费	材料费	机械费	管理费和利润	人工费	材料费	机械费	管理费和利润
9-201	钢密闭门制作安装	个	1	165.00	213.83	61.23	269.94	165.00	213.83	61.23	269.94
人工单价			小计				165.00	213.83	61.23	269.94
50元/工日			未计价材料费							
清单项目综合单价								710.00			

材料明细	主要材料名称、规格、型号	单位	数量	单价(元)	合价(元)	暂估单价(元)	暂估合价(元)
	普通钢板 0#~3# $\delta 1 \sim \delta 1.5$	kg	7.880	4.20	33.10		
	普通钢板 0#~3# $\delta 2 \sim \delta 2.5$	kg	1.690	3.80	6.42		
	普通钢板 0#~3# $\delta 21 \sim \delta 30$	kg	6.700	3.00	20.10		
	普通钢板 0#~3# $\delta > \delta 31$	kg	3.100	3.04	9.42		
	电焊条结 422ϕ3.2	kg	1.440	5.36	7.72		
	角钢∟60	kg	32.500	3.00	97.50		
	扁钢-59	kg	3.200	3.17	10.14		
	铁铆钉	kg	0.100	4.27	0.43		
	蝶形带帽螺栓 M12×18	10套	0.400	5.8	2.32		
	精制六角带帽螺栓 M10×75	10套	5.400	1.400	7.56		
	精制六角带帽螺栓 M10×75	10套	0.400	9.7	3.88		
	圆钢 $\phi 25 \sim \phi 32$	kg	0.580	2.79	1.62		
	焊接钢管 DN15	kg	0.250	3.71	0.93		
	平板玻璃 $\delta 3$	m²	0.080	16.89	1.35		
	橡胶板(定型条)	kg	1.210	9.370	11.34		
	其他材料费			—		—	
	材料费小计			—	213.83	—	

表—09

总价措施项目清单与计价表

工程名称:某办公楼通风空调安装工程　　　标段:　　　　第　页共　页

序号	项目编码	项目名称	计算基础	费率(%)	金额(元)	调整费率(%)	调整后金额(元)	备注
1	031302001001	安全文明施工费	定额人工费	25	9188.90			
2	031302002001	夜间施工增加费	定额人工费	1.5	551.33			
3	031302004001	二次搬运费	定额人工费	1	367.56			
4	031302005001	冬雨季施工增加费	定额人工费	0.6	220.53			
5	031302006001	已完工程及设备保护费			6000			
		合　计			16328.32			

编制人(造价人员):×××　　　　　　　复核人(造价工程师):×××

表-11

其他项目清单与计价汇总表

工程名称:某办公楼通风空调安装工程　　　标段:　　　　第　页共　页

序号	项目名称	金额(元)	结算金额(元)	备　注
1	暂列金额	3000.00		明细详见表-12-1
2	暂估价			
2.1	材料(工程设备)暂估价/结算价	—		明细详见表-12-2
2.2	专业工程暂估价/结算价			明细详见表-12-3
3	计日工	15854.64		明细详见表-12-4
4	总承包服务费			明细详见表-12-5
5	索赔与现场签证	—		明细详见表-12-6
	合　计	18854.64		—

表-12

第五章 工程量清单计价

暂列金额明细表

工程名称：某办公楼通风空调安装工程　　　　标段：　　　　　第　页共　页

序号	项目名称	计量单位	暂定金额(元)	备注
1	政策性调整和材料价格风险	项	2500.00	
2	其他	项	500.00	
	合　计		3000.00	—

表-12-1

材料(工程设备)暂估单价及调整表

工程名称：某办公楼通风空调安装工程　　　　标段：　　　　　第　页共　页

序号	材料(工程设备)名称、规格、型号	计量单位	数量 暂估	数量 确认	暂估(元) 单价	暂估(元) 合价	确认(元) 单价	确认(元) 合价	差额±(元) 单价	差额±(元) 合价	备注
1	恒温恒湿机，质量350kg，型号 YSL-DHS-225，外形尺寸 1200mm×1100mm×1900mm	台(组)	1		3850.00	3850.00					用于空调器项目
	(其他略)										
	合计					14850.00					

表-12-2

计日工表

工程名称:某办公楼通风空调安装工程　　　标段:　　　第 页共 页

编号	项目名称	单位	暂定数量	实际数量	综合单价(元)	合价(元)	
						暂定	实际
一	人工						
1	通风工	工时	52		38.00	1976.00	
2	其他工种	工时	96		36.00	3456.00	
	人 工 小 计					5432.00	
二	材料						
1	氧气	m³	25.000		2.30	57.50	
2	乙炔气	kg	158.00		15.11	2387.38	
	材 料 小 计					2444.88	
三	施工机械						
1	汽车起重机 8t	台班	35		120	4200.00	
2	载重汽车 8t	台班	40		70	2800.00	
	施工机械小计					7000.00	
四、企业管理费和利润	(按人工费的 18%计算)					977.76	
	总　　计					15854.64	

表—12—4

规费、税金项目计价表

工程名称:某办公楼通风空调安装工程　　　标段:　　　第 页共 页

序号	项目名称	计算基础	计算基数	计算费率(%)	金额(元)
1	规费	定额人工费			10475.33
1.1	社会保险费	定额人工费	(1)+…+(5)		8270.00
(1)	养老保险费	定额人工费		14	5145.78
(2)	失业保险费	定额人工费		2	735.11
(3)	医疗保险费	定额人工费		6	2205.33
(4)	工伤保险费	定额人工费		0.25	91.89
(5)	生育保险费	定额人工费		0.25	91.89

第五章 工程量清单计价

续表

序号	项目名称	计算基础	计算基数	计算费率(%)	金额(元)
1.2	住房公积金	定额人工费		6	2205.33
1.3	工程排污费	按工程所在地环境保护部门收取标准,按实计入			
2	税金	分部分项工程费+措施项目费+其他项目费+规费一按规定不计税的工程设备金额		3.41	7039.62
	合计				17514.95

编制人(造价人员):×××　　复核人(造价工程师):×××

表—13

总价项目进度款支付分解表

工程名称:某办公楼通风空调安装工程　　　标段:　　　单位:元

序号	项目名称	总价金额	首次支付	二次支付	三次支付	四次支付	五次支付
1	安全文明施工费	9188.90	3200.00	3200.00	2788.90		
2	夜间施工增加费	551.33	110.00	110.00	110.00	110.00	111.33
3	二次搬运费	367.56	120.00	120.00	127.56		
	(略)						
	社会保险费	8270.00	1654.00	1654.00	1654.00	1654.00	1654.00
	住房公积金	2205.33	400.00	400.00	400.00	500.00	505.33
	合计						

编制人(造价人员):×××　　　　　　复核人(造价工程师):×××

表—16

第六章 合同价款约定与支付

第一节 合同价款约定

一、建设工程合同的种类

建设工程合同是指承包人进行工程建设,发包人支付价款的合同。不同的计价模式应采用不同类型的合同,这将有利于合同管理、造价的控制和风险的合理分摊。根据合同计价方式的不同,建设工程合同可以分为总价合同、单价合同和成本加酬金合同三种类型。

1. 总价合同

总价合同是指在合同中确定一个完成项目的总价,承包单位据此完成项目全部内容的合同。这种合同类型能够使建设单位在评标时易于确定报价最低的承包商,易于进行支付计算,但这类合同仅适用于工程量不太大且能精确计算、工期较短、技术不太复杂、风险不大的项目。因而采用这种合同类型要求建设单位必须准备详细而全面的设计图纸(一般要求施工详图)和各项说明,使承包单位能准确计算工程量。

2. 单价合同

单价合同是承包单位在投标时,按招标文件就分部分项工程所列出的工程量表确定各分部分项工程费用的合同。这类合同的适用范围比较宽,其风险可以合理分摊,并且能鼓励承包人通过提高工效等手段从成本节约中提高利润。这类合同能够成立的关键在于双方对单价和工程量的计算方法的确认。注意的问题则是双方对实际工程量计量的确认。在实施过程中,便于处理工程变更及施工索赔,且合同的公正性及可操作性相对较好。

3. 成本加酬金合同

成本加酬金合同是由业主向承包单位支付工程项目的实际成本，并按事先约定的某一种方式支付酬金的合同类型。在这类合同中，业主需承担项目实际发生的一切费用，因此也就承担了项目的全部风险。而承包单位由于无风险，其报酬往往也较低。这类合同的缺点是业主对工程总造价不易控制，承包商也往往不注意降低项目成本。适用于研究开发性质的工程项目，抢险、救灾工程，一般建设工程很少采用。

二、合同价款约定一般规定

(1)工程合同价款的约定是建设工程合同的主要内容。根据有关法律条款的规定，实行招标的工程合同价款应在中标通知书发出之日起30天内，由发承包双方依据招标文件和中标人的投标文件在书面合同中约定。

工程合同价款的约定应满足以下几个方面的要求：
1)约定的依据要求：招标人向中标的投标人发出的中标通知书；
2)约定的时间要求：自招标人发出中标通知书之日起30天内；
3)约定的内容要求：招标文件和中标人的投标文件；
4)合同的形式要求：书面合同。

在工程招投标及建设工程合同签订过程中，招标文件应视为要约邀请，投标文件为要约，中标通知书为承诺。因此，在签订建设工程合同时，若招标文件与中标人的投标文件有不一致的地方，应以投标文件为准。

(2)实行招标的工程，合同约定不得违背招标文件中关于工期、造价、资质等方面的实质性内容。所谓合同实质性内容，按照《中华人民共和国合同法》第三十条规定："有关合同标的、数量、质量、价款或者报酬、履行期限、履行地点和方式、违约责任和解决争议方法等的变更，是对要约内容的实质性变更"。

(3)不实行招标的工程合同价款,应在发承包双方认可的工程价款基础上,由发承包双方在合同中约定。

(4)工程建设合同的形式对工程量清单计价的适用性不构成影响,无论是单价合同、总价合同,还是成本加酬金合同均可以采用工程量清单计价。采用单价合同形式时,经标价的工程量清单是合同文件必不可少的组成内容,其中的工程量一般具备合同约束力(量可调),工程款结算时,按照合同中约定应予计量并实际完成的工程量计算进行调整,由招标人提供统一的工程量清单则彰显了工程量清单计价的主要优点。总价合同是指总价包干或总价不变合同,采用总价合同形式,工程量清单中的工程量不具备合同的约束力(量不可调),工程量以合同图纸的标示内容为准,工程量以外的其他内容一般均赋予合同约束力,以方便合同变更的计量和计价。成本加酬金合同是承包人不承担任何价格变化风险的合同。

"13计价规范"中规定:"实行工程量清单计价的工程,应采用单价合同;建设规模较小,技术难度较低,工期较短,且施工图设计已审查批准的建设工程可采用总价合同;紧急抢险、救灾以及施工技术特别复杂的建设工程可采用成本加酬金合同。"单价合同约定的工程价款中所包含的工程量清单项目综合单价在约定条件内是固定的,不予调整,工程量允许调整。工程量清单项目综合单价在约定的条件外,允许调整。但调整方式、方法应在合同中约定。

三、合同价款约定内容

(1)发承包双方应在合同条款中对下列事项进行约定:

1)预付工程款的数额、支付时间及抵扣方式。预付款是发包人为解决承包人在施工准备阶段资金周转问题提供的协助。如使用大宗材料,可根据工程具体情况设置工程材料预付款。

2)安全文明施工措施的支付计划,使用要求等。

3)工程计量与支付工程进度款的方式、数额及时间。

4)工程价款的调整因素、方法、程序、支付及时间。

5) 施工索赔与现场签证的程序、金额确认与支付时间。
6) 承担计价风险的内容、范围以及超出约定内容、范围的调整办法。
7) 工程竣工价款结算编制与核对、支付及时间。
8) 工程质量保证金的数额、预留方式及时间。
9) 违约责任以及发生合同价款争议的解决方法及时间。
10) 与履行合同、支付价款有关的其他事项等。

由于合同中涉及工程价款的事项较多，能够详细约定的事项应尽可能具体的约定，约定的用词应尽可能唯一，如有几种解释，最好对用词进行定义，尽量避免因理解上的歧义造成合同纠纷。

(2) 合同中没有按照上述第(1)条的要求约定或约定不明的，若发承包双方在合同履行中发生争议由双方协商确定；当协商不能达成一致时，应按"13 计价规范"的规定执行。

第二节 工程计量

一、工程计量一般规定

(1) 正确的计量是发包人向承包人支付合同价款的前提和依据，因此"13 计价规范"中规定："工程量必须按照相关工程现行国家计量规范规定的工程量计算规则计算"。这就明确了不论采用何种计价方式，其工程量必须按照相关工程的现行国家计量规范规定的工程量计算规则计算。采用统一的工程量计算规则，对于规范工程建设各方的计量计价行为，有效减少计量争议具有十分重要的意义。

(2) 选择恰当的工程计量方式对于正确计量是十分必要的。由于工程建设具有投资大、周期长等特点，因而"13 计价规范"中规定："工程计量可选择按月或按工程形象进度分段计量，当采用分段结算方式时，应在合同中约定具体的工程分段划分界限"。按工程形象进度分段计量与按月计量相比，其计量结果更具稳定性，可以简化竣工结算。

但应注意工程形象进度分段的时间应与按月计量保持一定关系,不应过长。

(3)因承包人原因造成的超出合同工程范围施工或返工的工程量,发包人不予计量。

(4)成本加酬金合同应按单价合同的规定计量。

二、单价合同的计量

(1)招标工程量清单标明的工程量是招标人根据拟建工程设计文件预计的工程量,不能作为承包人在实际工作中应予完成的实际和准确的工程量。招标工程量清单所列的工程量一方面是各投标人进行投标报价的共同基础;另一方面是对各投标人的投标报价进行评审的共同平台,是招投标活动应当遵循公开、公平、公正和诚实、信用原则的具体体现。

发承包双方竣工结算的工程量应以承包人按照现行国家计量规范规定的工程量计算规则计算的实际完成应予计量的工程量确定,而非招标工程量清单所列的工程量。

(2)施工中进行工程计量,当发现招标工程量清单中出现缺项、工程量偏差,或因工程变更引起工程量增减时,应按承包人在履行合同义务中完成的工程量计算。

(3)承包人应当按照合同约定的计量周期和时间向发包人提交当期已完工程量报告。发包人应在收到报告后7天内核实,并将核实计量结果通知承包人。发包人未在约定时间内进行核实的,承包人提交的计量报告中所列的工程量应视为承包人实际完成的工程量。

(4)发包人认为需要进行现场计量核实时,应在计量前24小时通知承包人,承包人应为计量提供便利条件并派人参加。当双方均同意核实结果时,双方应在上述记录上签字确认。承包人收到通知后不派人参加计量,视为认可发包人的计量核实结果。发包人不按照约定时间通知承包人,致使承包人未能派人参加计量,计量核实结果无效。

(5)当承包人认为发包人核实后的计量结果有误时,应在收到计量结果通知后的 7 天内向发包人提出书面意见,并应附上其认为正确的计量结果和详细的计算资料。发包人收到书面意见后,应在 7 天内对承包人的计量结果进行复核后通知承包人。承包人对复核计量结果仍有异议的,按照合同约定的争议解决办法处理。

(6)承包人完成已标价工程量清单中每个项目的工程量并经发包人核实无误后,发承包双方应对每个项目的历次计量报表进行汇总,以核实最终结算工程量,并应在汇总表上签字确认。

三、总价合同的计量

(1)由于工程量是招标人提供的,招标人必须对其准确性和完整性负责,且工程量必须按照相关工程现行国家计量规范规定的工程量计算规则计算,因而对于采用工程量清单方式形成的总价合同,若招标工程量清单中工程量与合同实施过程中的工程量存在差异时,都应按上述"二、单价合同的计量"中的相关规定进行调整。

(2)采用经审定批准的施工图纸及其预算方式发包形成的总价合同,由于承包人自行对施工图纸进行计量,因此,除按照工程变更规定引起的工程量增减外,总价合同各项目的工程量是承包人用于结算的最终工程量。

(3)总价合同约定的项目计量应以合同工程经审定批准的施工图纸为依据,发承包双方应在合同中约定工程计量的形象目标或时间节点进行计量。

(4)承包人应在合同约定的每个计量周期内对已完成的工程进行计量,并向发包人提交达到工程形象目标完成的工程量和有关计量资料的报告。

(5)发包人应在收到报告后 7 天内对承包人提交的上述资料进行复核,以确定实际完成的工程量和工程形象目标。对其有异议的,应通知承包人进行共同复核。

第三节　合同价款调整

一、合同价款调整一般规定

(1)下列事项(但不限于)发生,发承包双方应当按照合同约定调整合同价款:
1)法律法规变化;
2)工程变更;
3)项目特征不符;
4)工程量清单缺项;
5)工程量偏差;
6)计日工;
7)物价变化;
8)暂估价;
9)不可抗力;
10)提前竣工(赶工补偿);
11)误期赔偿;
12)索赔;
13)现场签证;
14)暂列金额;
15)发承包双方约定的其他调整事项。

(2)出现合同价款调增事项(不含工程量偏差、计日工、现场签证、索赔)后的14天内,承包人应向发包人提交合同价款调增报告并附上相关资料;承包人在14天内未提交合同价款调增报告的,应视为承包人对该事项不存在调整价款请求。

此处所指合同价款调增事项不包括工程量偏差,是因为工程量偏差的调整在竣工结算完成之前均可提出;不包括计日工、现场签证和索赔,是因为这三项的合同价款调增时限在"13计价规范"中另有规定。

(3) 出现合同价款调减事项(不含工程量偏差、索赔)后的14天内,发包人应向承包人提交合同价款调减报告并附相关资料;发包人在14天内未提交合同价款调减报告的,应视为发包人对该事项不存在调整价款请求。

基于上述第(2)条同样的原因,此处合同价款调减事项中不包括工程量偏差和索赔两项。

(4) 发(承)包人应在收到承(发)包人合同价款调增(减)报告及相关资料之日起14天内对其核实,予以确认的应书面通知承(发)包人。当有疑问时,应向承(发)包人提出协商意见。发(承)包人在收到合同价款调增(减)报告之日起14天内未确认也未提出协商意见的,应视为承(发)包人提交的合同价款调增(减)报告已被发(承)包人认可。发(承)包人提出协商意见的,承(发)包人应在收到协商意见后的14天内对其核实,予以确认的应书面通知发(承)包人。承(发)包人在收到发(承)包人的协商意见后14天内既不确认也未提出不同意见的,应视为发(承)包人提出的意见已被承(发)包人认可。

(5) 发包人与承包人对合同价款调整的不同意见不能达成一致的,只要对发承包双方履约不产生实质影响,双方应继续履行合同义务,直到其按照合同约定的争议解决方式得到处理。

(6) 根据财政部、原建设部印发的《建设工程价款结算暂行办法》(财建[2004]369号)的相关规定,如第十五条:"发包人和承包人要加强施工现场的造价控制,及时对工程合同外的事项如实纪录并履行书面手续。凡由发承包双方授权的现场代表签字的现场签证以及发承包双方协商确定的索赔等费用,应在工程竣工结算中如实办理,不得因发、承包双方现场代表的中途变更改变其有效性","13计价规范"对发承包双方确定调整的合同价款的支付方法进行了约定,即:"经发承包双方确认调整的合同价款,作为追加(减)合同价款,应与工程进度款或结算款同期支付"。

二、合同价款调整方法

(一)法律法规变化

(1)工程建设过程中,发承包双方都是国家法律、法规、规章及政策的执行者。因此,在发承包双方履行合同的过程中,当国家的法律、法规、规章及政策发生变化,国家或省级、行业建设主管部门或其授权的工程造价管理机构据此发布工程造价调整文件,工程价款应当进行调整。"13计价规范"中规定:"招标工程以投标截止日前28天、非招标工程以合同签订前28天为基准日,其后因国家的法律、法规、规章和政策发生变化引起工程造价增减变化的,发承包双方应按照省级或行业建设主管部门或其授权的工程造价管理机构据此发布的规定调整合同价款"。

(2)因承包人原因导致工期延误的,按上述第(1)条规定的调整时间,在合同工程原定竣工时间之后,合同价款调增的不予调整,合同价款调减的予以调整。这就说明由于承包人原因导致工期延误,将按不利于承包人的原则调整合同价款。

(二)工程变更

建设工程施工合同实施过程中,如果合同签订时所依赖的承包范围、设计标准、施工条件等发生变化,则必须在新的承包范围、新的设计标准或新的施工条件等前提下对发承包双方的权利和义务进行重新分配,从而建立新的平衡,追求新的公平和合理。由于施工条件变化和发包人要求变化等原因,往往会发生合同约定的工程材料性质和品种、建筑物结构形式、施工工艺和方法等的变动,此时必须变更才能维护合同的公平。因此,"13计价规范"中对因分部分项工程量清单的漏项或非承包人原因引起的工程变更,造成增加新的工程量清单项目时,新增项目综合单价的确定原则进行了约定,具体如下:

(1)因工程变更引起已标价工程量清单项目或其工程数量发生变化时,应按照下列规定调整:

1)已标价工程量清单中有适用于变更工程项目的,应采用该项目的单价；但当工程变更导致该清单项目的工程数量发生变化，且工程量偏差超过15%时，该项目单价应按照规定进行调整，即当工程量增加15%以上时，增加部分的工程量的综合单价应予调低；当工程量减少15%以上时，减少后剩余部分的工程量的综合单价应予调高。采用此条进行调整的前提条件是其采用的材料、施工工艺和方法相同，亦不因此增加关键线路上工程的施工时间。

2) 已标价工程量清单中没有适用但有类似于变更工程项目的，可在合理范围内参照类似项目的单价。采用此条进行调整的前提条件是其采用的材料、施工工艺和方法基本相似，不增加关键线路上工程的施工时间，则可仅就其变更后的差异部分，参考类似的项目单价由发、承包双方协商新的项目单价。

3) 已标价工程量清单中没有适用也没有类似于变更工程项目的，应由承包人根据变更工程资料、计量规则和计价办法、工程造价管理机构发布的信息价格和承包人报价浮动率提出变更工程项目的单价，并应报发包人确认后调整。承包人报价浮动率可按下列公式计算：

招标工程：

承包人报价浮动率 $L = (1 - 中标价/招标控制价) \times 100\%$

非招标工程：

承包人报价浮动率 $L = (1 - 报价/施工图预算) \times 100\%$

【例 6-1】 某工程招标控制价为 2383692 元，中标人的投标报价为 2276938 元，试求该中标人的报价浮动率。

【解】 该中标人的报价浮动率为：

$$L = (1 - 2276938/2383692) \times 100\% = 4.48\%$$

【例 6-2】 若例 6-1 中工程项目，施工安装过程中通风管道阀门采用铝蝶阀，已标价清单项目中没有此类似项目，工程造价管理机构发布有该铝蝶阀的单价为 25 元/个，该确定该项目综合单价。

【解】 由于已标价工程量清单中没有适用也没有类似于该工程项目的，故承包人应根据有关资料变更该工程项目的综合单价。查项目所在地该项目定额人工费为 5.85 元，除铝蝶阀外的其他材料费为

1.35元,管理费和利润为1.48元,则

该项目综合单价=$(5.85+25+1.35+1.48)\times(1-4.48\%)$=32.17元

发承包双方可按32.17元协商确定该项目综合单价。

4)已标价工程量清单中没有适用也没有类似于变更工程项目,且工程造价管理机构发布的信息价格缺价的,应由承包人根据变更工程资料、计量规则、计价办法和通过市场调查等取得有合法依据的市场价格提出变更工程项目的单价,并应报发包人确认后调整。

(2)工程变更引起施工方案改变并使措施项目发生变化时,承包人提出调整措施项目费的,应事先将拟实施的方案提交发包人确认,并应详细说明与原方案措施项目相比的变化情况。拟实施的方案经发承包双方确认后执行,并应按照下列规定调整措施项目费:

1)安全文明施工费应按照实际发生变化的措施项目依据国家或省级、行业建设主管部门的规定计算。

2)采用单价计算的措施项目费,应按照实际发生变化的措施项目,按上述第(1)条的规定确定单价。

3)按总价(或系数)计算的措施项目费,按照实际发生变化的措施项目调整,但应考虑承包人报价浮动因素,即调整金额按照实际调整金额乘以上述第(1)条规定的承包人报价浮动率计算。

如果承包人未事先将拟实施的方案提交给发包人确认,则应视为工程变更不引起措施项目费的调整或承包人放弃调整措施项目费的权利。

(3)当发包人提出的工程变更因非承包人原因删减了合同中的某项原定工作或工程,致使承包人发生的费用或(和)得到的收益不能被包括在其他已支付或应支付的项目中,也未被包含在任何替代的工作或工程中时,承包人有权提出并应得到合理的费用及利润补偿。这主要是为了维护合同的公平,防止发包人在签约后擅自取消合同中的工作,转而由发包人自己或其他承包人实施而使本合同工程承包人蒙受损失。

(三)项目特征不符

工程量清单的项目特征是确定一个清单项目综合单价不可缺少的主要依据。对工程量清单项目的特征描述具有十分重要的意义,其主要体现包括三个方面:①项目特征是区分清单项目的依据。工程量清单项目特征是用来表述分部分项清单项目的实质内容,用于区分计价规范中同一清单条目下各个具体的清单项目。没有项目特征的准确描述,对于相同或相似的清单项目名称,就无从区分。②项目特征是确定综合单价的前提。由于工程量清单项目的特征决定了工程实体的实质内容,必然直接决定了工程实体的自身价值。因此,工程量清单项目特征描述得准确与否,直接关系到工程量清单项目综合单价的准确确定。③项目特征是履行合同义务的基础。实行工程量清单计价,工程量清单及其综合单价是施工合同的组成部分,因此,如果工程量清单项目特征的描述不清甚至漏项、错误,从而引起在施工过程中的更改,都会引起分歧,导致纠纷。

在按"13 工程计量规范"对工程量清单项目的特征进行描述时,应注意"项目特征"与"工作内容"的区别。"项目特征"是工程项目的实质,决定着工程量清单项目的价值大小,而"工作内容"主要讲的是操作程序,是承包人完成能通过验收的工程项目所必须要操作的工序。在"13 工程计量规范"中,工程量清单项目与工程量计算规则、工作内容具有一一对应的关系,当采用"13 计价规范"进行计价时,工作内容即有规定,无须再对其进行描述。而"项目特征"栏中的任何一项都影响着清单项目的综合单价的确定,招标人应高度重视分部分项工程项目清单项目特征的描述,任何不描述或描述不清,均会在施工合同履约过程中产生分歧,导致纠纷、索赔。

正因为此,在编制工程量清单时,必须对项目特征进行准确而且全面的描述,准确的描述工程量清单的项目特征对于准确的确定工程量清单项目的综合单价具有决定性的作用。

"13 计价规范"中对清单项目特征描述及项目特征发生变化后重新确定综合单价的有关要求进行了如下约定:

(1)发包人在招标工程量清单中对项目特征的描述,应被认为是准确的和全面的,并且与实际施工要求相符合。承包人应按照发包人提供的招标工程量清单,根据项目特征描述的内容及有关要求实施合同工程,直到项目被改变为止。

(2)承包人应按照发包人提供的设计图纸实施合同工程,若在合同履行期间出现设计图纸(含设计变更)与招标工程量清单任一项目的特征描述不符,且该变化引起该项目工程造价增减变化的,应按照实际施工的项目特征,按前述"第二节工程计量"中的有关规定重新确定相应工程量清单项目的综合单价,并调整合同价款。

(四)工程量清单缺项

导致工程量清单缺项的原因主要包括:①设计变更;②施工条件改变;③工程量清单编制错误。由于工程量清单的增减变化必然使合同价款发生增减变化。

(1)合同履行期间,由于招标工程量清单中缺项,新增分部分项工程清单项目的,应按照前述"(二)工程变更"中的第(1)条的有关规定确定单价,并调整合同价款。

(2)新增分部分项工程清单项目后,引起措施项目发生变化的,应按照前述"(二)工程变更"中的第(2)条的有关规定,在承包人提交的实施方案被发包人批准后调整合同价款。

(3)由于招标工程量清单中措施项目缺项,承包人应将新增措施项目实施方案提交发包人批准后,按照前述"(二)工程变更"中的第(1)、(2)条的有关规定调整合同价款。

(五)工程量偏差

施工过程中,由于施工条件、地质水文、工程变更等变化以及招标工程量清单编制人专业水平的差异,往往会造成实际工程量与招标工程量清单出现偏差,工程量偏差过大,对综合成本的分摊带来影响。如突然增加太多,仍按原综合单价计价,对发包人不公平;如突然减少太多,仍按原综合单价计价,对承包人不公平。并且,这给有经验的承包人的不平衡报价打开了大门。为维护合同的公平,"13计价规范"中

进行了如下规定:

(1)合同履行期间,当应予计算的实际工程量与招标工程量清单出现偏差,且符合下述第(2)、(3)条规定时,发承包双方应调整合同价款。

(2)对于任一招标工程量清单项目,当因工程量偏差和前述"(二)工程变更"中规定的工程变更等原因导致工程量偏差超过15%时,可进行调整。当工程量增加15%以上时,增加部分的工程量的综合单价应予调低;当工程量减少15%以上时,减少后剩余部分的工程量的综合单价应予调高。调整后的某一分部分项工程费结算价可参照以下公式计算:

1)当 $Q_1 > 1.15Q_0$ 时:
$$S = 1.15Q_0 \times P_0 + (Q_1 - 1.15Q_0) \times P_1$$

2)当 $Q_1 < 0.85Q_0$ 时:
$$S = Q_1 \times P_1$$

式中 S——调整后的某一分部分项工程费结算价;

Q_1——最终完成的工程量;

Q_0——招标工程量清单中列出的工程量;

P_1——按照最终完成工程量重新调整后的综合单价;

P_0——承包人在工程量清单中填报的综合单价。

由上述两式可以看出,计算调整后的某一分部分项工程费结算价的关键是确定新的综合单价 P_1。确定的方法,一是发承包双方协商确定,二是与招标控制价相联系,当工程量偏差项目出现承包人在工程量清单中填报的综合单价与发包人招标控制价相应清单项目的综合单价偏差超过15%时,工程量偏差项目综合单价的调整可参考以下公式确定:

1)当 $P_0 < P_2 \times (1-L) \times (1-15\%)$ 时,该类项目的综合单价 P_1 按 $P_2 \times (1-L) \times (1-15\%)$ 进行调整;

2)当 $P_0 > P_2 \times (1+15\%)$ 时,该类项目的综合单价 P_1 按 $P_2 \times (1+15\%)$ 进行调整;

3)当 $P_0 > P_2 \times (1-L) \times (1-15\%)$ 或 $P_0 < P_2 \times (1+15\%)$ 时,可不进行调整。

以上各式中　P_0——承包人在工程量清单中填报的综合单价;

　　　　　　P_2——发包人招标控制价相应项目的综合单价;

　　　　　　L——承包人报价浮动率。

【例6-3】 某工程项目投标报价浮动率为8%,各项目招标控制价及投标报价的综合单价见表6-1,试确定当招标工程量清单中工程量偏差超过15%时,其综合单价是否应进行调整?应怎样调整。

【解】 该工程综合单价调整情况见表6-1。

表 6-1　　　　　工程量偏差项目综合单价调整

项目	综合单价(元)		投标报价浮动率 L	综合单价偏差	$P_2 \times (1-L)$ $\times (1-15\%)$	$P_2 \times (1+15\%)$	结论
	招标控制价 P_2	投标报价 P_0					
1	540	432	8%	20%	422.28	—	由于 $P_0 > 422.28$ 元,故当该项目工程量偏差超过15%时,其综合单价不予调整
2	450	531	8%	18%	—	517.5	由于 $P_0 > 517.5$ 元,故当该项目工程量偏差超过15%时,其综合单价应调整为517.5元

【例6-4】 若例6-3中其工程,其招标工程量清单中项目1的工程数量为500m,施工中由于设计变更调整为410m;招标工程量清单中项目2的工程数量为785m³,施工中由于设计变更调整为942m³。试确定其分部分项工程费结算价应怎样进行调整。

【解】 该工程分部分项工程费结算价调整情况见表6-2。

表 6-2　　　　　　　分部分项工程费结算价调整

项目	工程量数量		工程量偏差	调整后的综合单价①	调整后的分部分项工程结算价
	清单数量 Q_0	调整后数量 Q_1			
1	500	410	18%	432	$S=410\times432=177120$ 元
2	785	942	20%	517.5	$S=1.15\times785\times531+(942-1.15\times785)\times517.5=499672.13$ 元

调整后的综合单价取自例 6-3。

(3)如果工程量出现变化引起相关措施项目相应发生变化时,按系数或单一总价方式计价的,工程量增加的措施项目费调增,工程量减少的措施项目费调减。反之,如未引起相关措施项目发生变化,则不予调整。

(六)计日工

(1)发包人通知承包人以计日工方式实施的零星工作,承包人应予执行。

(2)采用计日工计价的任何一项变更工作,在该项变更的实施过程中,承包人应按合同约定提交下列报表和有关凭证送发包人复核:

1)工作名称、内容和数量;

2)投入该工作所有人员的姓名、工种、级别和耗用工时;

3)投入该工作的材料名称、类别和数量;

4)投入该工作的施工设备型号、台数和耗用台时;

5)发包人要求提交的其他资料和凭证。

(3)任一计日工项目持续进行时,承包人应在该项工作实施结束后的 24 小时内向发包人提交有计日工记录汇总的现场签证报告一式三份。发包人在收到承包人提交现场签证报告后的 2 天内予以确认并将其中一份返还给承包人,作为计日工计价和支付的依据。发包人逾期未确认也未提出修改意见的,应视为承包人提交的现场签证报告已被发包人认可。

(4)任一计日工项目实施结束后,承包人应按照确认的计日工现场签证报告核实该类项目的工程数量,并应根据核实的工程数量和承包人已标价工程量清单中的计日工单价计算,提出应付价款;已标价工程量清单中没有该类计日工单价的,由发承包双方按前述"(二)工程变更"中的相关规定商定计日工单价计算。

(5)每个支付期末,承包人应按规定向发包人提交本期间所有计日工记录的签证汇总表,并应说明本期间自己认为有权得到的计日工金额,调整合同价款,列入进度款支付。

(七)物价变化

1. 物价变化合同价款调整方法

(1)价格指数调整价格差额。

1)价格调整公式。因人工、材料和设备等价格波动影响合同价格时,根据投标函附录中的价格指数和权重表约定的数据,按以下公式计算差额并调整合同价格:

$$P = P_0 \left[A + \left(B_1 \times \frac{F_{t1}}{F_{01}} + B_2 \times \frac{F_{t2}}{F_{02}} + B_3 \times \frac{F_{t3}}{F_{03}} + \cdots + B_n \times \frac{F_{tn}}{F_{0n}} \right) - 1 \right]$$

式中　　　　　　P——需调整的价格差额;

P_0——约定的付款证书中承包人应得到的已完成工程量的金额;此项金额应不包括价格调整整、不计质量保证金的扣留和支付、预付款的支付和扣回;约定的变更及其他金额已按现行价格计价的,也不计在内;

A——定值权重(即不调部分的权重);

$B_1, B_2, B_3, \cdots, B_n$——各可调因子的变值权重(即可调部分的权重),为各可调因子在投标函投标总报价中所占的比例;

$F_{t1}, F_{t2}, F_{t3}, \cdots, F_{tn}$——各可调因子的现行价格指数,指约定的付款证书相关周期最后一天的前42天的各可调因子的价格指数;

$F_{01}, F_{02}, F_{03}, \cdots, F_{0n}$——各可调因子的基本价格指数,指基准日期的各可调因子的价格指数。

以上价格调整公式中的各可调因子、定值和变值权重,以及基本价格指数及其来源在投标函附录价格指数和权重表中约定。价格指数应首先采用有关部门提供的价格指数,缺乏上述价格指数时,可采用有关部门提供的价格代替。

2) 暂时确定调整差额。在计算调整差额时得不到现行价格指数的,可暂用上一次价格指数计算,并在以后的付款中再按实际价格指数进行调整。

3) 权重的调整。约定的变更导致原定合同中的权重不合理时,由监理人与承包人和发包人协商后进行调整。

4) 承包人工期延误后的价格调整。由于承包人原因未在约定的工期内竣工的,则对原约定竣工日期后继续施工的工程,在使用第1)条的价格调整公式时,应采用原约定竣工日期与实际竣工日期的两个价格指数中较低的一个作为现行价格指数。

5) 若人工因素已作为可调因子包括在变值权重内,则不再对其进行单项调整。

【例6-5】 某工程项目合同约定采用价格指数调整价格差额,由发承包双方确认的《承包人提供主要材料和工程设备一览表》见表6-3。已知本期完成合同价款为589073元,其中包括已按现行价格计算的计日工价款2600元,发承包双方确认应增加的索赔金额2879元。试对此工程项目该期应调整的合同价款差额进行计算。

表6-3 承包人提供主要材料和工程设备一览表
(适用于造价信息差额调整法)

工程名称:某工程　　　　　标段:　　　　　第1页共1页

序号	名称、规格、型号	变值权重B	基本价格指数 F_0	现行价格指数 F_t	备注
1	人工费	0.15	120%	128%	
2	钢材	0.23	4500元/t	4850元/t	
3	水泥	0.11	420元/t	445元/t	
4	烧结普通砖	0.05	350元/千块	320元/千块	
5	施工机械费	0.08	100%	110%	

续表

序号	名称、规格、型号	变值权重 B	基本价格指数 F_0	现行价格指数 F_t	备注
	定值权重 A	0.38	—	—	
	合 计	1	—	—	

【解】1)本期完成的合同价款应扣除已按现行价格计算的计日工价款和双方确认的索赔金额,即

$$P_0 = 589073 - 2600 - 2879 = 583594 \text{元}$$

2)按公式计算应调整的合同价款差额。

$$\Delta P = 583594 \times \left[0.38 + \left(0.15 \times \frac{128}{120} + 0.23 \times \frac{4850}{4500} + 0.11 \times \frac{445}{420} + 0.05 \times \frac{320}{350} + 0.08 \times \frac{110}{100} \right) - 1 \right]$$

$$= 22264.57 \text{元}$$

即本期应增加合同价款 22264.57 元。

若本期合同价款中人工费单独按有关规定进行调整,则应扣除人工费所占变值权重,将其列入定值权重,即

$$\Delta P = 583594 \times \left[(0.38 + 0.15) + \left(0.23 \times \frac{4850}{4500} + 0.11 \times \frac{445}{420} + 0.05 \times \frac{320}{350} + 0.08 \times \frac{110}{100} \right) - 1 \right]$$

$$= 16428.63 \text{元}$$

即本期应增加合同价款 16428.63 元。

(2)造价信息调整价格差额。

1)施工期内,因人工、材料和工程设备、施工机械台班价格波动影响合同价格时,人工、机械使用费按照国家或省、自治区、直辖市建设行政管理部门、行业建设管理部门或其授权的工程造价管理机构发布

的人工成本信息、机械台班单价或机械使用费系数进行调整;需要进行价格调整的材料,其单价和采购数应由发包人复核,发包人确认需调整的材料单价及数量,作为调整合同价款差额的依据。

2)人工单价发生变化且该变化因省级或行业建设主管部门发布的人工费调整文件所致时,承包双方应按省级或行业建设主管部门或其授权的工程造价管理机构发布的人工成本文件调整合同价款。人工费调整时应以调整文件的时间为界限进行。

3)材料、工程设备价格变化按照发包人提供的《承包人提供主要材料和工程设备一览表(适用于造价信息差额调整法)》,由发承包双方约定的风险范围按下列规定调整合同价款。

①承包人投标报价中材料单价低于基准单价:施工期间材料单价涨幅以基准单价为基础超过合同约定的风险幅度值,或材料单价跌幅以投标报价为基础超过合同约定的风险幅度值时,其超过部分按实调整。

②承包人投标报价中材料单价高于基准单价:施工期间材料单价跌幅以基准单价为基础超过合同约定的风险幅度值,或材料单价涨幅以投标报价为基础超过合同约定的风险幅度值时,其超过部分按实调整。

③承包人投标报价中材料单价等于基准单价:施工期间材料单价涨、跌幅以基准单价为基础超过合同约定的风险幅度值时,其超过部分按实调整。

④承包人应在采购材料前将采购数量和新的材料单价报送发包人核对,确认用于本合同工程时,发包人应确认采购材料的数量和单价。发包人在收到承包人报送的确认资料后 3 个工作日不予答复的视为已经认可,作为调整合同价款的依据。如果承包人未报经发包人核对即自行采购材料,再报发包人确认调整合同价款的,如发包人不同意,则不作调整。

4)施工机械台班单价或施工机械使用费发生变化超过省级或行业建设主管部门或其授权的工程造价管理机构规定的范围时,按其规定调整合同价款。

【例 6-6】 某工程项目合同中约定工程中所用钢材由承包人提供,所需品种见表 6-4。在施工期间,采购的各品种钢材的单价分别为 $\phi 6:4800$ 元/t,$\Phi 16:4750$ 元/t,$\Phi 22:4900$ 元/t。试对合同约定的钢材单价进行调整。

表 6-4 承包人提供主要材料和工程设备一览表
(适用于造价信息差额调整法)

工程名称:某工程　　　标段:　　　第 1 页共 1 页

序号	名称、规格、型号	单位	数量	风险系数(%)	基准单价(元)	投标单价(元)	发承包人确认单价(元)	备注
1	钢筋 $\phi 6$	t	15	≤5	4400	4500	4575	
2	钢筋 $\Phi 16$	t	38	≤5	4600	4550	4550	
3	钢筋 $\Phi 22$	t	26	≤5	4700	4700	4700	
4								

【解】1) 钢筋 $\phi 6$:投标单价高于基准单价,现采购单价为 4800 元/t,则以投标单价为基准的钢材涨幅为

$$(4800-4500) \div 4500 = 6.67\%$$

由于涨幅已超过约定的风险系数,故应对单价进行调整:

$$4500 + 4500 \times (6.67\% - 5\%) = 4575 \text{ 元}$$

2) 钢筋 $\Phi 16$:投标单价低于基准单价,现采购单价为 4750 元/t,则以基准单价为基准的钢材涨幅为

$$(4750-4600) \div 4600 = 3.26\%$$

由于涨幅未超过约定的风险系数,故不应对单价进行调整。

3) 钢筋 $\Phi 22$:投标单价等于基准单价,现采购单价为 4900 元/t,则以基准单价为基准的钢材涨幅为

$$(4900-4700) \div 4700 = 4.26\%$$

由于涨幅未超过约定的风险系数,故不应对单价进行调整。

2. 物价变化合同价款调整要求

(1) 合同履行期间，因人工、材料、工程设备、机械台班价格波动影响合同价款时，应根据合同约定，按上述"1."中介绍的方法之一调整合同价款。

(2) 承包人采购材料和工程设备的，应在合同中约定主要材料、工程设备价格变化的范围或幅度；当没有约定，且材料、工程设备单价变化超过 5% 时，超过部分的价格应按照上述"1."中介绍的方法计算调整材料、工程设备费。

(3) 发生合同工程工期延误的，应按照下列规定确定合同履行期的价格调整：

1) 因非承包人原因导致工期延误的，计划进度日期后续工程的价格，应采用计划进度日期与实际进度日期两者的较高者。

2) 因承包人原因导致工期延误的，计划进度日期后续工程的价格，应采用计划进度日期与实际进度日期两者的较低者。

(4) 发包人供应材料和工程设备的，不适用上述第(1)和第(2)条规定，应由发包人按照实际变化调整，列入合同工程的工程造价内。

(八) 暂估价

(1) 按照《工程建设项目货物招标投标办法》(国家发改委、建设部等七部委 27 号令)第五条规定："以暂估价形式包括在总承包范围内的货物达到国家规定规模标准的，应当由总承包中标人和工程建设项目招标人共同依法组织招标"。若发包人在招标工程量清单中给定暂估价的材料、工程设备属于依法必须招标的，应由发承包双方以招标的方式选择供应商，确定价格，并应以此为依据取代暂估价，调整合同价款。

所谓共同招标，不能简单理解为发承包双方共同作为招标人，最后共同与招标人签订合同。恰当的做法应当是仍由总承包中标人作为招标人，采购合同应当由总承包人签订。建设项目招标人参与的所谓共同招标可以通过恰当的途径体现建设项目招标人对这类招标组织的参与、决策和控制。建设项目招标人约束总承包人的最佳途径就是通过合同约定相关的程序。建设项目招标人的参与主要体现在对相关项目招标文件、评标标准和方法等能够体现招标目的和招标要求的文件进行审批，未经审批不得发出招标文件；评标时建设项目招标人也可以派代表进入评标委员会参与评标，否则，中标结果对建设项目招标人没有约束力，并且，建设项目招标人有权拒绝对相应项目拨付工程款，对相关工程拒绝验收。

（2）发包人在招标工程量清单中给定暂估价的材料、工程设备不属于依法必须招标的，应由承包人按照合同约定采购，经发包人确认单价后取代暂估价，调整合同价款。暂估材料或工程设备的单价确定后，在综合单价中只应取代暂估单价，不应再在综合单价中涉及企业管理费或利润等其他费用的变动。

（3）发包人在工程量清单中给定暂估价的专业工程不属于依法必须招标的，应按照前述"（二）工程变更"中的相关规定确定专业工程价款，并应以此为依据取代专业工程暂估价，调整合同价款。

（4）发包人在招标工程量清单中给定暂估价的专业工程，依法必须招标的，应当由发承包双方依法组织招标选择专业分包人，并接受有管辖权的建设工程招标投标管理机构的监督，还应符合下列要求：

1）除合同另有约定外，承包人不参加投标的专业工程发包招标，应由承包人作为招标人，但拟定的招标文件、评标工作、评标结果应报送发包人批准。与组织招标工作有关的费用应当被认为已经包括在承包人的签约合同价（投标总报价）中。

2）承包人参加投标的专业工程发包招标，应由发包人作为招标人，与组织招标工作有关的费用由发包人承担。同等条件下，应优先选择承包人中标。

3）应以专业工程发包中标价为依据取代专业工程暂估价，调整合同价款。

（九）不可抗力

（1）因不可抗力事件导致的人员伤亡、财产损失及其费用增加，发承包双方应按下列原则分别承担并调整合同价款和工期：

1)合同工程本身的损害、因工程损害导致第三方人员伤亡和财产损失以及运至施工场地用于施工的材料和待安装的设备的损害,应由发包人承担;

2)发包人、承包人人员伤亡应由其所在单位负责,并应承担相应费用;

3)承包人的施工机械设备损坏及停工损失,应由承包人承担;

4)停工期间,承包人应发包人要求留在施工场地的必要的管理人员及保卫人员的费用应由发包人承担;

5)工程所需清理、修复费用,应由发包人承担。

(2)不可抗力解除后复工的,若不能按期竣工,应合理延长工期。发包人要求赶工的,赶工费用应由发包人承担。

(十)提前竣工(赶工补偿)

《建设工程质量管理条例》第十条规定:"建设工程发包单位不得迫使承包方以低于成本的价格竞标,不得任意压缩合理工期"。因此为了保证工程质量,承包人除了根据标准规范、施工图纸进行施工外,还应当按照科学合理的施工组织设计,按部就班地进行施工作业。

(1)招标人应依据相关工程的工期定额合理计算工期,压缩的工期天数不得超过定额工期的20%,超过者,应在招标文件中明示增加赶工费用。赶工费用主要包括:①人工费的增加,如新增加投入人工的报酬,不经济使用人工的补贴等;②材料费的增加,如可能造成不经济使用材料而损耗过大,材料运输费的增加等;③机械费的增加,例如可能增加机械设备投入,不经济的使用机械等。

(2)发包人要求合同工程提前竣工的,应征得承包人同意后与承包人商定采取加快工程进度的措施,并应修订合同工程进度计划。发包人应承担承包人由此增加的提前竣工(赶工补偿)费用,除合同另有约定外,提前竣工补偿的金额可为合同价款的5%。

(3)发承包双方应在合同中约定提前竣工每日历天应补偿额度,此项费用应作为增加合同价款列入竣工结算文件中,应与结算款一并支付。

(十一)误期赔偿

(1)如果承包人未按照合同约定施工,导致实际进度迟于计划进度的,承包人应加快进度,实现合同工期。即使承包人采取了赶工措施,赶工费用仍应由承包人承担。如合同工程仍然误期,承包人应赔偿发包人由此造成的损失,并按照合同约定向发包人支付误期赔偿费,除合同另有约定外,误期赔偿可为合同价款的5%。即使承包人支付误期赔偿费,也不能免除承包人按照合同约定应承担的任何责任和应履行的任何义务。

(2)发承包双方应在合同中约定误期赔偿费,并应明确每日历天应赔额度。误期赔偿费应列入竣工结算文件中,并应在结算款中扣除。

(3)在工程竣工之前,合同工程内的某单项(位)工程已通过了竣工验收,且该单项(位)工程接收证书中表明的竣工日期并未延误,而是合同工程的其他部分产生了工期延误时,误期赔偿费应按照已颁发工程接收证书的单项(位)工程造价占合同价款的比例幅度予以扣减。

(十二)索赔

索赔是合同双方依据合同约定维护自身合法利益的行为,它的性质属于经济补偿行为,而非惩罚。

1. 索赔的条件

当合同一方向另一方提出索赔时,应有正当的索赔理由和有效证据,并应符合合同的相关约定。建设工程施工中的索赔是发、承包双方行使正当权利的行为,承包人可向发包人索赔,发包人也可向承包人索赔。任何索赔事件的确立,其前提条件是必须有正当的索赔理由。对正当索赔理由的说明必须具有证据,因为进行索赔主要是靠证据说话。没有证据或证据不足,索赔是难以成功的。

2. 索赔的证据

(1)索赔证据的要求。一般有效的索赔证据都具有以下几个特征:

1) 及时性:既然干扰事件已发生,又意识到需要索赔,就应在有效时间内提出索赔意向。在规定的时间内报告事件的发展影响情况,在规定时间内提交索赔的详细额外费用计算账单,对发包人或工程师提出的疑问及时补充有关材料。如果拖延太久,将增加索赔工作的难度。

2) 真实性:索赔证据必须是在实际过程中产生,完全反映实际情况,能经得住对方的推敲。由于在工程过程中合同双方都在进行合同管理,收集工程资料,所以双方应有相同的证据。使用不实的、虚假证据是违反商业道德甚至法律的。

3) 全面性:所提供的证据应能说明事件的全过程。索赔报告中所涉及的干扰事件、索赔理由、索赔值等都应有相应的证据,不能凌乱和支离破碎,否则发包人将退回索赔报告,要求重新补充证据。这会拖延索赔的解决,损害承包商在索赔中的有利地位。

4) 关联性:索赔的证据应当能互相说明,相互具有关联性,不能互相矛盾。

5) 法律证明效力:索赔证据必须有法律证明效力,特别对准备递交仲裁的索赔报告更要注意这一点。

① 证据必须是当时的书面文件,一切口头承诺、口头协议不算。

② 合同变更协议必须由双方签署,或以会谈纪要的形式确定,且为决定性决议。一切商讨性、意向性的意见或建议都不算。

③ 工程中的重大事件、特殊情况的记录、统计应由工程师签署认可。

(2) 索赔证据的种类。

1) 招标文件、工程合同、发包人认可的施工组织设计、工程图纸、技术规范等。

2) 工程各项有关的设计交底记录、变更图纸、变更施工指令等。

3) 工程各项经发包人或合同中约定的发包人现场代表或监理工程师签认的签证。

4) 工程各项往来信件、指令、信函、通知、答复等。

5）工程各项会议纪要。

6）施工计划及现场实施情况记录。

7）施工日报及工长工作日志、备忘录。

8）工程送电、送水、道路开通、封闭的日期及数量记录。

9）工程停电、停水和干扰事件影响的日期及恢复施工的日期记录。

10）工程预付款、进度款拨付的数额及日期记录。

11）工程图纸、图纸变更、交底记录的送达份数及日期记录。

12）工程有关施工部位的照片及录像等。

13）工程现场气候记录，如有关天气的温度、风力、雨雪等。

14）工程验收报告及各项技术鉴定报告等。

15）工程材料采购、订货、运输、进场、验收、使用等方面的凭据。

16）国家和省级或行业建设主管部门有关影响工程造价、工期的文件、规定等。

（3）索赔时效的功能。索赔时效是指合同履行过程中，索赔方在索赔事件发生后的约定期限内不行使索赔权即视为放弃索赔权利，其索赔权归于消灭的制度。一方面，索赔时效届满，即视为承包人放弃索赔权利，发包人可以此作为证据的代用，避免举证的困难；另一方面，只有促使承包人及时提出索赔要求，才能警示发包人充分履行合同义务，避免类似索赔事件的再次发生。

3. 承包人的索赔

（1）若承包人认为非承包人原因发生的事件造成了承包人的损失，承包人应在确认该事件发生后，持证明索赔事件发生的有效证据和依据正当的索赔理由，按合同约定的时间向发包人发出索赔通知。发包人应按合同约定的时间对承包人提出的索赔进行答复和确认。发包人在收到最终索赔报告后并在合同约定时间内，未向承包人做出答复，视为该项索赔已经认可。

这种索赔方式称之为单项索赔，即在每一件索赔事项发生后，递交索赔通知书，编报索赔报告书，要求单项解决支付，不与其他的索赔事项混在一起。单项索赔是施工索赔通常采用的方式。它避免了多项索赔的相互影响制约，所以解决起来比较容易。

当施工过程中受到非常严重的干扰，以致承包人的全部施工活动与原来的计划不大相同，原合同规定的工作与变更后的工作相互混淆，承包人无法为索赔保持准确而详细的成本记录资料，无法采用单项索赔的方式，而只能采用综合索赔。综合索赔俗称一揽子索赔。即对整个工程（或某项工程）中所发生的数起索赔事项，综合在一起进行索赔。采取这种方式进行索赔，是在特定的情况下被迫采用的一种索赔方法。

采取综合索赔时，承包人必须提出以下证明：①承包商的投标报价是合理的；②实际发生的总成本是合理的；③承包商对成本增加没有任何责任；④不可能采用其他方法准确地计算出实际发生的损失数额。

据合同约定，承包人应按下列程序向发包人提出索赔：

1) 承包人应在知道或应当知道索赔事件发生后 28 天内，向发包人提交索赔意向通知书，说明发生索赔事件的事由。承包人逾期未发出索赔意向通知书的，丧失索赔的权利。

2) 承包人应在发出索赔意向通知书后 28 天内，向发包人正式提交索赔通知书。索赔通知书应详细说明索赔理由和要求，并应附必要的记录和证明材料。

3) 索赔事件具有连续影响的，承包人应继续提交延续索赔通知，说明连续影响的实际情况和记录。

4) 在索赔事件影响结束后的 28 天内，承包人应向发包人提交最终索赔通知书，说明最终索赔要求，并应附必要的记录和证明材料。

(2) 承包人索赔应按下列程序处理：

1) 发包人收到承包人的索赔通知书后，应及时查验承包人的记录和证明材料。

2) 发包人应在收到索赔通知书或有关索赔的进一步证明材料后的 28 天内，将索赔处理结果答复承包人，如果发包人逾期未做出答复，视为承包人索赔要求已被发包人认可。

3）承包人接受索赔处理结果的，索赔款项应作为增加合同价款，在当期进度款中进行支付；承包人不接受索赔处理结果的，应按合同约定的争议解决方式办理。

(3) 承包人要求赔偿时，可以选择下列一项或几项方式获得赔偿：

1）延长工期；

2）要求发包人支付实际发生的额外费用；

3）要求发包人支付合理的预期利润；

4）要求发包人按合同的约定支付违约金。

(4) 索赔事件发生后，在造成费用损失时，往往会造成工期的变动。当索赔事件造成的费用损失与工期相关联时，承包人应根据发生的索赔事件向发包人提出费用索赔要求的同时，提出工期延长的要求。发包人在批准承包人的索赔报告时，应将索赔事件造成的费用损失和工期延长联系起来，综合做出批准费用索赔和工期延长的决定。

(5) 发承包双方在按合同约定办理了竣工结算后，应被认为承包人已无权再提出竣工结算前所发生的任何索赔。承包人在提交的最终结清申请中，只限于提出竣工结算后的索赔，提出索赔的期限应自发承包双方最终结清时终止。

4. 发包人的索赔

(1) 根据合同约定，发包人认为由于承包人的原因造成发包人的损失，宜按承包人索赔的程序进行索赔。当合同中未就发包人的索赔事项作具体约定，按以下规定处理。

1）发包人应在确认引起索赔的事件发生后28天内向承包人发出索赔通知，否则，承包人免除该索赔的全部责任。

2）承包人在收到发包人索赔报告后的28天内，应做出回应，表示同意或不同意并附具体意见，如在收到索赔报告后的28天内，未向发包人做出答复，视为该项索赔报告已经认可。

(2) 发包人要求赔偿时，可以选择下列一项或几项方式获得赔偿：

1）延长质量缺陷修复期限；

2)要求承包人支付实际发生的额外费用;
3)要求承包人按合同的约定支付违约金。
(3)承包人应付给发包人的索赔金额可从拟支付给承包人的合同价款中扣除,或由承包人以其他方式支付给发包人。

(十三)现场签证

由于施工生产的特殊性,施工过程中往往会出现一些与合同工程或合同约定不一致或未约定的事项,这时就需要发承包双方用书面形式记录下来,这就是现场签证。签证有多种情形,一是发包人的口头指令,需要承包人将其提出,由发包人转换成书面签证;二是发包人的书面通知如涉及工程实施,需要承包人就完成此通知需要的人工、材料、机械设备等内容向发包人提出,取得发包人的签证确认;三是合同工程招标工程量清单中已有,但施工中发现与其不符,比如土方类别,出现流砂等,需承包人及时向发包人提出签证确认,以便调整合同价款;四是由于发包人原因未按合同约定提供场地、材料、设备或停水、停电等造成承包人停工,需承包人及时向发包人提出签证确认,以便计算索赔费用;五是合同中约定材料、设备等价格,由于市场发生变化,需承包人向发包人提出采纳数量及其单价,以便发包人核对后取得发包人的签证确认;六是其他由于施工条件、合同条件变化需现场签证的事项等。

(1)承包人应发包人要求完成合同以外的零星项目、非承包人责任事件等工作的,发包人应及时以书面形式向承包人发出指令,并应提供所需的相关资料;承包人在收到指令后,应及时向发包人提出现场签证要求。

(2)承包人应在收到发包人指令后的 7 天内向发包人提交现场签证报告,发包人应在收到现场签证报告后的 48 小时内对报告内容进行核实,予以确认或提出修改意见。发包人在收到承包人现场签证报告后的 48 小时内未确认也未提出修改意见的,应视为承包人提交的现场签证报告已被发包人认可。

(3)现场签证的工作如已有相应的计日工单价,现场签证中应列明完成该类项目所需的人工、材料、工程设备和施工机械台班的数量。

如现场签证的工作没有相应的计日工单价，应在现场签证报告中列明完成该签证工作所需的人工、材料设备和施工机械台班的数量及单价。

(4)合同工程发生现场签证事项，未经发包人签证确认，承包人便擅自施工的，除非征得发包人书面同意，否则发生的费用应由承包人承担。

(5)按照财政部、建设部印发的《建设工程价款结算办法》(财建[2004]369号)第十五条的规定："发包人和承包人要加强施工现场的造价控制，及时对工程合同外的事项如实纪录并履行书面手续。凡由发、承包双方授权的现场代表签字的现场签证以及发、承包双方协商确定的索赔等费用，应在工程竣工结算中如实办理，不得因发、承包双方现场代表的中途变更改变其有效性。"，"13计价规范"规定："现场签证工作完成后的7天内，承包人应按照现场签证内容计算价款，报送发包人确认后，作为增加合同价款，与进度款同期支付"。此举可避免发包方变相拖延工程款以及发包人以现场代表变更而不承认某些索赔或签证的事件发生。

(6)在施工过程中，当发现合同工程内容因场地条件、地质水文、发包人要求等不一致时，承包人应提供所需的相关资料，并提交发包人签证认可，作为合同价款调整的依据。

(十四)暂列金额

(1)已签约合同价中的暂列金额应由发包人掌握使用。

(2)暂列金额虽然列入合同价款，但并不属于承包人所有，也并不必然发生。只有按照合同约定实际发生后，才能成为承包人的应得金额，纳入工程合同结算价款中，发包人按照前述相关规定与要求进行支付后，暂列金额余额仍归发包人所有。

第四节 合同价款期中支付

一、预付款

(1) 预付款是发包人为解决承包人在施工准备阶段资金周转问题提供的协助,预付款用于承包人为合同工程施工购置材料、工程设备,购置或租赁施工设备以及组织施工人员进场。预付款应专用于合同工程。

(2) 按照财政部、原建设部印发的《建设工程价款结算暂行办法》的相关规定,"13 计价规范"中对预付款的支付比例进行了约定:包工包料工程的预付款的支付比例不得低于签约合同价(扣除暂列金额)的 10%,不宜高于签约合同价(扣除暂列金额)的 30%。预付款的总金额、分期拨付次数、每次付款金额、付款时间等应根据工程规模、工期长短等具体情况,在合同中约定。

(3) 承包人应在签订合同或向发包人提供与预付款等额的预付款保函(如有)后向发包人提交预付款支付申请。

(4) 发包人应在收到支付申请的 7 天内进行核实,向承包人发出预付款支付证书,并在签发支付证书后的 7 天内向承包人支付预付款。

(5) 发包人没有按合同约定按时支付预付款的,承包人可催告发包人支付;发包人在预付款期满后的 7 天内仍未支付的,承包人可在付款期满后的第 8 天起暂停施工。发包人应承担由此增加的费用和延误的工期,并应向承包人支付合理利润。

(6) 当承包人取得相应的合同价款时,预付款应从每一个支付期应支付给承包人的工程进度款中扣回,直到扣回的金额达到合同约定的预付款金额为止。通常约定承包人完成签约合同价款的比例在 20%~30% 时,开始从进度款中按一定比例扣还。

(7) 承包人的预付款保函(如有)的担保金额根据预付款扣回的数额相应递减,但在预付款全部扣回之前一直保持有效。发包人应在预付款扣完后的 14 天内将预付款保函退还给承包人。

二、安全文明施工费

(1)财政部、国家安全生产监督管理总局印发的《企业安全生产费用提取和使用管理办法》(财企[2012]16 号)第十九条规定:"建设工程施工企业安全费用应当按照以下范围使用:

(一)完善、改造和维护安全防护设施设备支出(不含'三同时'要求初期投入的安全设施),包括施工现场临时用电系统、洞口、临边、机械设备、高处作业防护、交叉作业防护、防火、防爆、防尘、防毒、防雷、防台风、防地质灾害、地下工程有害气体监测、通风、临时安全防护等设施设备支出;

(二)配备、维护、保养应急救援器材、设备支出和应急演练支出;

(三)开展重大危险源和事故隐患评估、监控和整改支出;

(四)安全生产检查、评价(不包括新建、改建、扩建项目安全评价)、咨询和标准化建设支出;

(五)配备和更新现场作业人员安全防护用品支出;

(六)安全生产宣传、教育、培训支出;

(七)安全生产适用的新技术、新标准、新工艺、新装备的推广应用支出;

(八)安全设施及特种设备检测检验支出;

(九)其他与安全生产直接相关的支出。"

由于工程建设项目因专业及施工阶段的不同,对安全文明施工措施的要求也不一致,因此,"13 工程计量规范"针对不同的专业工程特点,规定了安全文明施工的内容和包含的范围。在实际执行过程中,安全文明施工费包括的内容及使用范围,既应符合国家现行有关文件的规定,也应符合"13 工程计量规范"中的规定。

(2)发包人应在工程开工后的 28 天内预付不低于当年施工进度计划的安全文明施工费总额的 60%,其余部分应按照提前安排的原则进行分解,并应与进度款同期支付。

(3) 发包人没有按时支付安全文明施工费的,承包人可催告发包人支付;发包人在付款期满后的 7 天内仍未支付的,若发生安全事故,发包人应承担相应责任。

(4) 承包人对安全文明施工费应专款专用,在财务账目中应单独列项备查,不得挪作他用,否则发包人有权要求其限期改正;逾期未改正的,造成的损失和延误的工期应由承包人承担。

三、进度款

(1) 发承包双方应按照合同约定的时间、程序和方法,根据工程计量结果,办理期中价款结算,支付进度款。

(2) 发包人支付工程进度款,其支付周期应与合同约定的工程计量周期一致。工程量的正确计量是发包人向承包人支付工程进度款的前提和依据。计量和付款周期可采用分段或按月结算的方式。

1) 按月结算与支付。即实行按月支付进度款,竣工后结算的办法。合同工期在两个年度以上的工程,在年终进行工程盘点,办理年度结算。

2) 分段结算与支付。即当年开工、当年不能竣工的工程按照工程形象进度,划分不同阶段,支付工程进度款。

当采用分段结算方式时,应在合同中约定具体的工程分段划分,付款周期应与计量周期一致。

(3) 已标价工程量清单中的单价项目,承包人应按工程计量确认的工程量与综合单价计算;综合单价发生调整的,以发承包双方确认调整的综合单价计算进度款。

(4) 已标价工程量清单中的总价项目和采用经审定批准的施工图纸及其预算方式发包形成的总价合同应由承包人根据施工进度计划和总价构成、费用性质、计划发生时间和相应的工程量等因素按计量周期进行分解,分别列入进度款支付申请中的安全文明施工费和本周期应支付的总价项目的金额中,并形成进度款支付分解表,在投标时提交,非招标工程在合同洽商时提交。在施工过程中,由于进度计划的调整,发承包双方应对支付分解进行调整。

1)已标价工程量清单中的总价项目进度款支付分解方法可选择以下之一(但不限于):

①将各个总价项目的总金额按合同约定的计量周期平均支付;

②按照各个总价项目的总金额占签约合同价的百分比,以及各个计量支付周期内所完成的单价项目的总金额,以百分比方式均摊支付;

③按照各个总价项目组成的性质(如时间、与单价项目的关联性等)分解到形象进度计划或计量周期中,与单价项目一起支付。

2)采用经审定批准的施工图纸及其预算方式发包形成的总价合同,除由于工程变更形成的工程量增减予以调整外,其工程量不予调整。因此,总价合同的进度款支付应按照计量周期进行支付分解,以便进度款有序支付。

(5)发包人提供的甲供材料金额,应按照发包人签约提供的单价和数量从进度款支付中扣除,列入本周期应扣减的金额中。

(6)承包人现场签证和得到发包人确认的索赔金额应列入本周期应增加的金额中。

(7)进度款的支付比例按照合同约定,按期中结算价款总额计,不低于60%,不高于90%。

(8)承包人应在每个计量周期到期后的7天内向发包人提交已完工程进度款支付申请一式四份,详细说明此周期认为有权得到的款额,包括分包人已完工程的价款。支付申请应包括下列内容:

1)累计已完成的合同价款;

2)累计已实际支付的合同价款;

3)本周期合计完成的合同价款:

①本周期已完成单价项目的金额;

②本周期应支付的总价项目的金额;

③本周期已完成的计日工价款;

④本周期应支付的安全文明施工费;

⑤本周期应增加的金额。
4)本周期合计应扣减的金额：
①本周期应扣回的预付款；
②本周期应扣减的金额。
5)本周期实际应支付的合同价款。

上述"本周期应增加的金额"中包括除单价项目、总价项目、计日工、安全文明施工费外的全部应增金额，如索赔、现场签证金额，"本周期应扣减的金额"包括除预付款外的全部应减金额。

由于进度款的支付比例最高不超过90%，而且根据原建设部、财政部印发的《建设工程质量保证金管理暂行办法》第七条规定："全部或者部分使用政府投资的建设项目，按工程价款结算总额5%左右的比例预留保证金"，因此"13计价规范"未在进度款支付中要求扣减质量保证金，而是在竣工结算价款中预留保证金。

(9)发包人应在收到承包人进度款支付申请后的14天内，根据计量结果和合同约定对申请内容予以核实，确认后向承包人出具进度款支付证书。若发承包双方对部分清单项目的计量结果出现争议，发包人应对无争议部分的工程计量结果向承包人出具进度款支付证书。

(10)发包人应在签发进度款支付证书后的14天内，按照支付证书列明的金额向承包人支付进度款。

(11)若发包人逾期未签发进度款支付证书，则视为承包人提交的进度款支付申请已被发包人认可，承包人可向发包人发出催告付款的通知。发包人应在收到通知后的14天内，按照承包人支付申请的金额向承包人支付进度款。

(12)发包人未按照规定支付进度款的，承包人可催告发包人支付，并有权获得延迟支付的利息；发包人在付款期满后的7天内仍未支付的，承包人可在付款期满后的第8天起暂停施工。发包人应承担由此增加的费用和延误的工期，向承包人支付合理利润，并应承担违约责任。

(13)发现已签发的任何支付证书有错、漏或重复的数额，发包人有权予以修正，承包人也有权提出修正申请。经发承包双方复核同意修正的，应在本次到期的进度款中支付或扣除。

第五节　竣工结算价款支付

一、结算款支付

（1）承包人应根据办理的竣工结算文件向发包人提交竣工结算款支付申请。申请应包括下列内容：

1）竣工结算合同价款总额；

2）累计已实际支付的合同价款；

3）应预留的质量保证金；

4）实际应支付的竣工结算款金额。

（2）发包人应在收到承包人提交竣工结算款支付申请后7天内予以核实，向承包人签发竣工结算支付证书。

（3）发包人签发竣工结算支付证书后的14天内，应按照竣工结算支付证书列明的金额向承包人支付结算款。

（4）发包人在收到承包人提交的竣工结算款支付申请后7天内不予核实，不向承包人签发竣工结算支付证书的，视为承包人的竣工结算款支付申请已被发包人认可；发包人应在收到承包人提交的竣工结算款支付申请7天后的14天内，按照承包人提交的竣工结算款支付申请列明的金额向承包人支付结算款。

（5）工程竣工结算办理完毕后，发包人应按合同约定向承包人支付工程价款。发包人按合同约定应向承包人支付而未支付的工程款视为拖欠工程款。根据《最高人民法院关于审理建设工程施工合同纠纷案件适用法律问题的解释》（法释[2004]14号）第十七条："当事人对欠付工程价款利息计付标准有约定的，按照约定处理；没有约定的，按照中国人民银行发布的同期同类贷款利率信息。发包人应向承包人支付拖欠工程款的利息，并承担违约责任。"和《中华人民共和国合同法》第二百八十六条:"发包人未按照合同约定支付价款的,承包人可以催告发包人在合理期限内支付价款。发包人逾期不支付的,除按照建设工程的性质不宜折价、拍卖的以外,承包人可以与发包人协议将该工程折价,也可以申请人民法院将该工程依法拍卖。建设工程的价款就该工程折价或者拍卖的价款优先受偿。"等规定,"13计价规范"中指出:"发包人未按照上述第(3)条和第(4)条规定支付竣工结算款的,承包人可催告发包人支付,并有权获得延迟支付的利息。发包人在竣工结算支付证书签发后或者在收到承包人提交的竣工结算款支付申请7天后的56天内仍未支付的,除法律另有规定外,承包人可与发包人协商将该工程折价,也可直接向人民法院申请将该工程依法拍卖。承包人应就该工程折价或拍卖的价款优先受偿"。

所谓优先受偿,最高人民法院在《关于建设工程价款优先受偿权的批复》(法释[2002]16号)中规定如下:

1)人民法院在审理房地产纠纷案件和办理执行案件中,应当依照《中华人民共和国合同法》第二百八十六条的规定,认定建筑工程的承包人的优先受偿权优于抵押权和其他债权。

2)消费者交付购买商品房的全部或者大部分款项后,承包人就该商品房享有的工程价款优先受偿权不得对抗买受人。

3)建筑工程价款包括承包人为建设工程应当支付的工作人员报酬、材料款等实际支出的费用,不包括承包人因发包人违约所造成的损失。

4)建设工程承包人行使优先权的期限为六个月,自建设工程竣工之日或者建设工程合同约定的竣工之日起计算。

二、质量保证金

(1)发包人应按照合同约定的质量保证金比例从结算款中预留质量保证金。质量保证金用于承包人按照合同约定履行属于自身责任的工程缺陷修复义务的,为发包人有效监督承包人完成缺陷修复提供资金保证。原建设部、财政部印发的《建设工程质量保证金管理暂行办法》(建质[2005]7号)第七条规定:"全部或者部分使用政府投资的建设项目,按工程价款结算总额5%左右的比例预留保证金。社会投资项目采用预留保证金方式的,预留保证金的比例可参照执行。"

(2)承包人未按照合同约定履行属于自身责任的工程缺陷修复义务的,发包人有权从质量保证金中扣除用于缺陷修复的各项支出。经查验,工程缺陷属于发包人原因造成的,应由发包人承担查验和缺陷修复的费用。

(3)在合同约定的缺陷责任期终止后,发包人应按照规定,将剩余的质量保证金返还给承包人。原建设部、财政部印发的《建设工程质量保证金管理暂行办法》(建质[2005]7号)第九条规定:"缺陷责任期内,承包人认真履行合同约定的责任,到期后,承包人向发包人申请返还保证金。"

三、最终结清

(1)缺陷责任期终止后,承包人已完成合同约定的全部承包工作,但合同工程的财务账目需要结清,因此承包人应按照合同约定向发包人提交最终结清支付申请。发包人对最终结清支付申请有异议的,有权要求承包人进行修正和提供补充资料。承包人修正后,应再次向发包人提交修正后的最终结清支付申请。

(2)发包人应在收到最终结清支付申请后的14天内予以核实,并应向承包人签发最终结清支付证书。

(3)发包人应在签发最终结清支付证书后的14天内,按照最终结清支付证书列明的金额向承包人支付最终结清款。

(4)发包人未在约定的时间内核实,又未提出具体意见的,应视为承包人提交的最终结清支付申请已被发包人认可。

(5)发包人未按期最终结清支付的,承包人可催告发包人支付,并有权获得延迟支付的利息。

(6)最终结清时,承包人被预留的质量保证金不足以抵减发包人工程缺陷修复费用的,承包人应承担不足部分的补偿责任。

(7)承包人对发包人支付的最终结清款有异议的,应按照合同约定的争议解决方式处理。

第六节 合同解除的价款结算与支付

一、一般规定

合同解除是合同非常态的终止,为了限制合同的解除,法律规定了合同解除制度。根据解除权来源划分,可分为协议解除和法定解除。鉴于建设工程施工合同的特性,为了防止社会资源浪费,法律不赋予发承包人享有任意单方解除权,因此,除了协议解除,按照《最高人民法院关于审理建设工程施工合同纠纷案件适用法律问题的解释》第八条、第九条的规定,施工合同的解除有承包人根本违约的解除和发包人根本违约的解除两种。

(1)发承包双方协商一致解除合同的,应按照达成的协议办理结算和支付合同价款。

(2)由于不可抗力致使合同无法履行解除合同的,发包人应向承包人支付合同解除之日前已完成工程但尚未支付的合同价款,此外,还应支付下列金额:

1)招标文件中明示应由发包人承担的赶工费用;

2)已实施或部分实施的措施项目应付价款;

3)承包人为合同工程合理订购且已交付的材料和工程设备货款;

4)承包人撤离现场所需的合理费用,包括员工遣送费和临时工程拆除、施工设备运离现场的费用;

5)承包人为完成合同工程而预期开支的任何合理费用,且该项费用未包括在本款其他各项支付之内。

发承包双方办理结算合同价款时,应扣除合同解除之日前发包人应向承包人收回的价款。当发包人应扣除的金额超过了应支付的金额,承包人应在合同解除后的 86 天内将其差额退还给发包人。

(3)由于承包人违约解除合同的,对于价款结算与支付应按以下规定处理:

1)发包人应暂停向承包人支付任何价款。

2)发包人应在合同解除后28天内核实合同解除时承包人已完成的全部合同价款以及按施工进度计划已运至现场的材料和工程设备货款,按合同约定核算承包人应支付的违约金以及造成损失的索赔金额,并将结果通知承包人。发承包双方应在28天内予以确认或提出意见,并办理结算合同价款。如果发包人应扣除的金额超过了应支付的金额,则承包人应在合同解除后的56天内将其差额退还给发包人。

3)发承包双方不能就解除合同后的结算达成一致的,按照合同约定的争议解决方式处理。

(4)由于发包人违约解除合同的,对于价款结算与支付应按以下规定处理:

1)发包人除应按照上述第(2)条的有关规定向承包人支付各项价款外,应按合同约定核算发包人应支付的违约金以及给承包人造成损失或损害的索赔金额费用。该笔费用由承包人提出,发包人核实后与承包人协商确定后的7天内向承包人签发支付证书。

2)发承包双方协商不能达成一致的,按照合同约定的争议解决方式处理。

二、合同价款争议的解决

施工合同履行过程中出现争议是在所难免的,解决合同履行过程中争议的主要方法包括协商、调解、仲裁和诉讼四种。当发承包双方发生争议后,可以先进行协商和解从而达到消除争议的目的,也可以请第三方进行调解;若争议继续存在,发承包双方可以继续通过仲裁或诉讼的途径解决,当然,也可以直接进入仲裁或诉讼程序解决争议。不论采用何种方式解决发承包双方的争议,只有及时并有效的解决施工过程中的合同价款争议,才是工程建设顺利进行的必要保证。

（一）监理或造价工程师暂定

从我国现行施工合同示范文本、监理合同示范文本、造价咨询合同示范文本的内容可以看出，合同中一般均会对总监理工程师或造价工程师在合同履行过程中发承包双方的争议如何处理有所约定。为使合同争议在施工过程中就能够由总监理工程师或造价工程师予以解决，"13计价规范"对总监理工程师或造价工程师的合同价款争议处理流程及职责权限进行了如下约定：

（1）若发包人和承包人之间就工程质量、进度、价款支付与扣除、工期延期、索赔、价款调整等发生任何法律上、经济上或技术上的争议，首先应根据已签约合同的规定，提交合同约定职责范围内的总监理工程师或造价工程师解决，并应抄送另一方。总监理工程师或造价工程师在收到此提交件后14天内应将暂定结果通知发包人和承包人。发承包双方对暂定结果认可的，应以书面形式予以确认，暂定结果成为最终决定。

（2）发承包双方在收到总监理工程师或造价工程师的暂定结果通知之后的14天内未对暂定结果予以确认也未提出不同意见的，应视为发承包双方已认可该暂定结果。

（3）发承包双方或一方不同意暂定结果的，应以书面形式向总监理工程师或造价工程师提出，说明自己认为正确的结果，同时抄送另一方，此时该暂定结果成为争议。在暂定结果对发承包双方当事人履约不产生实质影响的前提下，发承包双方应实施该结果，直到按照发承包双方认可的争议解决办法被改变为止。

（二）管理机构的解释和认定

（1）合同价款争议发生后，发承包双方可就工程计价依据的争议以书面形式提请工程造价管理机构对争议以书面文件进行解释或认定。工程造价管理机构是工程造价计价依据、办法以及相关政策的制定和管理机构。对发包人、承包人或工程造价咨询人在工程计价中，对计价依据、办法以及相关政策规定发生的争议进行解释是工程造价管理机构的职责。

(2) 工程造价管理机构应在收到申请的 10 个工作日内就发承包双方提请的争议问题进行解释或认定。

(3) 发承包双方或一方在收到工程造价管理机构书面解释或认定后仍可按照合同约定的争议解决方式提请仲裁或诉讼。除工程造价管理机构的上级管理部门做出了不同的解释或认定，或在仲裁裁决或法院判决中不予采信的外，工程造价管理机构做出的书面解释或认定应为最终结果，并应对发承包双方均有约束力。

(三) 协商和解

(1) 合同价款争议发生后，发承包双方任何时候都可以进行协商。协商达成一致的，双方应签订书面和解协议，并明确和解协议对发承包双方均有约束力。

(2) 如果协商不能达成一致协议，发包人或承包人都可以按合同约定的其他方式解决争议。

(四) 调解

按照《中华人民共和国合同法》的规定，当事人可以通过调解解决合同争议，但在工程建设领域，目前的调解主要出现在仲裁或诉讼中，即所谓司法调解；有的通过建设行政主管部门或工程造价管理机构处理，双方认可，即所谓行政调解。司法调解耗时较长，且增加了诉讼成本；行政调解受行政管理人员专业水平、处理能力等的影响，其效果也受到限制。因此，"13 计价规范"提出了由发承包双方约定相关工程专家作为合同工程争议调解人的思路，类似于国外的争议评审或争端裁决，可定义为专业调解，这在我国合同法的框架内，为有法可依，使争议尽可能在合同履行过程中得到解决，确保工程建设顺利进行。

(1) 发承包双方应在合同中约定或在合同签订后共同约定争议调解人，负责双方在合同履行过程中发生争议的调解。

(2) 合同履行期间，发承包双方可协议调换或终止任何调解人，但发包人或承包人都不能单独采取行动。除非双方另有协议，在最终结清支付证书生效后，调解人的任期应即终止。

(3) 如果发承包双方发生了争议，任何一方可将该争议以书面形式提交调解人,并将副本抄送另一方,委托调解人调解。

(4)发承包双方应按照调解人提出的要求,给调解人提供所需要的资料、现场进入权及相应设施。调解人应被视为不是在进行仲裁人的工作。

(5)调解人应在收到调解委托后28天内或由调解人建议并经发承包双方认可的其他期限内提出调解书,发承包双方接受调解书的,经双方签字后作为合同的补充文件,对发承包双方均具有约束力,双方都应立即遵照执行。

(6)当发承包双方中任一方对调解人的调解书有异议时,应在收到调解书后28天内向另一方发出异议通知,并应说明争议的事项和理由。但除非并直到调解书在协商和解或仲裁裁决、诉讼判决中做出修改,或合同已经解除,承包人应继续按照合同实施工程。

(7)当调解人已就争议事项向发承包双方提交了调解书,而任一方在收到调解书后28天内均未发出表示异议的通知时,调解书对发承包双方应均具有约束力。

(五)仲裁、诉讼

(1)发承包双方的协商和解或调解均未达成一致意见,其中的一方已就此争议事项根据合同约定的仲裁协议申请仲裁,应同时通知另一方。进行协议仲裁时,应遵守《中华人民共和国仲裁法》的有关规定,如第四条:"当事人采用仲裁方式解决纠纷,应当双方自愿,达成仲裁协议。没有仲裁协议,一方申请仲裁的,仲裁委员会不予受理";第五条:"当事人达成仲裁协议,一方向人民法院起诉的,人民法院不予受理,但仲裁协议无效的除外";第六条:"仲裁委员会应当由当事人协议选定。仲裁不实行级别管辖和地域管辖"。

(2)仲裁可在竣工之前或之后进行,但发包人、承包人、调解人各自的义务不得因在工程实施期间进行仲裁而有所改变。当仲裁是在仲裁机构要求停止施工的情况下进行时,承包人应对合同工程采取保护措施,由此增加的费用应由败诉方承担。

(3)在前述(一)至(四)中规定的期限之内,暂定或和解协议或调解书已经有约束力的情况下,当发承包中一方未能遵守暂定或和解协议或调解书时,另一方可在不损害他可能具有的任何其他权利的情况下,将未能遵守暂定或不执行和解协议或调解书达成的事项提交仲裁。

(4)发包人、承包人在履行合同时发生争议,双方不愿和解、调解或者和解、调解不成,又没有达成仲裁协议的,可依法向人民法院提起诉讼。

第七节　工程计价资料与档案

一、工程计价资料

为有效减少甚至杜绝工程合同价款争议,发承包双方应认真履行合同义务,认真处理双方往来的信函,并共同管理好合同工程履约过程中双方之间的往来文件。

(1)发承包双方应当在合同中约定各自在合同工程中现场管理人员的职责范围,双方现场管理人员在职责范围内签字确认的书面文件是工程计价的有效凭证,但如有其他有效证据或经实证证明其是虚假的除外。

1)发承包双方现场管理人员的职责范围。首先是要明确发承包双方的现场管理人员,包括受其委托的第三方人员,如发包人委托的监理人、工程造价咨询人,仍然属于发包人现场管理人员的范畴;其次是明确管理人员的职责范围,也就是业务分工,并应明确在合同中约定,施工过程中如发生人员变动,应及时以书面形式通知对方,涉及合同中约定的主要人员变动需经对方同意的,应事先征求对方的意见,同意后才能更换。

2)现场管理人员签署的书面文件的效力。首先,双方现场管理人员在合同约定的职责范围签署的书面文件必定是工程计价的有效凭证;其次,双方现场管理人员签署的书面文件如有错误的应予纠正,这方面的错误主要有两方面的原因,一是无意识失误,属工作中偶发性错误,只要双方认真核对就可有效减少此类错误;二是有意致错,如双方现场管理人员以利益交换,有意犯错,如工程计量有意多计等。对于现场管理人员签署的书面文件,如有其他有效证据或经实证证明其是虚假的,则应更正。

(2)发承包双方不论在何种场合对与工程计价有关的事项所给予的批准、证明、同意、指令、商定、确定、确认、通知和请求,或表示同意、否定、提出要求和意见等,均应采用书面形式,口头指令不得作为计价凭证。

(3)任何书面文件送达时,应由对方签收,通过邮寄应采用挂号、特快专递传送,或以发承包双方商定的电子传输方式发送,交付、传送或传输至指定的接收人的地址。如接收人通知了另外地址时,随后通信信息应按新地址发送。

(4)发承包双方分别向对方发出的任何书面文件,均应将其抄送现场管理人员,如系复印件应加盖合同工程管理机构印章,证明与原件相同。双方现场管理人员向对方所发任何书面文件,也应将其复印件发送给发承包双方,复印件应加盖合同工程管理机构印章,证明与原件相同。

(5)发承包双方均应当及时签收另一方送达其指定接收地点的来往信函,拒不签收的,送达信函的一方可以采用特快专递或者公证方式送达,所造成的费用增加(包括被迫采用特殊送达方式所发生的费用)和延误的工期由拒绝签收一方承担。

(6)书面文件和通知不得扣压,一方能够提供证据证明另一方拒绝签收或已送达的,应视为对方已签收并应承担相应责任。

二、计价档案

(1)发承包双方以及工程造价咨询人对具有保存价值的各种载体的计价文件,均应收集齐全,整理立卷后归档。

(2)发承包双方和工程造价咨询人应建立完善的工程计价档案管

理制度,并应符合国家和有关部门发布的档案管理相关规定。

(3)工程造价咨询人归档的计价文件,保存期不宜少于五年。

(4)归档的工程计价成果文件应包括纸质原件和电子文件,其他归档文件及依据可为纸质原件、复印件或电子文件。

(5)归档文件应经过分类整理,并应组成符合要求的案卷。

(6)归档可以分阶段进行,也可以在项目竣工结算完成后进行。

(7)向接受单位移交档案时,应编制移交清单,双方应签字、盖章后方可交接。

参 考 文 献

[1] 中华人民共和国住房和城乡建设部. GB 50500—2013 建设工程工程量清单计价规范[S]. 北京:中国计划出版社,2013.
[2] 中华人民共和国住房和城乡建设部. GB 50856—2013 通用安装工程工程量计算规范[S]. 北京:中国计划出版社,2013.
[3] 王和平. 安装工程工程量清单计价原理与实务[M]. 北京:中国建筑工业出版社,2010.
[4] 张清奎. 安装工程预算员必读[M]. 3版. 北京:中国建筑工业出版社,2007.
[5] 林密. 工程项目招投标与合同管理[M]. 2版. 北京:中国建筑工业出版社,2007.
[6] 袁勇. 安装工程计量与计价[M]. 北京:中国电力出版社,2010.
[7] 采宁. 通风与空调系统安装[M]. 北京:中国建筑工业出版社,2006.
[8] 《通风空调工程》编委会. 定额预算与工程量清单计价对照使用手册(通风空调工程)[M]. 北京:知识产权出版社,2007.
[9] 马维珍,闫林君. 建筑工程工程量清单计价与造价管理[M]. 成都:西南交通大学出版社,2009.
[10] 工程造价员网校. 安装工程工程量清单分部分项计价与预算定额计价对照实例详解[M]. 北京:中国建筑工业出版社,2009.
[11] 曹丽君. 安装工程预算与清单报价[M]. 北京:机械工业出版社,2011.
[12] 张向群. 通风空调施工便携手册[M]. 北京:中国计划出版社,2006.
[13] 王晓东. 通风与空调施工工长手册[M]. 北京:中国建筑工业出版社,2009.

我们提供

图书出版、图书广告宣传、企业/个人定向出版、设计业务、企业内刊等外包、代选代购图书、团体用书、会议、培训，其他深度合作等优质高效服务。

编辑部	图书广告	出版咨询	图书销售	设计业务
010-68342167	010-68361706	010-68343948	010-68001605	010-88376510转1008

邮箱：jccbs-zbs@163.com　　网址：www.jccbs.com.cn

发展出版传媒　　服务经济建设
传播科技进步　　满足社会需求

（版权专有，盗版必究。未经出版者预先书面许可，不得以任何方式复制或抄袭本书的任何部分。举报电话：010-68343948）